信盈达嵌入式系统实践系列丛书

STM32CubeMX 轻松入门

赵志桓　张然然　廖希杰　刘翔宇　袁　魁　编著

北京航空航天大学出版社

内 容 简 介

这是一本介绍如何通过组件 STM32CubeMX 学习 STM32 系列微控制器的图书,主要利用在 ST 公司官网下载的 STM32F10 系列参考手册、数据手册以及内核资料 M3 权威指南进行深入、详细的讲解。

本书从市场上畅销的 STM32F1 系列微控制器入手,利用 STM32CubeMX 快速生成 F1 系列的开发环境,并在 MDK 上对代码进行进一步的修改补充,直至生成最终的开发项目。

本书将使用 STM32CubeMX 自带的 HAL 固件库进行开发。本书共分 3 部分,第 1 部分为 1~6 章,主要是对 STM32F1 系列微控制器的基础部分的开发;第 2 部分为 7~11 章,主要是对 STM32F1 系列微控制器的提高部分的开发;第 3 部分为 12、13 章,主要是项目实战部分,通过前面第 1 部分和第 2 部分的学习,达到整合实战的目的。

本书可以作为工程技术人员进行 STM32 应用设计与开发的参考书,也可以作为高等院校电子信息、通信工程、自动化、电气控制类等专业学生参加全国大学生电子设计竞赛、电子制作、课程设计、毕业设计的教学参考书。

图书在版编目(CIP)数据

STM32CubeMX 轻松入门 / 赵志桓等编著. -- 北京：
北京航空航天大学出版社,2022.9
　　ISBN 978 - 7 - 5124 - 3840 - 8

　　Ⅰ. ①S… Ⅱ. ①赵… Ⅲ. ①微控制器－教材 Ⅳ.
①TP332.3

中国版本图书馆 CIP 数据核字(2022)第 120023 号

STM32CubeMX 轻松入门

赵志桓　张然然　廖希杰　刘翔宇　袁　魁　编著
策划编辑　董立娟　　责任编辑　刘晓明

＊

北京航空航天大学出版社出版发行

北京市海淀区学院路 37 号(邮编 100191)　http://www.buaapress.com.cn
发行部电话:(010)82317024　传真:(010)82328026
读者信箱: emsbook@buaacm.com.cn　邮购电话:(010)82316936
北京富资园科技发展有限公司印装　各地书店经销

＊

开本:710×1 000　1/16　印张:19.25　字数:410 千字
2022 年 9 月第 1 版　2025 年 3 月第 4 次印刷　印数:3 001 - 4 000 册
ISBN 978 - 7 - 5124 - 3840 - 8　定价:64.00 元

前　言

对于学习 ARM 微控制器,只要找准入门的方法就会事半功倍。大家在接触 STM32 系列的 32 位单片机之前,一定也接触过 8 位的单片机,常见的有 AT89C51、STC89C51 等。回想起当初我们在使用 8051 单片机时点亮的第一个 LED 灯,那种激动的心情难以忘怀,所以在此我推荐大家在学习 32 系列单片机时也先从基础应用开始,由基础到提高,由模块到项目,逐步积累经验,增强信心,循序渐进。需要注意的是,在学习 STM32 微控制器的时候要考虑好使用什么方式研发。研发的方式主要分为寄存器版本和固件库函数版本,如果是原理性学习,用寄存器比较好,因为这有助于你真正弄懂单片机的工作原理、内部结构、工作过程以及底层配置等;而且,用寄存器开发,可以直接接触到最底层,并且寄存器的代码量比较少,可以有效地提高程序的运行速度。另一种研发方式就是固件库编程,其中的程序是由专业程序设计人员进行编写的,无论是代码的稳定性还是规范性都是经过芯片厂商反复验证的,是完全可以拿来使用的,其编程方式比较简单,容易较快实现项目所需要的功能。但是,使用固件库的方式还是有一定的缺陷的。其最大的问题就是代码量会增加很多,影响程序的运行速度。一般公司开发项目,首先会对时间进度有很高的要求,一般都是要求快速高效地将产品研发出来,不会具体要求你使用固件库还是寄存器。笔者认为,我们既然准备研发 STM32 系列微控制器了,最好还是寄存器和固件库两种方式都能掌握。当然如果你是一个 ARM 初学者,最好还是先从寄存器学起,因为只有这样才能更好地了解单片机的内部工作原理。

本书所介绍的 STM32CubeMX 是官方新出的工具。之前 ST 使用的都是标准库。使用标准库的主要劣势就是每次修改 MCU 功能的时候，都需要手动去修改功能，而且手动修改也不能保证程序的正确性，因为代码在不同的 MCU 之间的移植是不一样的，也就是说标准库是针对某一系列芯片的，没有什么可移植性。例如 STM32F1 和 STM32F4 的标准库在文件结构上就有些不同；此外，在内部的布线上也稍微有些区别，在移植的时候需要格外注意。最近兴起的 HAL 库就是 ST 公司目前主推的研发方式，其更新速度比较快，可以通过官方推出的 STM32CubeMX 工具直接一键生成代码，开发周期大大缩短了。使用 HAL 库的优势主要就是不需要开发工程师再设计所用的 MCU 的型号，只需要专注于所要的功能的软件开发工作即可。和标准库相比，HAL 库更加抽象，ST 的最终目的就是要实现在 STM32 系列单片机之间无缝移植，甚至可以在其他的单片机上实现快速移植。

在学习一个新知识的过程中，有时感觉无从下手，没有资料可以参考或者说有太多资料可以参考，根本不知道到底如何才能快速上手，写本书的目的就是为了让一些对单片机感兴趣的读者知道怎么找到资料以及大概可以参考哪些资料。通过各章节的介绍首先对相应的模块有个简单的认识，然后再通过例程分析慢慢地实现自己想要实现的最终目标。在学习微控制器的过程中，要学会总结应该利用哪些手册、参考哪些章节来进行学习，最终形成自己的一套学习方法。

学习 STM32 单片机，可以先参考宋岩翻译的《ARM Cortex_M3 权威指南》，其主要介绍的就是 M3 内核的相关内容，不需要将里面的内容全部了解，只需要熟悉就可以了。接下来可以在 ST 公司官网下载对应芯片的手册资料，可以直接在百度上搜索对应芯片的中文手册，有一些芯片的手册已经被一些高手翻译成中文版本的了，这对于我们来说比较方便；当然，也可以直接看英文版的。在学习的过程中，模块的学习顺序也可以按照本书的章节顺序，只要将本书中所介绍的模块完全掌握，再学习其他模块就会得心应手了。本书中没有介绍很难的内容，主要目的是带新手入门而已。

对于开发板的选择，这里选择的是 XYD－M3 大板。对于STM32 入门级别的，几乎所有的开发板都不会影响基本内容的学习，不同型号芯片的主要区别就是板子上外设的数量、工作的频率等，这对于具体芯片型号的选择没有太大的影响。笔者所使用的芯片型号是 STM32F103ZET6，这个芯片对于新手来说满足了基本的模块要求，对于想要更深入学习的读者来说也可以实现其对应的功能，所以读者最终选择开发板的时候，不要盲目选择，要根据自己想要实现的功能选择带有对应接口的开发板。本书先介绍模块，然后带领大家一步一步地实现创建对应的模块的功能，最后分析代码、添加代码直至实现对应的功能。

作　者
2022 年 4 月

目　录

第 1 章

走近 STM32

对于学习单片机来说,最重要的就是多加练习。既然想要练习,需要用到的就是单片机,单片机可以将繁杂的理论显示在实物中,可以加深印象。单片机的种类有很多,那么选择一款比较得心应手的单片机对于我们来说就是至关重要的,本次使用的单片机就是意法半导体公司的 Cortex_M3 内核的单片机。

意法半导体(STMicroelectronics)集团于 1987 年 6 月成立,是由意大利的 SGS 微电子公司和法国 Thomson 半导体公司合并而成的。1998 年 5 月,SGS-THOMSON Microelectronics 将公司名称改为意法半导体有限公司(简称 ST 公司)。ST 公司是世界最大的半导体公司之一。从成立之初至今,ST 的增长速度超过了半导体工业的整体增长速度。自 1999 年起,ST 始终是世界十大半导体公司之一。

据最新的工业统计数据,ST 是全球第五大半导体厂商,其市场占有率居世界领先水平。例如,ST 公司是世界第一大专用模拟芯片和电源转换芯片制造商,是世界第一大工业半导体和机顶盒芯片供应商,而且在分立器件、手机相机模块和车用集成电路领域居世界前列。

1.1 ST 微控制器

首先登录 ST 公司官网 www. st. com 主页,在主菜单中选中 Products→Microcontrollers,可以看到目前 ST 公司的外控制器产品分为三类:8 位微控制器单元 STM8、32 位微控制器单元 MCU 以及 32 位微处理器单元 MPUs,如图 1.1 所示。

其中 32 位微控制器产品 STM32 MCUs 又可以分为四类:Mainstream 主流产品(STM32G0、STM32F0、STM32F1、STM32G4、STM32F3)、Ultra-low-power 超低功耗产品(STM32L0、STM32L1、STM32L4+、STM32L5)、High-performance 高性能产品(STM32H7、STM32F7、STM32F4、STM32F2)、Wireless 无线产品(STM32WB、STM32WL)。

如图 1.2 所示,打开 STM32 32‐bit Arm Cortex MCUs,可以看到,ST 公司现有的 32 位微控制器产品已达 1 029 种,其中主流产品已达 333 种,具体到 STM32F103 系列产品也有 29 种。这为工程师在软件开发中提供了多样的选择,这也是 STM32 位控制器流行的原因之一。

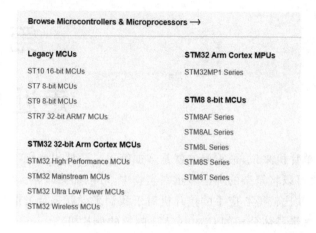

图 1.1　ST 公司官网(一)

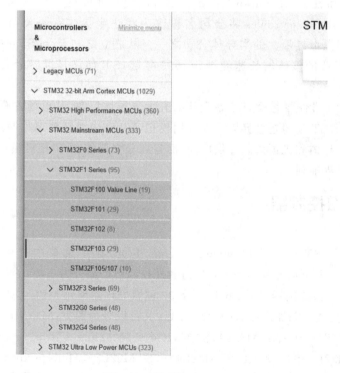

图 1.2　ST 公司官网(二)

　　在 STM32F103 界面中可以看到,STM32F103 设备使用 Cortex-M3 内核,最高 CPU 工作频率为 72 MHz,具有可达 16 KB~1 MB 的高容量闪存,具有电机控制外设、USB 接口以及 CAN 总线等外设,如图 1.3 所示。

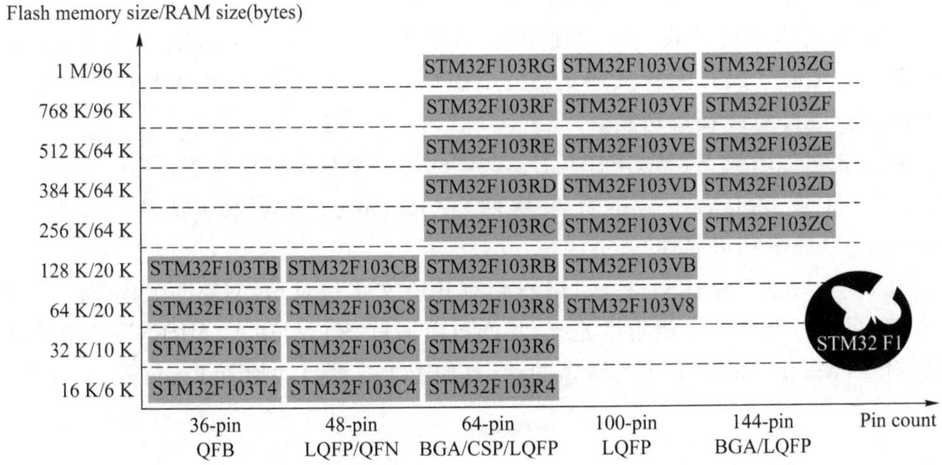

Flash memory size/RAM size(bytes)

1 M/96 K			STM32F103RG	STM32F103VG	STM32F103ZG
768 K/96 K			STM32F103RF	STM32F103VF	STM32F103ZF
512 K/64 K			STM32F103RE	STM32F103VE	STM32F103ZE
384 K/64 K			STM32F103RD	STM32F103VD	STM32F103ZD
256 K/64 K			STM32F103RC	STM32F103VC	STM32F103ZC
128 K/20 K	STM32F103TB	STM32F103CB	STM32F103RB	STM32F103VB	
64 K/20 K	STM32F103T8	STM32F103C8	STM32F103R8	STM32F103V8	
32 K/10 K	STM32F103T6	STM32F103C6	STM32F103R6		
16 K/6 K	STM32F103T4	STM32F103C4	STM32F103R4		
	36-pin QFB	48-pin LQFP/QFN	64-pin BGA/CSP/LQFP	100-pin LQFP	144-pin BGA/LQFP	Pin count

STM32 F1

图 1.3　ST 公司官网(三)

在"资源"(Resources)菜单项,可以看到 539 份"技术文献"(Technical Literature);点开技术文献可以看到"应用手册"(Application Note)有 411 份,"参考手册"(Reference Manual)有 50 份,"用户手册"(User Manual)有 42 份,"编程手册"(Programming Manual)有 22 份,"技术手册"(Technical Note)有 12 份,"设计说明"(Design Note)有 1 份,"发布说明"(Release Note)有 1 份,如图 1.4 所示。这些手册内容有很多,但是不需要全部去看,只需要找到我们自己所需的即可。

比如,我们这次使用的就是 STM32F103ZE 系列的芯片,故在 STM32F103 页面(或者在图 1.3 所示的位置单击 STM32F103ZE)找到所需微控制器"STM32F103ZE",单击进入 STM32F103ZE 微控制器的页面。

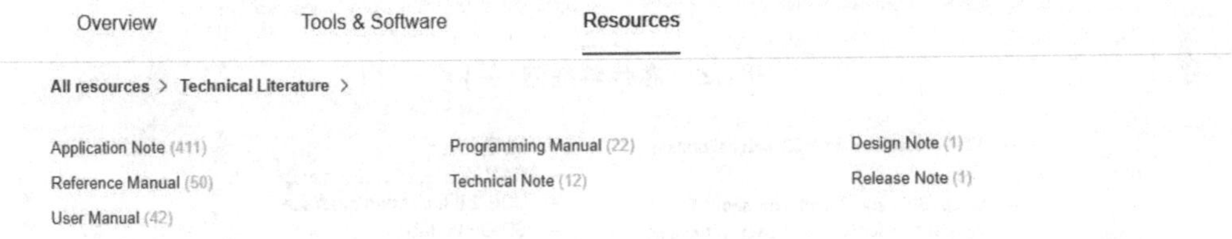

Overview	Tools & Software	Resources

All resources > Technical Literature >

Application Note (411)	Programming Manual (22)	Design Note (1)
Reference Manual (50)	Technical Note (12)	Release Note (1)
User Manual (42)		

图 1.4　ST 公司官网(四)

1.2　了解 STM32F103ZE 微控制器

在 STM32F103ZE 页面,我们可以看到最上面一行介绍了 STM32F103ZE 的主要特征:

"Mainstream Performance line, ARM Cortex - M3 MCU with 512 Kbytes

Flash，72 MHz CPU，motor control，USB and CAN"。

在这里可以了解到我们此次使用的 STM32 系列产品属于主流产品，微控制器为 ARM Cortex - M3，闪存大小为 512 KB，CPU 工作频率为 72 MHz，具有电机、USB 以及 CAN 总线接口功能。

接下来可以看到 STM32F103ZE。这里分为 4 个基本模块介绍："Overview"（概述）、"Tools & Software"（工具和软件）、"Resources"（资源）以及"Quality & Reliability"（质量和可靠性）。

在"Overview"（概述）一栏，可以看到有几段文字是对 STM32F103ZE 做一些简要介绍，只不过此处的介绍稍微笼统，我们可以通过"KEY FEATURES"（主要特征）部分对 STM32F103ZE 有更为清晰的认识（如图 1.5、图 1.6 所示）。

KEY FEATURES

- Core: ARM® 32-bit Cortex®-M3 CPU
  - 72 MHz maximum frequency, 1.25 DMIPS/MHz (Dhrystone 2.1) performance at 0 wait state memory access
  - Single-cycle multiplication and hardware division
- Memories
  - 256 to 512 Kbytes of Flash memory
  - up to 64 Kbytes of SRAM
  - Flexible static memory controller with 4 Chip Select. Supports Compact Flash, SRAM, PSRAM, NOR and NAND memories
  - LCD parallel interface, 8080/6800 modes
- Clock, reset and supply management
  - 2.0 to 3.6 V application supply and I/Os
  - POR, PDR, and programmable voltage detector (PVD)
  - 4-to-16 MHz crystal oscillator
  - Internal 8 MHz factory-trimmed RC
  - Internal 40 kHz RC with calibration

- Debug mode
  - Serial wire debug (SWD) & JTAG interfaces
  - Cortex®-M3 Embedded Trace Macrocell™
- Up to 112 fast I/O ports
  - 51/80/112 I/Os, all mappable on 16 external interrupt vectors and almost all 5 V-tolerant
- Up to 11 timers
  - Up to four 16-bit timers, each with up to 4 IC/OC/PWM or pulse counter and quadrature (incremental) encoder input
  - 2 × 16-bit motor control PWM timers with dead-time generation and emergency stop
  - 2 × watchdog timers (Independent and Window)
  - SysTick timer: a 24-bit downcounter
  - 2 × 16-bit basic timers to drive the DAC
- Up to 13 communication interfaces
  - Up to 2 × I²C interfaces (SMBus/PMBus)
  - Up to 5 USARTs (ISO 7816 interface, LIN, IrDA capability, modem control)
  - Up to 3 SPIs (18 Mbit/s), 2 with I²S interface

图 1.5　芯片特征图（一）

- 32 kHz oscillator for RTC with calibration
- Low power
  - Sleep, Stop and Standby modes
  - V$_{BAT}$ supply for RTC and backup registers
- 3 × 12-bit, 1 μs A/D converters (up to 21 channels)
  - Conversion range: 0 to 3.6 V
  - Triple-sample and hold capability
  - Temperature sensor
- 2 × 12-bit D/A converters
- DMA: 12-channel DMA controller
  - Supported peripherals: timers, ADCs, DAC, SDIO, I²Ss, SPIs and I²Cs and USARTs

  multiplexed
  - CAN interface (2.0B Active)
  - USB 2.0 full speed interface
  - SDIO interface
- CRC calculation unit, 96-bit unique ID
- ECOPACK® packages

图 1.6　芯片特征图（二）

(1) 32 位 ARM Cortex - M3 CPU 内核

① 最高工作频率为 72 MHz, 处理能力为 1.25 DMIPS/MHz(表示每秒每 MHz 能执行 1.25 M 条 Dhrystone 指令), 存储访问零等待。

② 单循环乘法运算和硬件除法运算。

(2) 内　存

① 内部 Flash 为 256 KB 或 512 KB。

② 内部 SRAM 为 64 KB。

③ 灵活的静态记忆控制器与 4 个芯片选择, 支持紧凑型 Flash, 以及 SRAM、PSRAM、NOR 和 NAND 存储器。

④ 支持液晶并行接口: 8080 并口协议以及 6800 接口。

(3) 时钟、复位和供电管理

① 2.0~3.6 V 的应用电源和 I/O。

② 上电复位(POR)、掉电复位(PDR)和可编程电压检测器(PVD)。

③ 4~16 MHz 的晶振。

④ 内部 8 MHz 高频 RC 振荡器。

⑤ 内部 40 kHz 低速 RC 时钟。

⑥ 用于 RTC 校准的 32 kHz 振荡器。

(4) 低功耗

① 低功耗三种模式: 睡眠、停止以及待机模式。

② RTC 和备份寄存器的 VBAT(电池)电源。

(5) 3×12 bit、1 μs 的 A/D 转换器(最多支持 21 个通道)

① 转换范围: 0~3.6 V。

② 三重采样和保持能力。

③ 温度传感器。

(6) 2×12 bit D/A 转换器

采用 2×12 bit 的 D/A 转换器。

(7) 12 路 DMA 控制器

支持外设: timers、ADCs、DAC、SDIO、IISs、SPIs、IICs 以及 USARTs。

(8) 调试模式

串行线调试(SWD)和 JTAG 调试接口。

(9) 最多 112 个快速 I/O 端口

51/80/112 个 I/O 口都映射在 16 个外部中断向量, 几乎所有的 I/O 都可以容许 5 V 电压。

(10) 11 个定时器

① 4 个 16 位定时器, 且每个定时器最多可以有 4 个 IC/OC/PWM 或脉冲计数

器和正交编码器输入。

② 2 个 16 位电机控制 PWM 定时器,具有死区发生和紧急停止功能。

③ 2 个看门狗定时器(独立看门狗和窗口看门狗)。

④ 1 个 24 位向下计数的 SysTick 定时器。

⑤ 2 个 16 位基本定时器驱动 DAC。

(11) 多达 13 个通信接口

① 最多 2 个 IIC 接口(SMBus/PMBus)。

② 最多 5 个 USART(ISO 7816 接口,LIN、IrDA 功能,调制解调器控制)。

③ 最多 3 个 SPI(18 Mbit/s),其中 2 个具有 IIS 接口。

④ CAN 总线接口(2.0B 激活)。

⑤ USB 2.0 全速接口。

⑥ SDIO 接口。

(12) CRC 计算单元、96 位唯一 ID

使用一个固定的多项式发生器,从一个 32 位的数据字产生一个 CRC 码,用于检测数据传输或存储的一致性。其可应用于 Flash 检测,用于软件签名及对比。共 96 位编码,即 24 位十六进制数,每个芯片的编码都是唯一的。

(13) 无铅封装

STM32F103ZE 采用无铅封装。

以上是对 STM32F103ZE 的主要特征的文字描述;也可以通过电路功能模块图(如图 1.7 所示)对其有更加直观的认识。

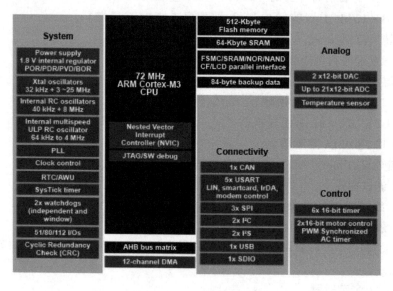

图 1.7 电路功能模块图

对于我们所使用的芯片,可以根据芯片型号在数据手册中查看到其名称,如图 1.8 所示。

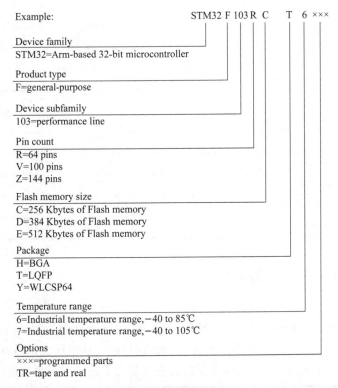

Example:　　　　　　　　　　　　STM32 F 103 R　C　　T　6 ×××

Device family
STM32=Arm-based 32-bit microcontroller

Product type
F=general-purpose

Device subfamily
103=performance line

Pin count
R=64 pins
V=100 pins
Z=144 pins

Flash memory size
C=256 Kbytes of Flash memory
D=384 Kbytes of Flash memory
E=512 Kbytes of Flash memory

Package
H=BGA
T=LQFP
Y=WLCSP64

Temperature range
6=Industrial temperature range,−40 to 85℃
7=Industrial temperature range,−40 to 105℃

Options
×××=programmed parts
TR=tape and real

图 1.8　芯片型号分析图

1.3　STM32F103ZET6 功能概述

STM32F103ZET6 芯片是基于 ARM Cortex_M3 内核的 32 位微处理器,工作频率为 72 MHz,具有 512 KB 的 Flash 和 64 KB 的 SRAM 存储器,具体参数如表 1.1 所列。

表 1.1　芯片功能模块表

外　设		STM32F103RX		STM32F103VX		STM32F103ZX	
Flash 存储器/KB		256	384	256	384	256	512
SRAM 存储器/KB		48	64	48	64	48	64
FSMC		No		Yes		Yes	
定时器个数	通用定时器	4					
	高级定时器	2					
	基本定时器	2					

续表 1.1

外　设		STM32F103RX	STM32F103VX	STM32F103ZX
通信接口个数	SPI/IIS	3/2		
	IIC	2		
	USART	5		
	USB	1		
	CAN	1		
	SDIO	1		
GPIO		51	80	112
12 – bit ADC		3		
12 – bit DAC		2		
CPU 工作频率/MHz		72		
工作电压/V		2.0～3.6		

1.4　XYD – M3 开发板

STM32F103ZET6 采用的是 LQFP144 封装,引脚个数为 144 个,整体的 XYD_M3 大板如图 1.9 所示。对于 XYD_M3 大板,这里的芯片引脚大多数都通过排针引出来了,这是因为 XYD_MA 大板主要的功能就是为了连接外界模块进行测试之用。

图 1.9　XYD_M3 大板

通过图 1.9 可以看到,最中间有一个格外大的芯片,这就是我们本次设计使用的单片机 STM32F103ZET6。该芯片的模块以及功能在前面已经介绍过了,这里我们仔细看一下,在这个芯片的上面有"ARM"这样一个标识,那么 ARM 表示什么意思呢?

其实 ARM 公司是全球领先的半导体知识产权供货商,也就是说 ARM 公司本身不制造或出售芯片,而是站在"食物链"的最高端做研发和设计,将处理器架构授权 IP 给制造芯片的厂商,然后芯片厂商利用 ARM 公司授权的 IP 制造出自己的芯片,但需要向 ARM 公司支付 IP 的许可费(还要为每块制造出来的芯片或晶片交纳版税)。

1.4.1　ARM 公司的发展史

在 1991 年,ARM 公司成立于英国剑桥,主要是出售芯片设计技术的授权。后来在 20 世纪 90 年代,ARM 公司业绩平平,处理器的出货量徘徊不前,最终 ARM 公司改变自己的营销思路:自己不再制造芯片,将芯片的设计架构授权给其他公司,由其他公司来制造芯片。正是这个模式,最终使得 ARM 芯片遍地开发,尤其是到了 21 世纪,随着手机制造行业的快速发展,出货量呈现出爆炸式增长,ARM 处理器逐渐占据了全球智能手机的主导市场。

ARM 公司是移动终端市场上的绝对霸主,几乎我们每个人买手机都要给它一份钱。

在 2016 年 7 月,日本软银公司收购英国芯片设计公司 ARM,日本软银公司欲通过 ARM 成为下一个潜力巨大的科技市场的领导者。

1.4.2　ARM 架构

ARM 架构,曾称进阶精简指令集机器(Advanced RISC Machine),更早称作 Acorn RISC Machine,是一个 32 位精简指令集(RISC)处理器架构。还有基于 ARM 设计的派生产品,重要产品包括 Marvell 的 XScale 架构和德州仪器的 OMAP 系列。

ARM 家族占所有 32 位嵌入式处理器的 75%,成为占全世界最多数的 32 位架构。ARM 处理器广泛使用在嵌入式系统设计,低耗电节能,非常适用于移动通信领域。消费性电子产品,例如可携式装置(PDA、移动电话、多媒体播放器、掌上型电子游戏和计算机)、计算机外设(硬盘、桌上型路由器),甚至导弹的弹载计算机等军用设施中都大量使用嵌入式产品。ARM 处理器主要包含以下几个系列,如表 1.2 所列。

表 1.2　ARM 架构

名　称	特　点
ARM7	• 具有嵌入式 ICE‑RT 逻辑,调试开发方便。 • 极低的功耗,适合对功耗要求较高的应用。 • 能够提供 0.9 MIPS/MHz 的三级流水线结构。 • 代码密度高并兼容 16 位的 Thumb 指令集。 • 对操作系统的支持广泛,包括 Windows CE、Linux、Palm OS 等。 • 主频最高可达 130 MIPS,高速的运算处理能力能胜任绝大多数的复杂应用
ARM9	• 5 级整数流水线,指令执行效率更高。 • 提供 1.1 MIPS/MHz 的哈佛结构。 • 支持 32 位 ARM 指令集和 16 位 Thumb 指令集。 • 支持 32 位的高速 AMBA 总线接口。 • 全性能的 MMU,支持 Windows CE、Linux、Palm OS 等多种主流嵌入式操作系统。 • MPU 支持实时操作系统。 • 支持数据 Cache 和指令 Cache,具有更高的指令和数据处理能力
ARM9E	• 支持 DSP 指令集,适合于需要高速数字信号处理的场合。 • 5 级整数流水线,指令执行效率更高。 • 支持 32 位 ARM 指令集和 16 位 Thumb 指令集。 • 支持 32 位的高速 AMBA 总线接口。 • 支持 VFP9 浮点处理协处理器。 • 全性能的 MMU,支持 Windows CE、Linux、Palm OS 等多种主流嵌入式操作系统。 • MPU 支持实时操作系统。 • 支持数据 Cache 和指令 Cache,具有更高的指令和数据处理能力。 • 主频最高可达 300 MIPS
ARM10E	• 支持 DSP 指令集,适合于需要高速数字信号处理的场合。 • 6 级整数流水线,指令执行效率更高。 • 支持 32 位 ARM 指令集和 16 位 Thumb 指令集。 • 支持 32 位的高速 AMBA 总线接口。 • 支持 VFP10 浮点处理协处理器。 • 全性能的 MMU,支持 Windows CE、Linux、Palm OS 等多种主流嵌入式操作系统。 • 支持数据 Cache 和指令 Cache,具有更高的指令和数据处理能力。 • 主频最高可达 400 MIPS。 • 内嵌并行读/写操作部件
SecurCore	• 带有灵活的保护单元,以确保操作系统和应用数据的安全。 • 采用软内核技术,防止外部对其进行扫描探测。 • 可集成用户自己的安全特性和其他协处理器
StrongARM	Intel StrongARM SA‑1100 处理器是采用 ARM 体系结构高度集成的 32 位 RISC 微处理器。它融合了 Intel 公司的设计、处理技术以及 ARM 体系结构的电源效率,采用在软件上兼容 ARMv4 的体系结构,同时采用具有 Intel 技术优点的体系结构
Xscale	Xscale 处理器是基于 ARMv5TE 体系结构的解决方案,是一款全性能、高性价比、低功耗的处理器。它支持 16 位的 Thumb 指令和 DSP 指令集,已使用在数字移动电话、个人数字助理和网络产品等场合

1.5　思考与练习

1. 上网多找几种类型的单片机进行对比,分析它们有哪些不同。

2. 通过 XYD_M3 大板了解 STM32CubeMX 软件的使用以及 HAL 库函数的使用。

3. 上网查资料,了解相关 ARM 的信息。

4. 根据要学习的模块选择适合自己的开发板。

第2章

初识 STM32Cube

STM32CubeMx 软件是 ST 公司为 STM32 系列单片机快速建立工程,并快速初始化使用到的外设、GPIO 等而设计的,大大缩短了我们的开发时间。同时,该软件不仅能配置 STM32 外设,还能进行第三方软件系统的配置,例如 FreeRtos、FAT 32、LWIP 等;而且还有一个功能,就是可以用它进行功耗预估。此外,这款软件可以输出 PDF、TXT 文档,显示所开发工程中的 GPIO 等外设的配置信息,供开发者进行原理图设计等。

为了使开发人员能够更加快捷有效地进行 STM32 的开发,ST 公司推出了一套完整的 STM32Cube 开发组件。STM32Cube 主要包括两部分:一是 STM32CubeMX 图形化配置工具,它是直接在图形界面简单配置下,生成初始化代码,并对外设做了进一步的抽象,让开发人员更只专注于应用的开发;二是基于 STM32 微控制器的固件集 STM32Cube 软件资料包。

注:学习本书时,不仅要阅读,还要去访问 ST 公司的官网,随着本书中的介绍,根据书中的导向具体去查看资料,动手操作,在过程中总结方法。

2.1 STM32CubeMX

首先在 ST 公司官网上找到 STM32CubeMX,先对它有一个简单的认识。要找到 STM32CubeMX,方法有很多,其中最简单的方法是直接在 ST 公司的官网上搜索 "STM32CubeMX"(任何一个界面都可以搜索),可以直接得到,如图 2.1 所示。

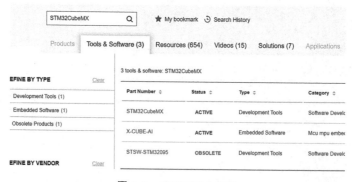

图 2.1 STM32CubeMX

2.2 安装运行环境 Java

在前面,通过 ST 公司官网可知,无论是在什么操作系统下,如果想要安装 STM32CubeMX,则首先要有 Java 运行环境,因此我们首先要下载 Java 软件。下载 Java 软件可以是直接在网络页面进行搜索,或者直接访问 Java 的官网"www.java.com"下载软件,如图 2.2 所示。

图 2.2 Java 软件

可以直接单击"免费 Java 下载",则会显示如图 2.3 所示界面。注:这里的 Java 软件包只适用于 64 位计算机,如果是 64 位计算机可以直接点击"同意并开始免费下载",这里直接是浏览器在线安装;如果想要离线安装安装包或者如果是 32 位计算机,可以选择单击 Java 首页的"所有 Java 下载",如图 2.4 所示,这里是离线下载,然后安装。需要注意的是,如果选择了"所有 Java 下载",在离线安装的时候,会有 32 位和 64 位之分,所以在安装之前,一定要看好自己所使用的计算机是 32 位还是 64 位的。

这两种安装方法中,直接安装是最方便省事的;但是如果想要保留安装包,则最好选择离线安装(Java 公司会不定期进行软件更新,如果习惯了自己原来的版本,换新版本不方便,还是最好保留一下原来的版本)。

适用于 Windows 的 64 位 Java

推荐 Version 8 Update 241 (文件大小：73.29 MB)

发布日期：2020 年 1 月 14 日

帮助资源
- » 什么是 Java?
- » 删除旧版本
- » 禁用 Java
- » 错误消息
- » Java 疑难解答
- » 其他帮助

⚠ **Oracle Java 许可重要更新**

从 2019 年 4 月 16 起的发行版更改了 Oracle Java 许可。

新的适用于 Oracle Java SE 的 Oracle 技术网许可协议 与以前的 Oracle Java 许可有很大差异。新许可允许某些免费使用（例如个人使用和开发使用），而根据以前的 Oracle Java 许可获得授权的其他使用可能会不再支持。请在下载和使用此产品之前认真阅读条款。在此处查看常见问题解答。

可以通过低成本的 Java SE 订阅 获得商业许可和技术支持。

Oracle 还在 jdk.java.net 的开源 GPL 许可下提供了最新的 OpenJDK 发行版。

⚠ 我们检测到您正在使用 Google Chrome，可能无法从此浏览器使用 Java 插件。从版本 42 (2015 年 4 月发行) 开始，Chrome 禁用了浏览器支持插件的标准方式。更多信息

同意并开始免费下载

图 2.3　64 位 Java 软件下载

免费 Java 下载

立即下载适用于您的台式机的 Java 软件！

Version 8 Update 241

发布日期：2020 年 1 月 14 日

所有 Java 下载
如果您要为另一个计算机或操作系统下载 Java，请单击下面的链接。
所有 Java 下载

报告问题
访问包含 Java 应用程序的页时为什么始终重定向到此页？
» 了解详细信息

⚠ **Oracle Java 许可重要更新**

从 2019 年 4 月 16 起的发行版更改了 Oracle Java 许可。

新的适用于 Oracle Java SE 的 Oracle 技术许可协议 与以前的 Oracle Java 许可有很大差异。新许可允许某些免费使用（例如个人使用和开发使用），而根据以前的 Oracle Java 许可获得授权的其他使用可能会不支持。请在下载和使用此产品之前认真阅读条款。可在此处查看常见问题解答。

可以通过低成本的 Java SE 订阅 获得商业许可和技术支持。

Oracle 还在 jdk.java.net 的开源 GPL 许可下提供了最新的 OpenJDK 发行版。

免费 Java 下载

图 2.4　32 位 Java 软件下载

2.3　安装 STM32CubeMX

在安装好 STM32CubeMX 的运行环境（Java）之后，接下来就可以安装 STM32CubeMX 软件了。安装 STM32CubeMX 软件需要回到 ST 公司的官网 "www.st.com"。直接在 ST 公司官网搜索 "STM32CubeMX"，就可以看到如图 2.5 所示的界面。然后单击 "Part Number" 下的 STM32CubeMX 就可以调整到下载界

面,向下滑动鼠标找到 Get Software,下载 STM32CubeMX 软件(如图 2.6 所示),当前版本为最新版 5.6.0。注:在下载的时候需要注册或者填写相关信息,如果没有 ST 账户,可以注册一个,或者直接填写姓名和邮箱信息即可(注意,邮箱信息不要写错,ST 公司会发一个链接,通过链接确认,才可以最终下载,如图 2.7、图 2.8 所示)。

图 2.5　STM32CubeMX 软件(一)

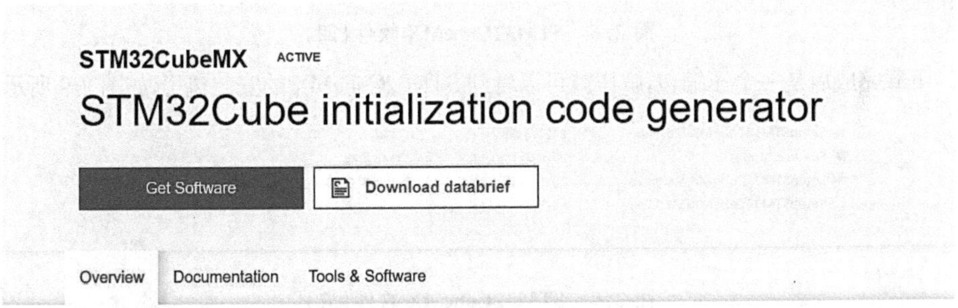

STM32CubeMX　ACTIVE

STM32Cube initialization code generator

Get Software | 📄 Download databrief

Overview　Documentation　Tools & Software

图 2.6　STM32CubeMX 软件(二)

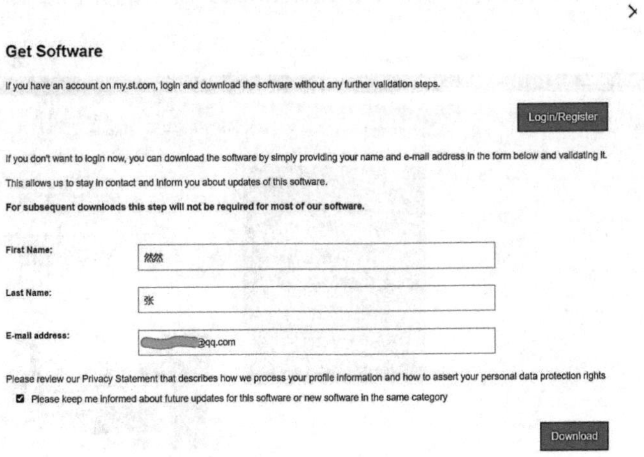

Get Software

If you have an account on my.st.com, login and download the software without any further validation steps.

Login/Register

If you don't want to login now, you can download the software by simply providing your name and e-mail address in the form below and validating it.

This allows us to stay in contact and inform you about updates of this software.

For subsequent downloads this step will not be required for most of our software.

First Name: | 然然
Last Name: | 张
E-mail address: | ＠qq.com

Please review our Privacy Statement that describes how we process your profile information and how to assert your personal data protection rights

☑ Please keep me informed about future updates for this software or new software in the same category

Download

图 2.7　STM32CubeMX 软件(三)

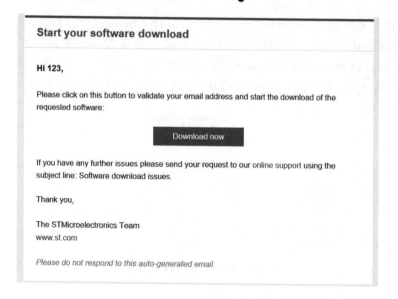

图 2.8　STM32CubeMX 软件(四)

下载完成后是一个压缩包,解压就可以看到 STM32CubeMX 的安装包了,如图 2.9 所示。

SetupSTM32CubeMX-5.6.0.app	2020/3/11 21:29	文件夹	
Readme.html	2020/2/19 0:42	HTML 文档	7 KB
SetupSTM32CubeMX-5.6.0.exe	2020/2/19 22:01	应用程序	181,482 KB
SetupSTM32CubeMX-5.6.0.linux	2020/2/19 0:42	LINUX 文件	14 KB

图 2.9　STM32CubeMX 软件(五)

安装过程很简单,只需要按下一步、下一步就可以。值得注意的是,安装路径不能有中文路径,安装成功后打开软件,显示如图 2.10 所示的界面。

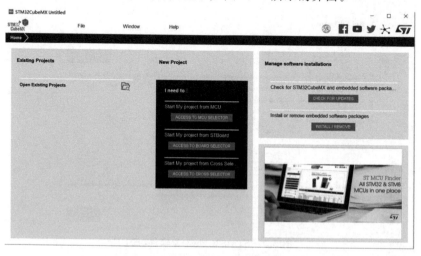

图 2.10　STM32CubeMX 软件(六)

2.4　STM32CubeMX 软件包

在 2.1 节中我们介绍过,STM32Cube 由图形化配置工具 STM32CubeMX 和 STM32CubeMX 软件包组成,刚刚我们已经安装过 STM32CubeMX 软件,接下来就来看一下 STM32CubeMX 软件包。其实刚刚在我们下载 STM32CubeMX 软件的时候,已经见过一张图,这张图已经介绍了它们的关系,如图 2.11 所示。

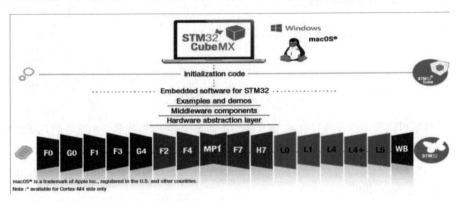

图 2.11　软件安装包(一)

在图 2.11 中可以看到,STM32CubeMX 是 PC 计算机端使用的软件,可运行于 Windows、MacOS(MacOS 是一套运行于苹果 Macintosh 系列计算机上的操作系统,是首个在商用领域成功的图形用户界面操作系统)操作系统。可以直接生成初始化代码(initialzation code),主要用于 STM32 的嵌入式软件(Embedded software for STM32),其中包含了示例和演示(examples and demos)、中间件组件(middleware components)以及硬件的抽象层组件(hardware adstraction layer)。

获取 STM32Cube 软件资料包的方法有多种,其中最简单的方法是:直接在 ST 公司官网上搜索 STM32Cube,然后如图 2.12 所示,选择 STM32CubeF1(具体选中哪一个要看所使用的芯片型号,这里不是固定不变的),跳转到 STM32CubeF1 软件包的介绍界面直接下载。(这里需要注意的是,下载 STM32CubeMX 软件包,最好还是使用在线下载的方式,因为离线下载容易出现版本不兼容的问题。)

Read more ∨

Get Software

Part Number ▲	General Description	Supplier ⇕	Download	All versions ⇕
+ Patch_CubeF1	Patch for STM32CubeF1	ST	Get latest / Get from GitHub	Select version ∨
+ STM32CubeF1	STM32Cube MCU Package for STM32F1 series	ST	Get latest / Get from GitHub	

图 2.12　软件安装包(二)

在这里我们跳转到资料界面，可以下载其中的资料，有助于我们的学习，如图 2.13 所示。

图 2.13　软件安装包（三）

从这里可以看到的资料有很多，但是我们不需要全部下载，找到其中重要的几项即可。

(1) 应用手册

AN4724：STM32F1 系列的 STM32Cube 固件示例（STM32Cube firmware examples for STM32F1 Series），如图 2.14 所示。

Description	Version	Size	Action
AN4323 Getting started with STemWin Library	5.0	1.37 MB	PDF
AN4724 STM32Cube firmware examples for STM32F1 Series	2.0	361.27 KB	PDF

图 2.14　手册资料下载（一）

(2) 用户手册

这里我们主要使用 UM1850 和 UM1847 这两个参考手册即可，其他的暂时用不上，如图 2.15 所示。

USER MANUALS

Description	Version	Size	Action
UM1850 Description of STM32F1 HAL and low-layer drivers	3.0	5.09 MB	PDF
UM1713 Developing applications on STM32Cube with LwIP TCP/IP stack	4.1	940.77 KB	PDF
UM1722 Developing applications on STM32Cube with RTOS	3.0	731.26 KB	PDF
UM1721 Developing applications on STM32Cube™ with FatFs	3.0	649.69 KB	PDF
UM1847 Getting started with STM32CubeF1 firmware package for STM32F1 series	3.0	530.14 KB	PDF

图 2.15　手册资料下载（二）

(3) 下载 STM32CubeMX 软件包

前面已经介绍过离线下载方式,也跟大家说了,最好使用在线方式下载。接下来我们一起来看一下如何在线下载。在下载软件包之前,首先要设置软件安装包的位置,打开前面安装好的 STM32Cube 软件,找到 Help 的管理嵌入式软件包设置选项(Updater Settings…),会出现如图 2.16 所示的界面。

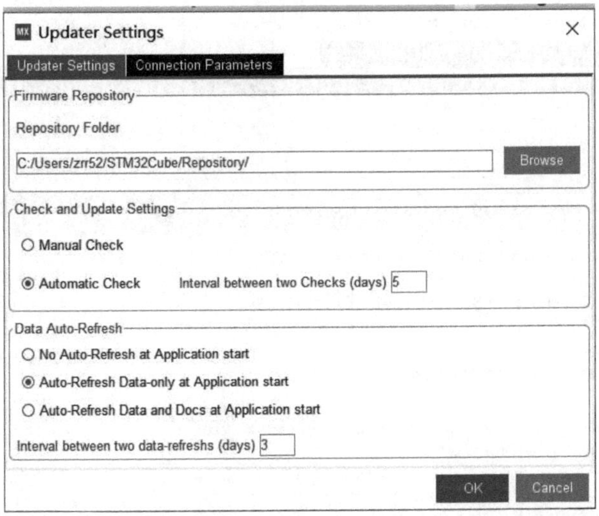

图 2.16　软件包下载(一)

通过图 2.16 可以看到,在存储库文件夹(Repository Folder)下面有一个路径,此路径是默认路径,可以修改,也可以不修改,只要可以再次找到此路径即可。这里用的是默认路径。配置完成后,单击 OK 按钮会自动返回到 STM32CubeMX 软件的主界面。

接下来就可以在线安装软件资料包了。还是在 STM32CubeMX 软件主界面单击 Help,选择管理嵌入式软件包选项(Manage embedded software packages),如图 2.17 所示。

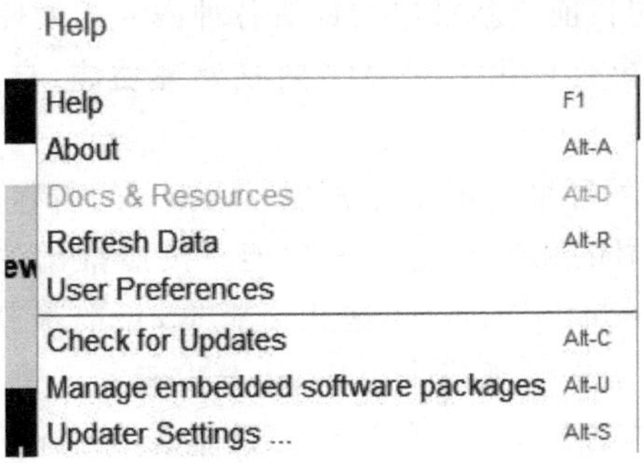

图 2.17　软件包下载(二)

点开管理嵌入式软件包选项(Manage embedded software packages)之后,找到 STM32F1,可以看到最新版的软件资料包为1.8.0版本,如图2.18所示。然后选中我们要下载的版本,单击 Install Now 按钮开始下载安装。

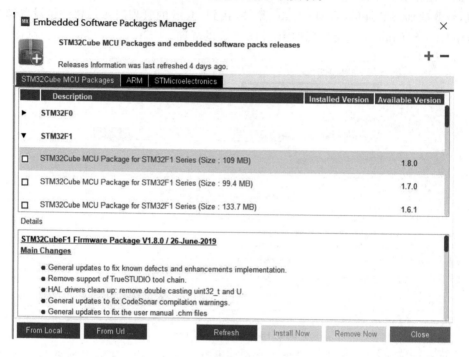

图 2.18　软件包下载(三)

2.5　安装 MDK - ARM 软件

2.5.1　下载相关软件

目前单片机中常用的软件工具主要是 ARM 公司的 MDK - ARM。MDK - ARM(Microcontroller Development Kit,微控制器开发套件)开发工具源自德国的 Keil 公司,是 ARM 公司目前最新推出的针对各种嵌入式处理器的软件开发工具,支持 ARM7、ARM9 和最新的 CM3/M0/M1 内核处理功能,自动配置启动代码,集成 Flash 烧写。

Keil 公司的集成开发环境 IDE 通常冠以 μVision 的名称,支持包括工程管理、源代码编辑、编译、下载、调试和模拟仿真等功能。按照推出的时间不同,μVision 有 μVision2、μVisio3、μVision4、μVision5 这几个版本,目前最新的就是 μVision5。其实确切地说,μVision 只是提供了一个环境,让开发者易于操作;如果想要完成总体的开发流程,还需要具体的开发工具的配合。目前常用的开发工具如下:

① MDK - ARM:专门为 32 位微处理器定制的开发工具,支持 ARM、Cortex 等

微处理器的开发工具。

② KEIL C51：支持绝大多数的 8051 内核微控制器的开发工具。

③ KEIL C166：支持 C166、XC166 和 XC200 系列微控制器的开发工具。

④ KEIL C251：支持基于 80251 内核微控制器的开发工具。

上述是几种常用的开发工具，我们本次设计使用的是 MDK － ARM，所以后续这里只会进行相关 MDK － ARM 的介绍。如果读者对 C51 也很有兴趣，可以在网上自行查找资料。

安装软件对于已经有基础的读者来说应该是很简单的了，下面只简单介绍软件的下载以及安装。要安装软件，首先要有软件安装包，可以在网站上下载，也可以在淘宝那里购买，这些资料基本都是数据共享的。如果想要自己在网上下载，具体方法如下：

① 在浏览器输入网址"http://www.keil.com"，访问 KEIL 公司的网站，单击 Software Downloads 中的 Product Downloads，如图 2.19 所示。

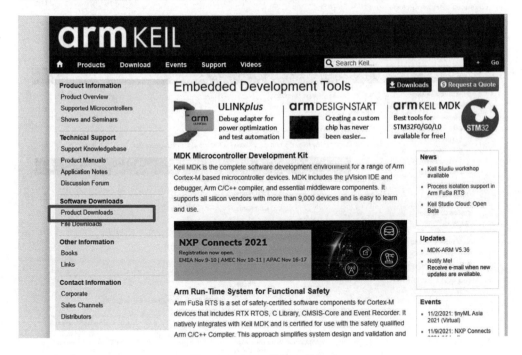

图 2.19　MDK 软件安装 (一)

② 在图 2.20 中可以看到，Downloads Products 罗列出了 KEIL 公司的四种软件开发工具，这四种开发工具的具体功能在前面已经跟大家介绍过了。本次使用的是 MDK － Arm，所以单击这个选项。

③ 之后出现如图 2.21 所示的界面。这个界面表示，我们想要下载软件，必须要填写相关信息，将自己的信息直接填写完毕后单击 Submit 按钮即可。

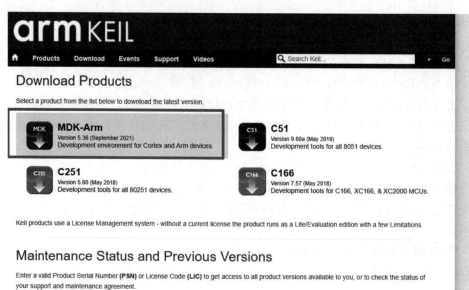

图 2.20　MDK 软件安装(二)

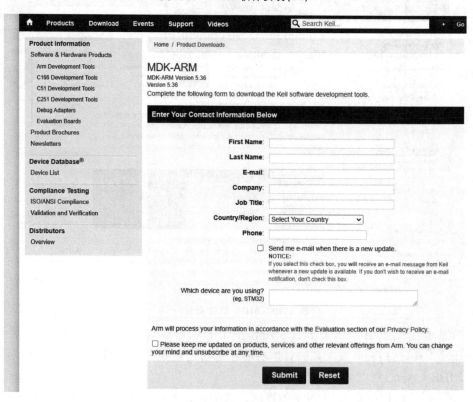

图 2.21　MDK 软件安装(三)

④ 上面的信息填写完毕,就可以看到如图 2.22 所示的界面。直接单击 MDK536.EXE 下载即可。

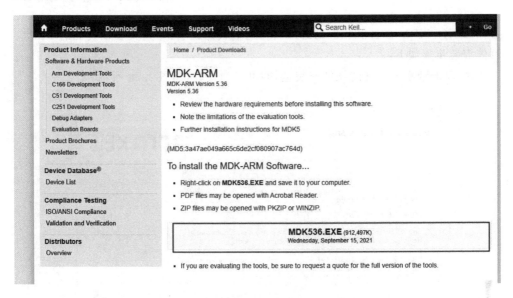

图 2.22 MDK 软件安装(四)

⑤ 至此,只能说下载完开发工具了,我们所使用的芯片资料包还没有下载。下载芯片资料包的方法是:打开网页"https://www.keil.com/dd2/Pack/",进入安装包下载界面,如图 2.23 所示。

图 2.23 芯片资料包(一)

⑥ 找到如图 2.23 所示的界面之后鼠标往下滑,由于我们使用的芯片是 STM32F103ZET6,所以只需要找到 STM32F1 系列即可,找到后单击即开始下载,等后面安装完 KEIL 软件就可以安装这个芯片资料包了。

2.5.2 安装 MDK - ARM 软件

MDK - ARM 软件和相应的芯片资料包下载完成后,将其安装在我们的 PC 上。具体安装步骤如下:

① 双击刚刚下载好的软件安装包,即可启动安装,如图 2.24 所示。

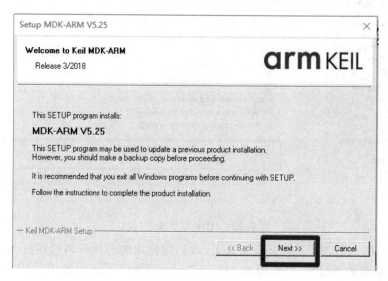

图 2.24 MDK 软件安装(一)

② 许可声明:在弹出的窗口选择"I agree to all…"选项,单击 Next 按钮,如图 2.25 所示。

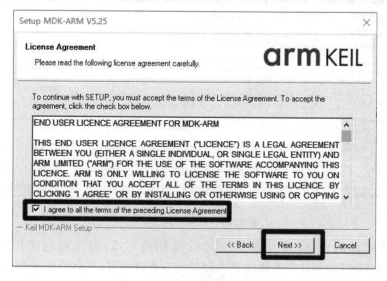

图 2.25 MDK 软件安装(二)

③ 安装路径的选择如图 2.26 所示。在这个界面可以看到它分为安装路径以及
Pack 路径,这里只需要设置安装路径即可;Pack 路径会自动变换,但是这里值得注
意的是安装路径不允许有中文。还需要注意的是,安装的路径最好不要直接放在某
个盘的下面,因为安装的过程中会有其他的文件夹出现,如果随便放在哪个盘的下
面,一旦后期不小心删除了一个文件夹,则有可能会对软件的使用造成致命的危害。

图 2.26　MDK 软件安装(三)

④ 填写个人信息,然后单击 Next 按钮,如图 2.27 所示,会进入文件拷贝的步
骤,这个过程大概需要几分钟。

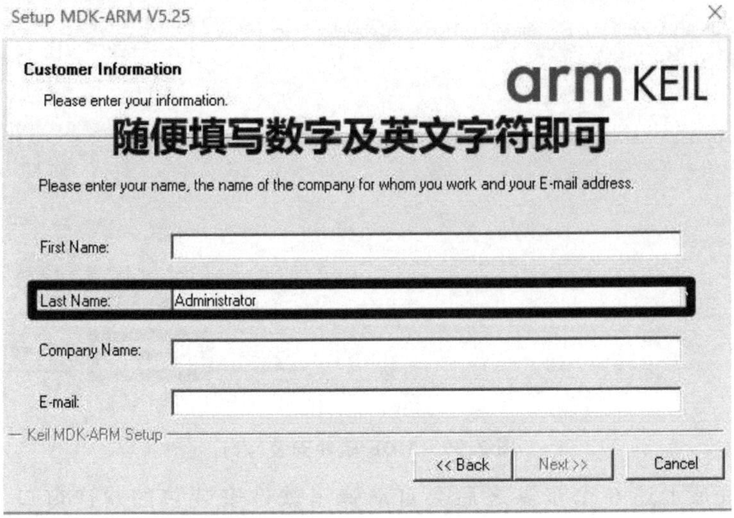

图 2.27　MDK 软件安装(四)

⑤ 在文件拷贝到 70% 左右的时候会出现黑色弹窗,提示安装设备驱动程序,单击"安装"按钮,如图 2.28 所示。

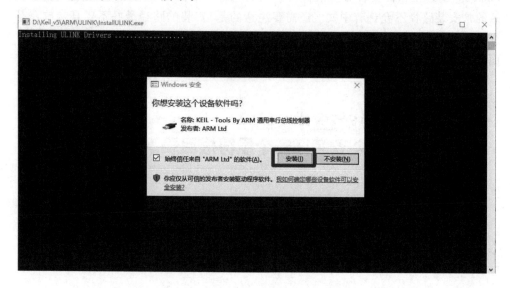

图 2.28 MDK 软件安装(五)

⑥ 安装完成会显示如图 2.29 所示界面,单击 Finish 按钮结束。

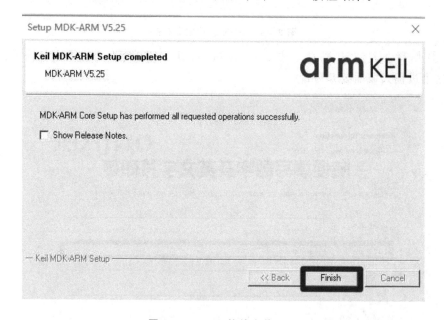

图 2.29 MDK 软件安装(六)

⑦ 在完成上述 6 个步骤之后会自动弹出软件安装包的欢迎窗口,这是因为 MDK - ARM 在联网的情况下会自动开始下载软件安装包。这里需要说明的是,如

果使用这种方法下载软件安装包,需要耗费较长的时间,这里可以直接单击右上角的
"×"号,中止本次软件安装包的下载和安装进程。可以用 2.5.1 小节下载的芯片资
料包。如果使用的是之前下载好的芯片资料包,直接打开资料包文件安装即可,如
图 2.30 所示。

　　注:这里的安装路径不需要我们自己设置,它会根据你的 KEIL 的安装路径自行
进行选择。

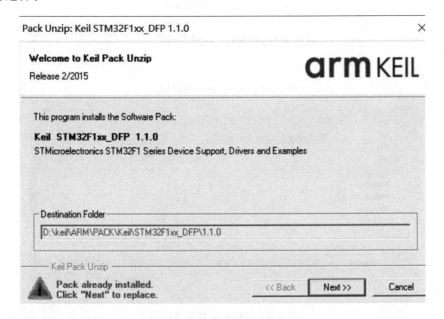

图 2.30　MDK 软件安装(七)

　　⑧ 安装完软件以及芯片资料包之后,如果想要对芯片资料包进行更新,没有必
要重新去网上下载,直接打开 KEIL 软件,然后单击工具栏上的 Pack Installer 按钮,
就可以启动安装包管理器了,如图 2.31 所示。

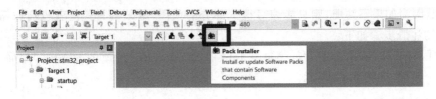

图 2.31　MDK 软件安装(八)

　　⑨ 在弹出的窗口中找到左上角的 File,在 File 中选择 Import 选项,如图 2.32、
图 2.33 所示,即可对自己使用的芯片资料包进行升级了。

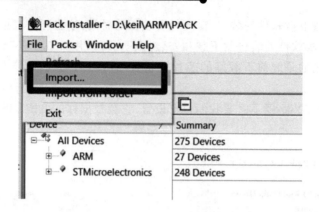

图 2.32　MDK 软件安装(九)

图 2.33　MDK 软件安装(十)

2.5.3　注册 MDK - ARM

完成 MDK - ARM 软件以及芯片资料包的安装之后,需要做的就是注册 MDK - ARM,因为如果不注册,则只能编写很少部分的代码,继续编写代码就没有权限了。具体的注册步骤如下:

① 打开软件,单击左上角菜单栏 File 中的"Lincense Management …"之后会弹出一个界面,如图 2.34 所示。

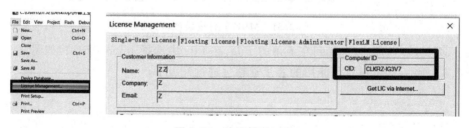

图 2.34　注册管理(一)

② 在 Lincense Management 界面,需要将右侧的 Computer ID 换算为 New Lincense ID Code,并填写到 New Lincense ID Code(LIC)框中,然后单击后面的 Add LIC,完成注册就可以看到使用期限;最后单击 Close 按钮,返回 MDK - ARM 软件主界面,此软件到此才可以说是真正的安装完毕,可以直接使用了,如图 2.35 所示。

License Management

Single-User License | Floating License | Floating License Administrator | FlexLM License |

Customer Information

Name: ZZ

Company: Z

Email: Z

Computer ID

CID: CLKRZ-IG3V7

Get LIC via Internet...

Product	License ID Code (LIC)/Product variant	Support Period
MDK-ARM Plus	PE7DL-0IK3C-II85V-PHNZK-JLC2B-9XCEX	Expires: Dec 2032

New License ID Code (LIC): PE7DL-0IK3C-II85V-PHNZK-JLC2B-9XCEX

Add LIC　　Uninstall...

Close　　　Help

图 2.35　注册管理(二)

注意,这个 New Lincense ID Code 是笔者的计算机生成的 ID,如果想要生成自己计算机的 ID,可以借助破解软件进行生成。

2.6　驱动安装下载

2.6.1　ST_LINK 驱动安装

开发 STM32F103 芯片所使用的仿真器有很多,本次使用的是由意法半导体公司推出的 ST_LINK 仿真器,微控制器 STM32 可以直接通过 SWD/JTAG 接口与 ST_LINK 相连,如图 2.36 所示。

在 ST_LINK 仿真器上有两种类型的接口:一种是 SWIM 接口,主要是用于对 STM8 系列微控制器的在线调试仿真与编程;另一种是

图 2.36　ST_LINK 实物图

JTAG/SWD 接口,用于对 STM32 系列微控制器的开发。JTAG/SWD 的引脚排列如图 2.37 所示,其引脚功能如表 2.1 所列。

```
  2  4  6  8 10 12  14 16 18 20
 ┌─────────────────────────────┐
 │ O  O  O  O  O  O   O  O  O  O │
 │ O  O  O  O  O  O   O  O  O  O │
 └─────────────────────────────┘
  1  3  5  7  9 11  13 15 17 19
```

图 2.37   ST_LINK 引脚图

表 2.1   JTAG/SWD 引脚定义表

引脚序号	名　　称	功　　能	电路板引脚(JTAG 接口)	电路板引脚(SWD 引脚)
1	VAPP	电源 VCC	VCC	VCC
2	VAPP	电源 VCC	VCC	VCC
3	TRST	JTAG TRST	JNTRST	GND
4	GND	接地 GND	GND	GND
5	TDI	JTAG TDO	JTD1	GND
6	GND	接地 GND	GND	GND
7	TMS_SWDIO	JTAG TMS/SWIO	JTMS	SDA
8	GND	接地 GND	GND	GND
9	TCL_SWCLK	JTAG_CLK/SWD_CLK	JTCK	SCL
10	GND	接地 GND	GND	GND
11	NC	未连接	未连接	未连接
12	GND	接地 GND	GND	GND
13	TDO_SWO	JTAG TDI/SWO	JTDO	未连接
14	GND	接地 GND	GND	GND
15	NRST	NRST	NRST	未连接
16	GND	接地 GND	GND	GND
17	NC	未连接	未连接	未连接
18	GND	接地 GND	GND	GND
19	VDD	电源 VDD3.3V	未连接	未连接
20	GND	接地 GND	GND	GND

　　ST_LINK 下载器在使用 SWD 下载方式的时候,其与电路板的连接方法是:

　　使用杜邦线将 20 帧引脚中的 VAPP、TMS_SWDIO、TCK_SWCLK、GND 引脚与电路板的 VCC、GND、SDA、SCL 引脚一一对应相连。

　　如果使用的是 JTAG 下载接口方式,则用如图 2.37 所示的排线直接将 ST_LINK 下载器与电路板相连接即可。

　　知道 ST_LINK 下载器的引脚功能以及连接方式之后，接下来看一下如何安装 ST_LINK 驱动，安装完 ST_LINK 驱动后就可以直接使用 ST_LINK 下载器进行下载了。具体安装方法如下：

　　① 在网上下载 ST_LINK 驱动，其在网上有很多。当然这里也为各位读者准备了笔者自己正在使用的 ST_LINK 驱动包，直接放在了百度网盘里，有需要的读者可以自行获取。链接如下：

> 链接：https://pan.baidu.com/s/1Hx-g8NTulSJd2W8WNdfJDQ
> 提取码：i8xd

　　② 下载完 ST_LINK 驱动之后直接单击安装，不需要设置什么东西，安装完成后可以打开"此电脑"，右击"管理"，然后在"设备管理器"下的"通用串行总线设备"中可以找到安装好的驱动，这证明已经安装完成，如图 2.38 所示。

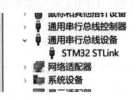

图 2.38　ST_LINK 驱动

2.6.2　CH340 驱动安装下载

　　对于 CH340 驱动，用过单片机的都知道，如果想要用串口作为调试使用，则必须要使用 CH340 这个 USB 转 TTL 芯片。要使用这个芯片，必须先安装它的驱动。CH340 的驱动，也是直接放百度网盘里，链接如下，有需要的自行取用。注意，如果在安装 CH340 的驱动时提示安装失败，可以先进行卸载，然后重新安装即可，如图 2.39 所示。

图 2.39　CH340 驱动安装

链接:https://pan.baidu.com/s/19hn7EWPcV2djaLuGtxogwg

提取码:4siv

2.7 例程解析

首先打开前面下载过的 STM32CubeMX 的软件资料包,可以看到文件夹 STM32Cube_FW_F1_V1.8.0。双击打开文件夹,可以看到其中的一个文件夹 Projects,双击打开文件夹,里面有四个文件夹,分别是 STM32F103RB‐Nucleo、 STM32VL‐Discovery、STM3210C_EVAL、STM3210E_EVAL。此时因为我们选 择的芯片为 STM32F103,所以打开 STM32F103RB‐Nucleo 文件夹即可。打开文件 夹后,可以看到文件夹里面又分为很多个文件,打开 Examples(例程)即可,在这个文 件中可以看到 ADC、CRC、FLASH、GPIO 等很多的示例工程。

2.7.1 UM1847 手册介绍

由于我们现在是初学,所以先打开单片机的第一个例程 GPIO,打开之后继续双 击 GPIO_IOToggle,可以看到如图 2.40 所示的界面。由于前面安装的开发环境是 MDK‐ARM,所以这里打开 MDK‐ARM 文件夹就可以看到 Keil5 的图标,双击打 开工程即可,如图 2.40、图 2.41 所示。

名称	修改日期	类型	大小
EWARM	2020/3/16 16:59	文件夹	
Inc	2020/3/16 16:59	文件夹	
MDK-ARM	2020/5/29 17:48	文件夹	
Src	2020/3/16 16:59	文件夹	
SW4STM32	2020/3/16 16:59	文件夹	
readme.txt	2020/3/16 16:59	UltraEdit Document (....	3 KB

图 2.40 工程路径(一)

RTE	2020/3/27 17:18	文件夹	
STM32F103RB_Nucleo	2021/11/4 19:05	文件夹	
Project.uvguix.zrr52	2021/11/4 19:05	ZRR52 文件	96 KB
Project.uvoptx	2020/4/30 17:45	UVOPTX 文件	11 KB
Project.uvprojx	2020/4/30 17:45	礦ision5 Project	17 KB
startup_stm32f103xb.lst	2020/3/27 17:18	MASM Listing	38 KB
startup_stm32f103xb.s	2020/3/16 16:59	Assembler Source	13 KB

图 2.41 工程路径(二)

接下来看第一个例程 GPIO。在学习 GPIO_IOToggle 这一例程之前,还需要借助一些手册进行参考。

首先用户参考手册是必不可少的,尤其是前面说过的 UM1847(注:如果没有找到这个参考资料,可以到前面下载的 STM32CubeMX 软件包下去找,路径是 STM32Cube_FW_F1_V1.8.0/ Documentation/ STM32CubeF1GettingStarted. pdf,这里的 pdf 文档实际上就是 UM1847)。当然,参考 UM1850 也是一样的。

这里大家需要记住,以后无论打开的是什么工程,都应从主函数(main)开始入手去分析查看,然后结合用户手册来对比学习。

打开工程之后,单击左边找到 main. c,main 主函数就在这里。main 主函数的程序流程,可以参考 UM1847 手册的 4.2.1 小节具体查看。其中的前 3 点主要介绍了如何创建工程,这里可以省略不看,因为通过 STM32CubeMX 软件可以直接生成工程代码。

```
int main(void)
{
  HAL_Init();
  /* Configure the system clock to 64 MHz */
  SystemClock_Config();
  /* -1- Enable GPIO Clock (to be able to program the configuration registers) */
  LED2_GPIO_CLK_ENABLE();
  /* -2- Configure IO in output push-pull mode to drive external LEDs */
  GPIO_InitStruct.Mode = GPIO_MODE_OUTPUT_PP;
  GPIO_InitStruct.Pull = GPIO_PULLUP;
  GPIO_InitStruct.Speed = GPIO_SPEED_FREQ_HIGH;
  GPIO_InitStruct.Pin = LED2_PIN;
  HAL_GPIO_Init(LED2_GPIO_PORT, &GPIO_InitStruct);
  /* -3- Toggle IO in an infinite loop */
  while (1)
  {
    HAL_GPIO_TogglePin(LED2_GPIO_PORT, LED2_PIN);
    /* Insert delay 100 ms */
    HAL_Delay(100);
  }
}
void SystemClock_Config(void)
{
  RCC_ClkInitTypeDef clkinitstruct = {0};
  RCC_OscInitTypeDef oscinitstruct = {0};
  oscinitstruct.OscillatorType = RCC_OSCILLATORTYPE_HSI;
  oscinitstruct.HSEState = RCC_HSE_OFF;
  oscinitstruct.LSEState = RCC_LSE_OFF;
  oscinitstruct.HSIState = RCC_HSI_ON;
  oscinitstruct.HSICalibrationValue = RCC_HSICALIBRATION_DEFAULT;
  oscinitstruct.HSEPredivValue = RCC_HSE_PREDIV_DIV1;
  oscinitstruct.PLL.PLLState = RCC_PLL_ON;
  oscinitstruct.PLL.PLLSource = RCC_PLLSOURCE_HSI_DIV2;
```

```
oscinitstruct.PLL.PLLMUL = RCC_PLL_MUL16;
if (HAL_RCC_OscConfig(&oscinitstruct)!= HAL_OK)
{
  /* Initialization Error */
  while(1);
}
clkinitstruct.ClockType = ( RCC_CLOCKTYPE_SYSCLK | RCC_CLOCKTYPE_HCLK | RCC_
CLOCKTYPE_PCLK1 | RCC_CLOCKTYPE_PCLK2);
clkinitstruct.SYSCLKSource = RCC_SYSCLKSOURCE_PLLCLK;
clkinitstruct.AHBCLKDivider = RCC_SYSCLK_DIV1;
clkinitstruct.APB2CLKDivider = RCC_HCLK_DIV1;
clkinitstruct.APB1CLKDivider = RCC_HCLK_DIV2;
if (HAL_RCC_ClockConfig(&clkinitstruct, FLASH_LATENCY_2)!= HAL_OK)
{
  while(1);
}
}
```

在看代码之前我们需要知道,执行代码的顺序是从上到下、从左到右依次执行。接下来看一下上面的 main 主函数。

在上面的 main 主函数代码中可以看到,在跳转到主程序后,应用代码第一次要执行的函数是先对 HAL 库进行初始化操作。其实在初始化函数中主要执行的操作就是 Flash 的存取以及 SysTick 系统滴答定时器的相关配置。这在 UM1847 手册 4.2.1 小节的第 4 条也有介绍,如图 2.42 所示。

4. Start the HAL Library

After jumping to the main program, the application code must call *HAL_Init()* API to initialize the HAL Library, which do the following tasks:

a) Configuration of the Flash prefetch and SysTick interrupt priority (through macros defined in stm32f1xx_hal_conf.h).

b) Configuration of the SysTick to generate an interrupt each 1 ms at the SysTick TICK_INT_PRIO interrupt priority defined in stm32f1xx_hal_conf.h, which is clocked by the HSI (at this stage, the clock is not yet configured and thus the system is running from the internal HSI at 8 MHz).

c) Setting of NVIC Group Priority to 4.

d) Call of HAL_MspInit() callback function defined in stm32f1xx_hal_msp.c user file to perform global low-level hardware initializations.

图 2.42　初始化函数

接下来在 UM1847 手册中介绍的第 5 条(如图 2.43 所示)为配置系统时钟,这里主要介绍了两个 API 函数:HAL_RCC_OscConfig()和 HAL_RCC_ClockConfig()。

5. Configure the system clock

The system clock configuration is done by calling the two APIs described below:

a) HAL_RCC_OscConfig(): this API configures the internal and/or external oscillators, as well as the PLL source and factors. The user can choose to configure one oscillator or all oscillators. The PLL configuration can be skipped if there is no need to run the system at high frequency.

b) HAL_RCC_ClockConfig(): this API configures the system clock source, the Flash memory latency and AHB and APB prescalers.

图 2.43　时钟配置函数

(1) HAL_RCC_OscConfig( )

这个函数设置了内部和外部的振荡频率以及锁相环的相关配置,用户可以选择一个振荡器或者选择所有振荡器。也可以选择跳过 PLL 配置(当然这种情况是在不需要使用高频率的运行环境下)。

(2) HAL_RCC_ClockConfig( )

这个函数主要介绍了如何配置系统时钟源、内存延迟以及 AHB 和 APB 时钟总线的预调器。

上面的这两个函数如果直接在 main 主函数中寻找是找不到的。要想找到函数,首先打开我们的工程代码,然后找到 main 主函数中的 SystemClock_Config()(这就是我们的系统时钟配置函数),右击选择 Go To Definition Of "SystemClock_Config",跳转到这个函数定义的位置,如图 2.44 所示。跳转过来后,就可以看到此处的用法了。这里用的就是我们以前学习过的结构体,通过给结构体成员赋值的方法,来达到配置相关时钟的目的。想要返回 main 主函数,可以通过快捷键"Ctrl+"或者"Ctrl-"来返回上一次的位置或者返回刚刚跳转的地方,也可以通过软件左上方的图标(如图 2.45 所示)直接单击返回。

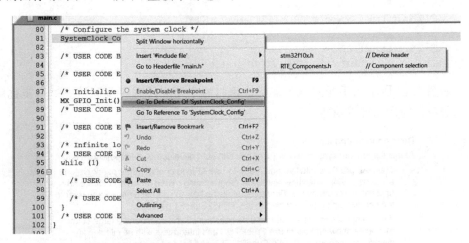

图 2.44　函数跳转

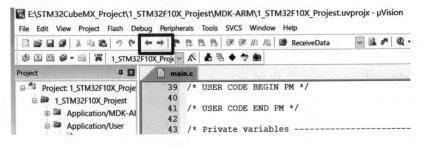

图 2.45　函数返回

手册中第 6 条主要介绍的是外围设备函数 HAL_PPP_MspInit()以及初始化外设函数 HAL_PPP_Init(),如图 2.46 所示。

6. **Initialize the peripheral**
   a) First write the peripheral HAL_PPP_MspInit function. Proceed as follows:
   – Enable the peripheral clock.
   – Configure the peripheral GPIOs.
   – Configure DMA channel and enable DMA interrupt (if needed).
   – Enable peripheral interrupt (if needed).
   b) Edit the stm32xxx_it.c to call the required interrupt handlers (peripheral and DMA), if needed.
   c) Write process complete callback functions if you plan to use peripheral interrupt or DMA.
   d) In your main.c file, initialize the peripheral handle structure then call the function HAL_PPP_Init() to initialize your peripheral.

图 2.46　GPIO 初始化函数

对应代码如下:

```
/ * - 2 - Configure IO in output push-pull mode to drive external LEDs  */
GPIO_InitStruct.Mode  = GPIO_MODE_OUTPUT_PP;
GPIO_InitStruct.Pull  = GPIO_PULLUP;
GPIO_InitStruct.Speed = GPIO_SPEED_FREQ_HIGH;

GPIO_InitStruct.Pin = LED2_PIN;
HAL_GPIO_Init(LED2_GPIO_PORT, &GPIO_InitStruct);
```

如图 2.47 所示的手册的第 7 条就是我们的开发应用程序步骤了。这一步也就意味着我们的代码可以执行了。

7. **Develop your application**
   At this stage, your system is ready and you can start developing your application code.
   – The HAL provides intuitive and ready-to-use APIs to configure the peripheral. It supports polling, interrupts and DMA programming model, to accommodate any application requirements. For more details on how to use each peripheral, refer to the rich examples set provided in the STM32CubeF1 package.
   – If your application has some real-time constraints, you can found a large set of examples showing how to use FreeRTOS and integrate it with all middleware stacks provided within STM32CubeF1. This can be a good starting point to develop your application.

图 2.47　开发应用程序

2.7.2　UM1850 手册介绍

STM23CubeMX 中最重要的两个参考手册是 UM1847 和 UM1850,其中 UM1847 主要是介绍 STM32CubeMX 固件包或者操作步骤的信息,而 UM1850 主要是介绍 HAL 和底层驱动相关的程序。学习 STM32CubeMX,其实主要是学习 HAL 库,而且 UM1850 比 UM1847 介绍得要详细,所以后面会着重于 UM1850。

　　刚开始看 UM1850 参考手册的时候,可以着重从第 3 章看起,第 1 章和第 2 章都是这个参考手册的相关介绍,第 3 章是 HAL 固件库的概述。在第 3 章的开头可以见到如图 2.48 所示的文字。

The HAL drivers are designed to offer a rich set of APIs and to interact easily with the application upper layers. Each driver consists of a set of functions covering the most common peripheral features. The development of each driver is driven by a common API which standardizes the driver structure, the functions and the parameter names.

The HAL drivers include a set of driver modules, each module being linked to a standalone peripheral. However, in some cases, the module is linked to a peripheral functional mode. As an example, several modules exist for the USART peripheral: UART driver module, USART driver module, SMARTCARD driver module and IRDA driver module.

图 2.48　HAL 固件库介绍

　　以上内容主要介绍了 HAL 库驱动程序是一组丰富的 API 函数,它可以轻松地与上层应用程序进行交互,每个驱动程序都是由一组常见的具有外围设备接口特性的函数组成的;基本所有的函数名和函数体都进行了重新定义、重新编写,形成最终的标准化 API 函数。HAL 驱动程序包括一组驱动程序模块,每个模块都链接到一个独立的外设;但是当一个外设有多个驱动程序模块时,这个驱动外设模块会对应到这个外设具体的驱动模块。

　　上面的部分都是第 3 章开始的时候对 HAL 的概述,具体的情况还应去查看参考资料才能知道。这里的参考手册内容不需要背诵下来,只需要会查找即可,以后学习任何一个芯片都是只需要会查找即可,不需要死记硬背,因为不同的芯片,其相关功能介绍可能是不同的,所以要具体情况具体分析。

　　对于这个手册来说,只需要大致分析一下第 3 章的内容即可,因为后面的内容大致都是介绍微控制器中每个模块的 HAL 库函数的具体内容的。

　　在第 3 章的目录可以看到,第 3 章又分为 12 节,那么现在我们大致来分析一下每一节都介绍了哪些相关信息。

　　第 1 节,主要介绍 HAL 驱动程序所包含的源文件和头文件,具体内容如表 2.2 所列。

表 2.2　HAL 驱动文件

文　件	描　述
stm32f1xx_hal_ppp.c stm32f1xx_hal_ppp.h	主要外设/模块的驱动程序文件和头文件,包括了 STM32 设备通用的 API 函数,其中 ppp 表示的是外设的名称,例如:stm32f1xx_hal_adc.c、stm32f1xx_hal_irda.c
stm32f1xx_hal_ppp_ex.c stm32f1xx_hal_ppp_ex.h	外设/模块驱动程序的扩展文件和头文件,包括指定的 API 和内部不同实现以覆盖通用 API 的新定义的 API 接口函数。这里的 ppp 指的也是不同的外设名称,例如:stm32f1xx_hal_adc_ex.c、stm32f1xx_hal_flash_ex.c

续表 2.2

文　件	描　述
stm32f1xx_hal.c	表示初始化 HAL 库文件,包含 DBGMCU(调试接口)、Remap(重映射)
stm32f1xx_hal.h	和 Systick 的 TimeDelay
stm32xx_hal_msp_template.c	库函数相关模板,包含初始化代码
stm32xx_hal_conf_template.h	
stm32f1xx_hal_def.h	公共 HAL 资源定义,包含通用定义声明、枚举、结构和宏定义

第 2 节,主要介绍了 HAL 驱动中的几种数据结构。

第 3 节,主要介绍了 HAL 驱动的 API 函数,其分成 3 种类型。

第 4 节,介绍了 HAL 驱动支持的 STM32 微处理器,具体内容如图 2.49、图 2.50、图 2.51 所示。

6.　**Initialize the peripheral**

  a)　First write the peripheral HAL_PPP_MspInit function. Proceed as follows:

  –　Enable the peripheral clock.

  –　Configure the peripheral GPIOs.

  –　Configure DMA channel and enable DMA interrupt (if needed).

  –　Enable peripheral interrupt (if needed).

  b)　Edit the stm32xxx_it.c to call the required interrupt handlers (peripheral and DMA), if needed.

  c)　Write process complete callback functions if you plan to use peripheral interrupt or DMA.

  d)　In your main.c file, initialize the peripheral handle structure then call the function HAL_PPP_Init() to initialize your peripheral.

图 2.49　HAL 库支持芯片型号(一)

Table 5. **List of devices supported by HAL drivers**

IP/module	VALUE		ACCESS				USB		PERFORMANCE				OTG
	STM32F100xB	STM32F100xE	STM32F101x6	STM32F101xB	STM32F101xE	STM32F101xG	STM32F102x6	STM32F102xB	STM32F103x6	STM32F103xB	STM32F103xE	STM32F103xG	STM32F105xC
stm32f1xx_hal.c stm32f1xx_hal.h	Yes	Yes	Yes	Yes	Yes	Yes	Yes	Yes	Yes	Yes	Yes	Yes	Yes
stm32f1xx_hal_adc.c stm32f1xx_hal_adc.h	Yes	Yes	Yes	Yes	Yes	Yes	Yes	Yes	Yes	Yes	Yes	Yes	Yes
stm32f1xx_hal_adc_ex.c stm32f1xx_hal_adc_ex.h	Yes	Yes	Yes	Yes	Yes	Yes	Yes	Yes	Yes	Yes	Yes	Yes	Yes
stm32f1xx_hal_can.c stm32f1xx_hal_can.h	No	No	No	No	No	No	No	No	Yes	Yes	Yes	Yes	Yes
stm32f1xx_hal_cec.c stm32f1xx_hal_cec.h	Yes	Yes	No	No	No	No	No	No	No	No	No	No	No
stm32f1xx_hal_cortex.c stm32f1xx_hal_cortex.h	Yes	Yes	Yes	Yes	Yes	Yes	Yes	Yes	Yes	Yes	Yes	Yes	Yes
stm32f1xx_hal_crc.c stm32f1xx_hal_crc.h	Yes	Yes	Yes	Yes	Yes	Yes	Yes	Yes	Yes	Yes	Yes	Yes	Yes
stm32f1xx_hal_dac.c stm32f1xx_hal_dac.h	Yes	Yes	No	No	Yes	Yes	No	No	No	No	Yes	Yes	No
stm32f1xx_hal_dac_ex.c stm32f1xx_hal_dac_ex.h	Yes	Yes	No	No	Yes	Yes	No	No	No	No	Yes	Yes	No
stm32f1xx_hal_dma.c stm32f1xx_hal_dma.h	Yes	Yes	Yes	Yes	Yes	Yes	Yes	Yes	Yes	Yes	Yes	Yes	Yes
stm32f1xx_hal_dma_ex.h	Yes	Yes	Yes	Yes	Yes	Yes	Yes	Yes	Yes	Yes	Yes	Yes	Yes
stm32f1xx_hal_eth.c stm32f1xx_hal_eth.h	No	No	No	No	No	No	No	No	No	No	No	No	No

图 2.50　HAL 库支持芯片型号(二)

IP/module	VALUE		ACCESS				USB		PERFORMANCE			
	STM32F100xB	STM32F100xE	STM32F101x6	STM32F101xB	STM32F101xE	STM32F101xG	STM32F102x6	STM32F102xB	STM32F103x6	STM32F103xB	STM32F103xE	STM32F103xG
stm32f4xx_hal_pccard.c stm32f4xx_hal_pccard.h	No	No	No	No	Yes	Yes	No	No	No	No	Yes	Yes
stm32f4xx_hal_pcd.c stm32f4xx_hal_pcd.h	No	No	No	No	No	No	Yes	Yes	Yes	Yes	Yes	Yes
stm32f4xx_hal_pcd_ex.c stm32f4xx_hal_pcd_ex.h	No	No	No	No	No	No	Yes	Yes	Yes	Yes	Yes	Yes
stm32f1xx_hal_pwr.c	Yes	Yes	Yes	Yes	Yes	Yes	Yes	Yes	Yes	Yes	Yes	Yes
stm32f1xx_hal_rcc.c stm32f1xx_hal_rcc.h	Yes	Yes	Yes	Yes	Yes	Yes	Yes	Yes	Yes	Yes	Yes	Yes
stm32f1xx_hal_rcc_ex.c stm32f1xx_hal_rcc_ex.h	Yes	Yes	Yes	Yes	Yes	Yes	Yes	Yes	Yes	Yes	Yes	Yes
stm32f1xx_hal_rtc.c stm32f1xx_hal_rtc.h	Yes	Yes	Yes	Yes	Yes	Yes	Yes	Yes	Yes	Yes	Yes	Yes
stm32f1xx_hal_rtc_ex.c stm32f1xx_hal_rtc_ex.h	Yes	Yes	Yes	Yes	Yes	Yes	Yes	Yes	Yes	Yes	Yes	Yes
stm32f1xx_hal_sd.c stm32f1xx_hal_sd.h	No	No	No	No	No	No	No	No	No	No	Yes	Yes
stm32f1xx_hal_smartcard.c stm32f1xx_hal_smartcard.h	Yes	Yes	Yes	Yes	Yes	Yes	Yes	Yes	Yes	Yes	Yes	Yes
stm32f1xx_hal_spi.c stm32f1xx_hal_spi.h	Yes	Yes	Yes	Yes	Yes	Yes	Yes	Yes	Yes	Yes	Yes	Yes
stm32f1xx_hal_spi_ex.c	Yes	Yes	Yes	Yes	Yes	Yes	Yes	Yes	Yes	Yes	Yes	Yes

图 2.51　HAL 库支持芯片型号(三)

第 5 节,介绍 HAL 驱动的相关内容的各种命名规则:API 函数命名规则、基本外设命名规则、中断处理函数命名规则以及回调函数命名规则等。

第 6 节,介绍 HAL 驱动中通用的 API 函数的分类。

第 7 节,介绍 HAL 驱动扩展 API 函数的 5 种不同的处理方式。

第 8 节,介绍 HAL 驱动中头文件的引用模式,特别是 stm32f1xx_hal.h 的引用,如图 2.52 所示。

第 9 节,介绍 HAL 驱动的常见资源,例如:枚举、结构体宏定义和重定义都是在头文件 stm32f1xx_hal_def.h 中定义声明的。常见的枚举类型是 HAL_StatusTypeDef。

第 10 节,介绍 HAL 的配置以及在配置文件 stm32f1xx_hal_conf.h 中如何根据自己的需要修改相关的参数配置。

第 11 节,主要介绍 HAL 驱动如何处理系统外设,分别介绍了各种模块的 API 函数列表。

第 12 节,介绍了如何使用 HAL 驱动,包括 HAL 模型、HAL 初始化流程、HAL 的 I/O 操作、超时和错误管理等。

以上就是对 UM1850 手册第 3 章大致的介绍,如果读者想要具体了解微控制器,这些还是不够的,还需要详细看一下前面介绍的 UM1847 和 UM1850 手册,找一下所使用的芯片的内核手册,如芯片参考手册 STM32F103。目前在网络上找的这些相关芯片手册都是有中文版的,这对于我们来说也有助于快速学习。此外,还有相关的内核参考手册 Cortex_M3 权威指南,既有中文版也有英文版的,大家可以自行在网上下载。

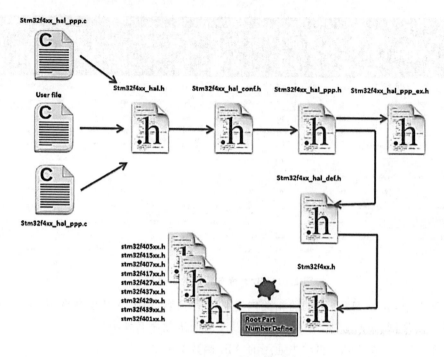

图 2.52　头文件引用框架图

2.8　思考与练习

1. 在网上查阅单片机的发展史。
2. 通读 STM32 芯片手册前 8 章，预习 GPIO 章节。
3. 通读 UM1850 手册，了解 HAL 库函数的相关使用方法。
4. 学习 KEIL 软件新建工程模板以及各种使用方法。

第 **3** 章

GPIO 口实验

GPIO(General-Purpose Input/Output),意思是通用 I/O 端口,通用型之输入/输出的简称,功能类似 8051 的 P0～P3,其引脚可以供使用者由程控自由使用。PIN 引脚依现实考量可作为通用输入(GPI)、通用输出(GPO),或通用输入与输出(GPIO),如作为 clk generator、chip select 等。

既然一个引脚可以用于输入、输出或其他特殊功能,那么一定有寄存器用来选择这些功能。对于输入,一定可以通过读取某个寄存器来确定引脚电位的高低;对于输出,一定可以通过写入某个寄存器来让这个引脚输出高电位或者低电位;对于其他特殊功能,则由另外的寄存器来控制它们。

在嵌入式系统中,经常需要控制许多结构简单的外部设备或者电路,这些设备有的需要通过 CPU 控制,有的需要 CPU 提供输入信号;并且,许多设备或电路只要求有开/关两种状态就够了,比如 LED 的亮与灭。对这些设备的控制,使用传统的串口或者并口就显得比较复杂,所以,在嵌入式微处理器上通常提供了一种"通用可编程 I/O 端口",也就是 GPIO。

3.1 GPIO 概述

GPIO 意思为通用输入/输出端口,通俗地说,就是一些引脚,通过它们来输出高低电平,或者通过它们读入引脚的状态——高电平或是低电平(GPIO 口是芯片与外界通信的必要窗口)。GPIO 是一个比较重要的概念,用户可以通过 GPIO 口和硬件进行数据交互(如 UART),控制硬件(如 LED、蜂鸣器等)工作,读取硬件的工作状态信号(如中断信号)等。GPIO 口的使用非常广泛。掌握了 GPIO,基本相当于掌握了操作硬件的能力。

3.1.1 GPIO 功能

本次所使用的微控制器 STM32F103ZET6 共有 144 个引脚,其中 GPIO 口的个数达到 112 个。将这些 GPIO 口分为 7 组,分别为 GPIOA、GPIOB、GPIOC、GPIOD、GPIOE、GPIOF、GPIOG。我们所使用的 32 位单片机,一组完整的 GPIO 端口是由 16 个引脚组成的,端口编号为 0～15,对于 GPIO 口的访问方式一般是使用 P(端口号)(引脚号)。例如:A 组的第 3 个引脚,我们一般的书写方式为 PA3。

单片机的每一个 GPIO 端口都是有多种功能模式的,默认状态下大多数 GPIO 端口都是输入/输出功能。当然,也可以通过软件自行配置为其他功能。可以将 GPIO 口配置为输出(输出又分为推挽输出或者开漏输出)功能、输入(浮空输入、上拉输入或者下拉输入)功能,或者配置为复用功能,并且所有的 GPIO 端口都可以作为外部中断的输入端,具体的内容会在后面的外部中断章节介绍。

在配置 GPIO 口时,不仅可以配置其功能模式,还可以配置其速度,具体的 GPIO 端口位的功能配置可参考表 3.1 以及表 3.2。

在表 3.1 中可以看到引脚编号是从 0 端口开始,最大只能到 7 端口(CNF7[1:0] 以及 MODE7[1:0]),这其实是因为我们用的单片机本身就是 32 位的控制器,故寄存器位数最多的就是 32 位;但是一组 GPIO 端口是由 16 个端口号组成的,为了满足所有 GPIO 的功能配置要求,所以将端口模式配置寄存器分成了高寄存器和低寄存器。在表 3.1 中看到的寄存器就是低寄存器,寄存器的名称为 GPIOx_CRL;在表 3.2 中看到的寄存器是高寄存器,寄存器的名称为 GPIOx_CRH。

表 3.1 GPIOx_CRL 寄存器

31	30	29	28	27	26	25	24	23	22	21	20	19	18	17	16
CNF7[1:0]		MODE7[1:0]		CNF6[1:0]		MODE6[1:0]		CNF5[1:0]		MODE5[1:0]		CNF4[1:0]		MODE4[1:0]	
rw	rw	rw	rw	rw	rw	rw	rw	rw	rw	rw	rw	rw	rw	rw	rw
15	14	13	12	11	10	9	8	7	6	5	4	3	2	1	0
CNF3[1:0]		MODE3[1:0]		CNF2[1:0]		MODE2[1:0]		CNF1[1:0]		MODE1[1:0]		CNF0[1:0]		MODE0[1:0]	
rw	rw	rw	rw	rw	rw	rw	rw	rw	rw	rw	rw	rw	rw	rw	rw

位 31:30 27:26 23:22 19:18 15:14 11:10 7:6 3:2	CNFy[1:0]:端口 x 配置位(y = 0…7)(Port x configuration bits)。 软件通过这些位配置相应的 I/O 端口,请参考表 17 端口位配置表。 在输入模式(MODE[1:0]=00): 00:模拟输入模式; 01:浮空输入模式(复位后的状态); 10:上拉/下拉输入模式; 11:保留 3:2。 在输出模式(MODE[1:0]>00): 00:通用推挽输出模式; 01:通用开漏输出模式; 10:复用功能推挽输出模式; 11:复用功能开漏输出模式
位 29:28 25:24 21:20 17:16 13:12 9:8,5:4 1:0	MODEy[1:0]:端口 x 的模式位(y = 0…7)(Port x mode bits)。 软件通过这些位配置相应的 I/O 端口,请参考表 17 端口位配置表。 00:输入模式(复位后的状态); 01:输出模式,最大速度 10 MHz; 10:输出模式,最大速度 2 MHz; 11:输出模式,最大速度 50 MHz

表 3.2　GPIOx_CRH 寄存器

31	30	29	28	27	26	25	24	23	22	21	20	19	18	17	16
CNF15[1:0]		MODE15[1:0]		CNF14[1:0]		MODE14[1:0]		CNF13[1:0]		MODE13[1:0]		CNF12[1:0]		MODE12[1:0]	
rw	rw	rw	rw	rw	rw	rw	rw	rw	rw	rw	rw	rw	rw	rw	rw
15	14	13	12	11	10	9	8	7	6	5	4	3	2	1	0
CNF11[1:0]		MODE11[1:0]		CNF10[1:0]		MODE10[1:0]		CNF9[1:0]		MODE9[1:0]		CNF8[1:0]		MODE8[1:0]	
rw	rw	rw	rw	rw	rw	rw	rw	rw	rw	rw	rw	rw	rw	rw	

位 31:30 27:26 23:22 19:18 15:14 11:10 7:6 3:2	CNFy[1:0]:端口 x 配置位(y = 0…7)(Port x configuration bits)。 软件通过这些位配置相应的 I/O 端口,请参考表 17 端口位配置表。 在输入模式(MODE[1:0]＝00): 00:模拟输入模式; 01:浮空输入模式(复位后的状态); 10:上拉/下拉输入模式; 11:保留 3:2。 在输出模式(MODE[1:0]＞00): 00:通用推挽输出模式; 01:通用开漏输出模式; 10:复用功能推挽输出模式; 11:复用功能开漏输出模式
位 29:28 25:24 21:20 17:16 13:12 9:8,5:4 1:0	MODEy[1:0]:端口 x 的模式位(y = 0…7)(Port x mode bits)。 软件通过这些位配置相应的 I/O 端口,请参考表 17 端口位配置表。 00:输入模式(复位后的状态); 01:输出模式,最大速度 10 MHz; 10:输出模式,最大速度 2 MHz; 11:输出模式,最大速度 50 MHz

3.1.2　GPIO 框图

GPIO 的内部模块框图如图 3.1 所示。每一个 GPIO 端口都是由相对应的寄存器以及驱动器组成的,几乎每一个 GPIO 端口在系统复位后都是输入浮空模式;但是也有一些引脚的默认功能不是通用输入/输出功能,而是默认为输入上拉或下拉模式,如 PA15/JTDI 引脚置于上拉模式,PA14/JTCK 引脚置于下拉模式。

AFIO 是指某些 GPIO 引脚除了通用功能外,还可以设置为一些外设的专用功能,例如,PA9 和 PA10 引脚就可以配置复用功能作为外设 USART1 的信号输入/输出引脚,如果不开启 PA9 和 PA10 的复用功能,则这两个引脚可以作为通用的输入/输出引脚。这样做可以用比较少的引脚实现很多的功能,以及可以让 GPIO 口实现灵活的配置。

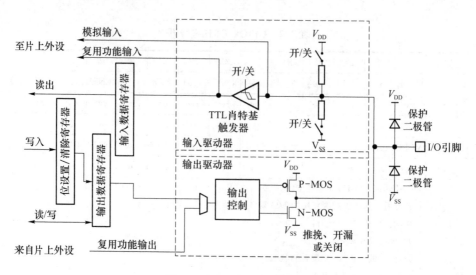

图 3.1　GPIO 模块内部框图

1. 通用输入

如图 3.2 所示,当 GPIO 端口配置为输入模式时,输出驱动禁止,外界 GPIO 端口连接模块进入 GPIO 输入驱动器。首先会看到有两个保护二极管,这两个保护二极管的主要作用就是防止外界进入 GPIO 端口的电压过大,损毁 GPIO 端口,这里的保护二极管属于是自动使能的,所以没有寄存器;接下来会看到有个上拉电阻和下拉电阻,这是我们在配置 GPIO 模块的模式时选择的。GPIOx_CRL/GPIOx_CRH 寄存器控制如果选择上拉,则上面的开关自动使能;如果选择下拉,则下面的开关自动使能,或者选择浮空输入,那么上下两个开关都将不使能。这里需要注意,浮空输入是区别于上拉输入和下拉输入的,其电平状态完全是由外界决定的,与内部的上下拉电阻没有任何关系。

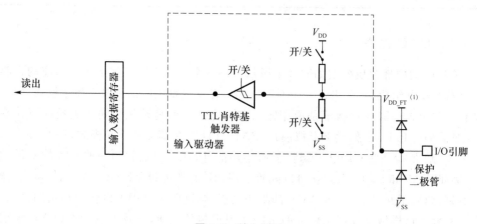

图 3.2　输入驱动

之后经过施密特触发器将外界的数据传输至输入数据寄存器,也就是 GPIOx_ IDR 寄存器中,我们需要做的就是从 GPIOx_IDR 寄存器中把数据读出来。

2. 通用输出

如图 3.3 所示,当配置 GPIO 端口为输出模式时(GPIO 口在同一时刻只能设置一种状态),输入驱动器关闭。对于输出驱动器,这里需要注意两个功能:推挽输出和开漏输出。其中推挽输出的功能是,正常情况下能输出高电平,也能输出低电平;开漏输出的功能是正常情况下只有输出低电平的能力,没有输出高电平的能力。下面来详细看一下它们的主要区别。

当配置为不同的功能模式时,D 触发器后面的 MOS 管的工作状态如下:

如果配置为开漏输出模式,则输出驱动器后面的 N‑MOS 管将使能,P‑MOS 管会一直处于高阻抗状态(可以理解为不工作状态)。如果配置为推挽输出,则输出驱动器后面的 N‑MOS 管以及 P‑MOS 管都将使能。

接下来就整体分析一下这个输出驱动器。

对于输出驱动器(见图 3.3),通过图 3.3 可以看到写数据有两种方式:一种是写给位设置/清除寄存器,另一种是写给输出数据寄存器,这两种输出数据方式的区别具体会在后面有详细介绍。现在我们继续向下分析。在我们写入数据后会经过一个输出控制器,这个输出控制器其实就是一个 D 触发器,这个 D 触发器有一个特征就是上面的输入等于输出,下面的输入等于输出取非,具体可以参考图 3.4 所示的 D 触发器工作状态图。

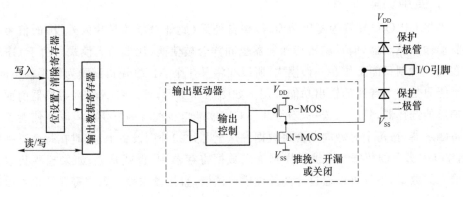

图 3.3　输出驱动

通过图 3.4 所示的 D 触发器工作状态示意图可以看到,在 GPIO 输出数据中如果输出的是高电平"1",则经过 D 触发器后,D 触发器上面会得到高电平"1",D 触发器下面会得到低电平"0",也就是图 3.4 所示的结果;然后可以看到 P‑MOS 管那里有一个非门,也就是说 D 触发器的上面高电平"1"经过非门之后会得到低电平"0",V_{DD} 电压与低电平"0"正好使 P‑MOS 管导通,则高电平传输出去,同样经过保护二极管最终通过 GPIO 端口将高电平传输出去。

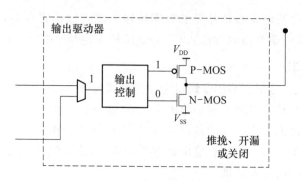

图 3.4　D 触发器工作状态示意图

可能有些读者会问,D 触发器下面是怎样的呢? 数据通过 D 触发器后,下面的三极管 N－MOS 管获取到低电平"0",V_{SS}本身也是低电平,那么 N－MOS 管没有导通,所以只有上面的 P－MOS 管导通了,才能将高电平传输出去,这也正是我们所写的数据。

前面我们所介绍的是推挽输出,接下来看一下如果是开漏输出怎么办。如果是开漏输出,则 P－MOS 管属于高阻抗状态(不工作、高阻),只有 N－MOS 管能工作,它只有输出低电平的能力,所以只能输出低电平"0",经过 D 触发器后,下面会得到一个高电平"1",VSS 与高电平"1"正好使 N－MOS 管导通,这样,将低电平"0"经过保护二极管传输至 GPIO 端口。

3. 复用功能 AFIO

当将 GPIO 口配置为复用功能时,来自外设(此外设指的是片内外设)的信号可以驱动输出驱动器,而且施密特触发器也同样会被使能(比如输入模式),由于 GPIO 口在同一时刻只能工作在一种模式,所以在将某一个 GPIO 端口配置为复用输出时,就不能只是作为普通的输出功能来用。如图 3.5 所示,可以看到在 D 触发器前面有个梯形的选择器,只能二选一,当将某一 GPIO 端口也配置为复用输入时就使能了施密特触发器,在每个时钟周期会将数据发送至芯片的外围设备上,同时在每个时钟周期,I/O 引脚上的数据也会被采样到输入数据寄存器中,也就是说,如果想要获取当前输入的数据,不仅可以通过片内外设模块读取,直接读取输入数据寄存器也可以获取到 I/O 口的数据。

4. 模拟功能

当 GPIO 端口配置为模拟功能时,输出驱动器会被禁止,禁止施密特触发器,实现了每个模拟 I/O 口引脚上的零消耗,施密特触发器上面的值被强制设置为"0",弱上拉和弱下拉将被禁止。由于前面说过,当配置为模拟功能时,施密特触发器被强制为"0",如果读取输入数据寄存器,则数据也为"0"。

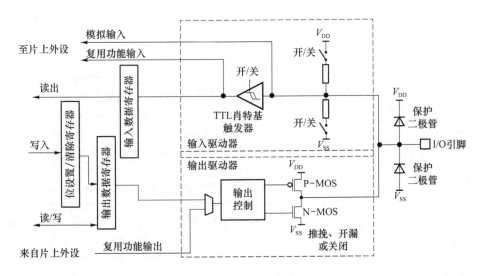

图 3.5　复用功能

3.2　GPIO 复用功能重映射

对于单片机来说,GPIO 口是单片机内部与外部进行信息交换的必要窗口,但是有些型号的单片机,例如 STM32F103RX 系列单片机引脚个数才只有 60 几个,所以为了优化这些引脚少的芯片的外设数据,会把一些"复用功能"重新映射到"指定的引脚"上。一旦重新映射,则原来的引脚不再具有这些功能。我们可以通过 GPIOx_MAPR 寄存器来实现。对于寄存器,可以使用 GPIOx_MAPR 寄存器的 SWJ_CFG [2:0]位,通过对其赋予不同的值来选择还原端口所连接的外设。

对于引脚个数比较少的单片机来说,如果想要使用 GPIO 的通用功能(也就是输入/输出功能),需要通过查看数据手册的引脚功能表才可以知道是否可以使用它的通用功能。例如,我们所使用的 STM32F103ZET6 芯片的 PA13 引脚,通过查看数据手册可以看到如图 3.6 所示的引脚功能,通过图 3.6 可以知道 PA13 引脚的默认功能不是通用输入/输出功能,而是作为了下载接口功能,那么这时如果想要使用这个引脚,则必须要对其进行引脚重映射。

A12	A10	D4	46	72	105	PA13	I/O	FT	JTMS-SWDIO	—	PA13

图 3.6　PA13 引脚功能图

通过查看 STM32F4 芯片中文参考手册(可以直接网上百度下载)GPIO 章节8.3.5 小节可以看到如图 3.7、图 3.8 所示的内容,通过这两个图可以看到,如果想要使用 PA13 引脚,则必须将 GPIOx_MAPR 寄存器的 SWJ_CFG[2:0]设置为二进制

100。当然还有其他的引脚需要进行重映射,这里就不一一去讲了,后面用到时再讲。

SWJ_CFG [2:0]	可能的调试端口	SWJ I/O引脚分配				
		PA13/ JTMS/ SWDIO	PA14/ JTCK/ SWCLK	PA15/ JTDI	PB3/ JTDO/ TRACESWO	PB4/ NJTRST
000	完全SWJ (JTAG-DP+SW-DP) (复位状态)	I/O不可用	I/O不可用	I/O不可用	I/O不可用	I/O不可用
001	完全SWJ (JTAG-DP+SW-DP) 但没有JNTRST	I/O不可用	I/O不可用	I/O不可用	I/O不可用	I/O可用
010	关闭JTAG-DP; 关闭SW-DP	I/O不可用	I/O不可用	I/O可用	I/O可用	I/O可用
100	关闭JTAG-DP; 关闭SW-DP	I/O可用	I/O可用	I/O可用	I/O可用	I/O可用
其他	禁用					

图 3.7 引脚映射图

位26:24	SWJ_CFG[2:0]: 串行线JTAG配置 (Serial wire JTAG configuration) 这些位只可由软件写(读这些位,将返回未定义的数值),用于配置SWJ和跟踪复用功能的I/O口。SWJ(串行线JTAG)支持JTAG或SWD访问Cortex的调试端口。系统复位后的默认状态是启用SWJ但没有跟踪功能,这种状态下可以通过JTMS/JTCK引脚上的特定信号选择JTAG或SW(串行线)模式。 000: 完全SWJ (JTAG-DP + SW-DP):复位状态; 001: 完全SWJ(JTAG-DP + SW-DP)但没有NJTRST; 010: 关闭JTAG-DP,启用SW-DP; 100: 关闭JTAG-DP,关闭SW-DP; 其他组合:无作用

图 3.8 引脚寄存器配置

3.3 新建例程

通过上面对于 GPIO 口的介绍,相信各位读者对于 GPIO 口已经有了更深层次的了解。接下来一起来看如何创建一个 GPIO 的 Cube 工程。

① 首先打开前面刚刚安装好的 CubeMX 软件,开始根据 MCU 型号创建工程。在弹出的界面直接单击 Cancel 取消等待,然后在弹出的界面中选择自己需要用到的芯片型号,如图 3.9 所示。

② 接下来会看到如图 3.10 所示的界面,如果之前使用过这个软件,则可以在图中直接单击之前收藏的芯片(左上角的五角星);如果是第一次使用这个软件,则直接在左边的搜索框中搜索一下自己所需要使用的芯片型号,然后可以在右边看到自己所要使用的芯片型号,可以单击芯片型号前面的星号进行收藏,以便下次使用。找到芯片型号之后,直接双击芯片,就可以打开芯片进行配置了。

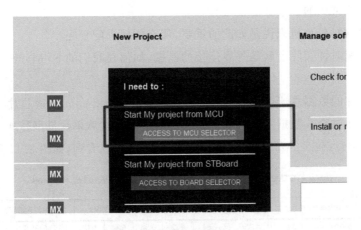

图 3.9　查找芯片型号(一)

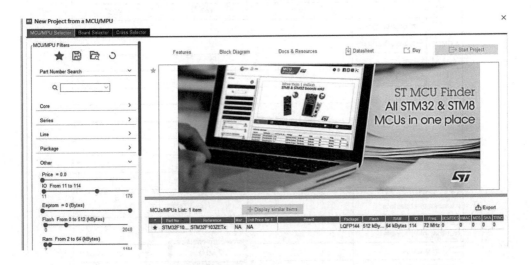

图 3.10　查找芯片型号(二)

③ 在如图 3.10 所示界面中双击芯片,即可考虑接下来需要设置的内容了。

本次设计的例程是点亮 LED 灯,要做的就是配置其所需要的时钟。时钟对于芯片来说就相当于人的心脏。时钟分为内部低速时钟、内部高速时钟、外部低速时钟以及外部高速时钟。常用的是外部高速时钟,经过分频以及倍频最终达到我们所需要的时钟频率。那么怎么去配置时钟?怎么将它设置为我们所需要的时钟频率?为什么需要时钟呢?

时钟是单片机运行的基础,是单片机内各个部分执行相应指令的基础,通俗地讲,时钟系统其实就是 CPU 的脉搏,它决定了 CPU 的工作速率。这跟人的心跳一样,人有了心跳才能做别的事情;单片机有了时钟,才能执行指令,所以说时钟对单片机的影响是非常大的。

既然时钟对单片机来说是如此的重要,那么如何去配置呢?

外部高速时钟实际上就是外界连接的晶振,如何在我们的 STM32CubeMX 中进行配置呢?

打开芯片的数据手册(直接到 ST 公司官网 www. st. com 搜索芯片型号下载即可)看一下,通过查看数据手册可以看到我们所使用的这款单片机型号所需要的工作频率为 72 MHz,在 STM32F103 数据手册的 2.1 节可以看到,如图 3.11 所示。

Table 2. STM32F103xC, STM32F103xD and STM32F103xE features and peripheral counts

Peripherals		STM32F103Rx			STM32F103Vx			STM32F103Zx		
Flash memory in Kbytes		256	384	512	256	384	512	256	384	512
SRAM in Kbytes		48	64		48	64		48	64	
FSMC		No			Yes(1)			Yes		
Timers	General-purpose	4								
	Advanced-control	2								
	Basic	2								
Comm	SPI(I²S)(2)	3(2)								
	I²C	2								
	USART	5								
	USB	1								
	CAN	1								
	SDIO	1								
GPIOs		51			80			112		
12-bit ADC Number of channels		3 16			3 16			3 21		
12-bit DAC Number of channels		2 2								
CPU frequency		72 MHz								
Operating voltage		2.0 to 3.6 V								
Operating temperatures		Ambient temperatures: −40 to +85 °C /−40 to +105 °C (see *Table 10*) Junction temperature: −40 to + 125 °C (see *Table 10*)								
Package		LQFP64, WLCSP64			LQFP100, BGA100			LQFP144, BGA144		

图 3.11　芯片功能表

通过图 3.11 可以看到 STM32F103ZE 型号的单片机所使用的工作频率为 72 MHz,接下来继续看 STM32CubeMX 软件界面。如图 3.12 所示,在左边选择 System Core 下的 RCC 进行时钟设置,在 High Speed Clock 高速时钟下选择晶振,外部晶振经过分频、倍频后最终会生成一个 72 MHz 的频率。当我们设置完 HSE 也就是外部高速时钟为晶振之后,可以看到芯片的晶振引脚就会被自动设置,如图 3.12 右边方框所示。

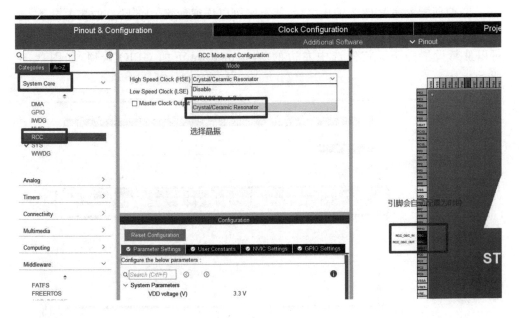

图 3.12　时钟配置

④ 通过上面的步骤之后,时钟就配置完毕了。但是,我们所使用的时钟频率不一定是 72 MHz,一定是比 72 MHz 小的频率,这里先不做过多深究,因为我们的主要目的是先让灯点亮,具体的时钟频率后面详细介绍。接下来把 LED 对应的引脚设置为输出模式。单击任意一个 GPIO 口,可以看到每个 I/O 口都有很多的复用功能,这里由于只是想要点亮 LED 灯,所以直接配置为 GPIO_Output 即可,如图 3.13 所示。

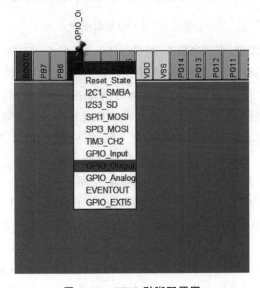

图 3.13　GPIO 引脚配置图

⑤ 前面配置完 PB5 为输出之后，接下来可以详细配置 PB5 端口的相关参数，这一步是可以省略的。因为其实如果只是普通的输出功能，这里用默认即可。当然也可以重新设置一下。首先选中左边的 System Core 下的 GPIO 选项，如图 3.14 所示。

图 3.14　GPIO 端口配置

在图 3.14 的设置中，可以首先看到 GPIO output level 引脚电平，设置这个引脚电平状态，指的是初始电平，这里设置初始电平为高电平（也就是说想要低电平点亮）。GPIO mode 功能是 GPIO 模式，输出分为推挽/开漏输出，本次设计选择的是推挽输出（想要控制灯的亮灭也就是要进行高低电平的切换，则配置为推挽输出）。GPIO Pull-up/Pull-down 选择是否需要上下拉，选项有上拉、下拉和无上下拉，这里选择无上下拉。Maximum output speed 引脚速度，由我们自己决定，分为低速/中速/高速，这里选择了高速数据传输。User Label 用户标签，这一栏其实就是给引脚设置名称，这里设置为 D3。设置完毕后，可以看一下右边芯片上的引脚变化，能够直接看到的就是在 GPIO 引脚的旁边写着一个 D3，证明这个引脚就是刚刚设置过的那个 GPIO 口。

⑥ 配置完 I/O 口后，接下来就是准备生成工程文件了。单击 Project Manager，选择我们的工程文件所想要保存的路径以及工程文件的名称等。在这里需要注意，

在给工程起名以及配置保存路径时是不允许有中文路径出现的,还要注意编译环境
的选择和芯片型号的选择,如图 3.15 所示。

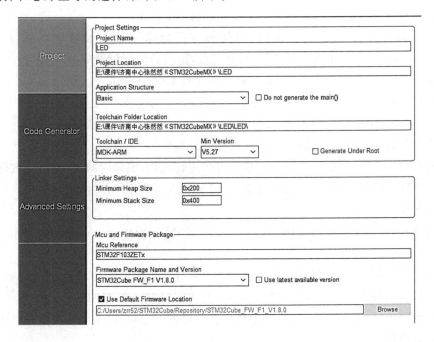

图 3.15　保存工程(一)

⑦ 单击左边的 Code Generator 继续设置,如图 3.16 所示。根据图 3.16 配置完
毕之后,来看一下我们所选中的几项具体都表示什么。

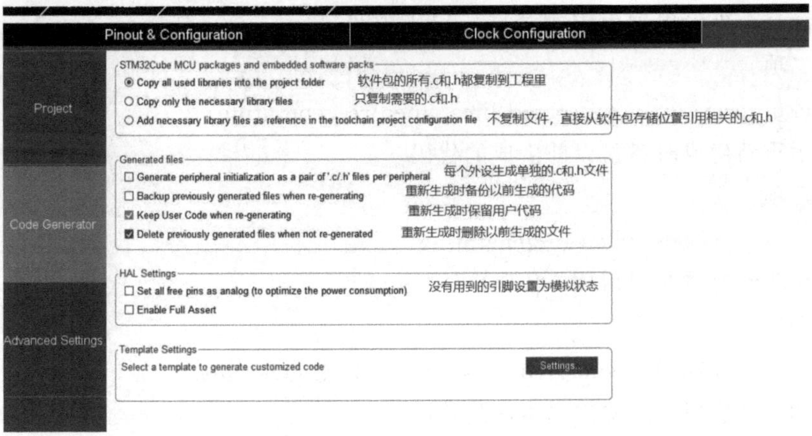

图 3.16　保存工程(二)

通过图 3.16 可以看到,在 STM32Cube MCU packages and embedded software
packs 一栏中:

第一项：

Copy all used libraries into the project folder

表示会将 HAL 库中的所有.c 和.h 都复制到工程里。

选择这一种方式的优点是，以后如果继续新增其他外设模块时就算不用 STM32CubeMX 软件生成也可以使用；缺点是，跟我们使用标准库一样，在编译时会全部编译，所需时间比较长，而且其所占空间比较大。

第二项：

Copy only the necessary library files

表示只复制我们所需要的.c 和.h 文件到工程里。

选择这一种方式的优点是，跟上面的那种进行比较，编译时间比较短；缺点是，如果以后添加别的外设模块时，需要重新用 STM32CubeMX 软件生成。

第三项：

Add necessary library files as reference in the toolchain project configuration file

表示不复制文件，直接从软件包存放的位置导入所需要的.c 和.h 到工程里。

选择这一种方式跟前两种比较，这一种方式所占空间是最小的，但是如果将此工程复制到别的计算机或者此计算机的软件包位置发生变化，就需要修改相应路径，否则是不能使用的。

接下来是第二栏 Generated files。

第一项：

Generate peripheral initialization as a pair of'.c/.h'files per peripheral

表示每个外设单独生成独立的.c 和.h 文件。

第二项：

Backup previously generated files when re-generating

表示重新生成时备份以前生成的代码。

第三项：

Keep User Code when re-generating

表示重新生成时保留用户代码。

第四项：

Delete previously generated files when not re-generated

表示重新生成时删除以前生成的代码。

⑧ 设置完上面的内容后，就可以创建工程了。单击右上角 GENERATE CODE 开始创建工程。当生成工程代码后会自动弹出如图 3.17 所示界面，直接单击打开工程，就会自动使用 KEIL 打开我们刚刚所创建的工程文件了。

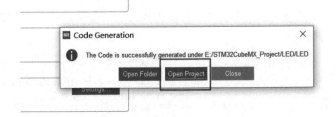

图 3.17　生成工程代码

3.4　例程分析

3.4.1　源代码介绍

在 HAL 库中有我们需要用的库函数的相关模板,在自己新建工程之前,先来分析 STM32CubeMX 软件资料包中给我们提供的示例代码。打开 GPIO 示例代码的相关路径如下:

在 STM32Cube_FW_F1_V1.8.0\Projects\STM32F103RB-Nucleo\Examples\ 的 GPIO 文件夹中,打开示例代码,可以看到如图 3.18 所示的界面。

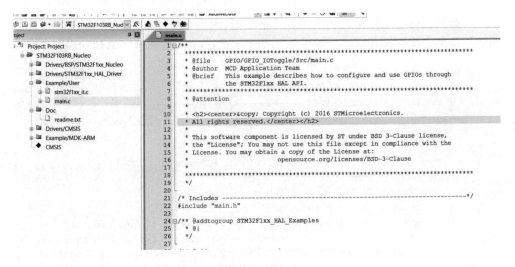

图 3.18　源代码

在此处可以看到,打开工程后直接就打开了 main.c。对于接触过嵌入式系统的人来说,这样就很方便了,因为直接找到主函数了;对于没有接触过嵌入式系统的人,记得打开一个工程文件之后,第一个要找的函数就是主函数。一般工程师写代码时都会把主函数写在 main.c 里面,如果没有 main.c,就需要找到 readme 文件。readme 顾名思义就是“读我”的意思,其实无论有没有找到主函数,都应该读一下

readme,因为很多没有注意到的事情或者说库函数内部有修改,都会在 readme 里面做相关说明,所以说大家要养成看到一个工程文件后先找到主函数和 readme 的习惯。

readme 中所包含的信息如下:

```
@page GPIO_IOToggle GPIO IO Toggle example          // 例程名称
@verbatim                                           // 按照文件名称、作者、版本以及相关
                                                    // 注意事项的逐项介绍

@par Example Description                            // 例程的描述
@note                                               // 相关注释
@par Directory contents                             // 目录内容,文件夹下各文件描述
  - GPIO/GPIO_IOToggle/Inc/stm32f1xx_hal_conf.h     // HAL 配置文件
  - GPIO/GPIO_IOToggle/Inc/stm32f1xx_it.h           // 中断处理程序头文件
  - GPIO/GPIO_IOToggle/Inc/main.h                   // main.c 的头文件
  - GPIO/GPIO_IOToggle/Src/stm32f1xx_it.c           // 中断处理程序
  - GPIO/GPIO_IOToggle/Src/main.c                   // 主程序
  - GPIO/GPIO_IOToggle/Src/system_stm32f1xx.c       // 系统源文件
@par Hardware and Software environment              // 软硬件文件
@par How to use it ?                                // 怎样去使用它
```

通过上面的内容,可以知道不同的文件表示的是什么意思,这样就能立刻找到自己所需要的函数了。

3.4.2 分析代码

在分析代码时主要是先从主函数开始看起,因为一个工程是从主函数开始到主函数结束的。接下来我们看一下 main.c,然后单击 main 主函数。具体代码如下:

```
# include "main.h"
static GPIO_InitTypeDef  GPIO_InitStruct;
/* Private function prototypes ---------------------------------------- */
void SystemClock_Config(void);
int main(void)
{
  /* This sample code shows how to use GPIO HAL API to toggle LED2 IO
     in an infinite loop. */
  /* STM32F103xB HAL library initialization:
       - Configure the Flash prefetch
       - Systick timer is configured by default as source of time base, but user can
         eventually implement his proper time base source (a general purpose timer for
         example or other time source), keeping in mind that Time base duration should
         be kept 1ms since PPP_TIMEOUT_VALUEs are defined and handled in milliseconds
         basis.
       - Set NVIC Group Priority to 4
       - Low Level Initialization
  */
  HAL_Init();
  /* Configure the system clock to 64 MHz */
  SystemClock_Config();
```

```
/* -1 - Enable GPIO Clock (to be able to program the configuration registers) */
LED2_GPIO_CLK_ENABLE();
/* -2 - Configure IO in output push-pull mode to drive external LEDs */
GPIO_InitStruct.Mode = GPIO_MODE_OUTPUT_PP;
GPIO_InitStruct.Pull = GPIO_PULLUP;
GPIO_InitStruct.Speed = GPIO_SPEED_FREQ_HIGH;
GPIO_InitStruct.Pin = LED2_PIN;
HAL_GPIO_Init(LED2_GPIO_PORT, &GPIO_InitStruct);
/* -3 - Toggle IO in an infinite loop */
while (1)
{
  HAL_GPIO_TogglePin(LED2_GPIO_PORT, LED2_PIN);
  /* Insert delay 100 ms */
  HAL_Delay(100);
}
}
```

通过上面的代码我们发现,主函数开始的部分有很多的注释,这里的注释我们需要解读一下,因为它有可能与我们设置的相关参数或者功能有关。

```
/* This sample code shows how to use GPIO HAL API to toggle LED2 IO
   in an infinite loop. */
/* STM32F103xB HAL library initialization:
     - Configure the Flash prefetch
     - Systick timer is configured by default as source of time base, but user can
       eventually implement his proper time base source (a general purpose timer for
       example or other time source), keeping in mind that Time base duration should
       be kept 1ms since PPP_TIMEOUT_VALUEs are defined and handled in milliseconds
       basis.
     - Set NVIC Group Priority to 4
     - Low Level Initialization
   */
```

对于上面的注释我们没有必要全部翻译过来,只需要看主要的部分即可,通过上面的注释我们可以了解到 main 主函数的主要功能是实现 LED2 灯切换。剩下的大家自己翻译一下即可。

main 主函数的第一行代码就是"HAL_Init();",如果之前接触过单片机库函数的,从这个函数名就可以知道这是 HAL 的初始化函数,那么里面具体是什么东西呢?

其实我们可以利用 Keil 跳转过去(在 Keil 里面只要是不认识的定义函数都可以直接跳转),鼠标选中这个初始化函数(或者光标指在这个函数上),然后右击就可以看到一个选项:是否需要跳转到该函数定义的地方去,如图 3.19 所示。

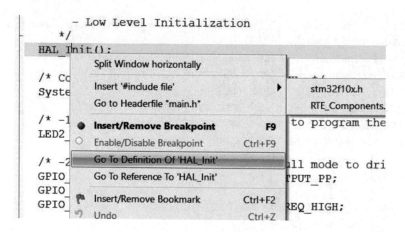

图 3.19　函数跳转

跳转到初始化函数定义的地方后,可以看到如下代码:

```
/**
  * @brief  This function is used to initialize the HAL Library; it must be the first
  *         instruction to be executed in the main program (before to call any other
  *         HAL function), it performs the following:
  *           Configure the Flash prefetch.
  *           Configures the SysTick to generate an interrupt each 1 millisecond,
  *           which is clocked by the HSI (at this stage, the clock is not yet
  *           configured and thus the system is running from the internal HSI at 16 MHz).
  *           Set NVIC Group Priority to 4.
  *           Calls the HAL_MspInit() callback function defined in user file
  *           "stm32f1xx_hal_msp.c" to do the global low level hardware initialization
  *
  * @note   SysTick is used as time base for the HAL_Delay() function, the application
  *         need to ensure that the SysTick time base is always set to 1 millisecond
  *         to have correct HAL operation.
  * @retval HAL status
  */
HAL_StatusTypeDef HAL_Init(void)
{
  /* Configure Flash prefetch */
# if (PREFETCH_ENABLE != 0)
# if defined(STM32F101x6) || defined(STM32F101xB) || defined(STM32F101xE) || defined
(STM32F101xG) || \
     defined(STM32F102x6) || defined(STM32F102xB) || \
     defined(STM32F103x6) || defined(STM32F103xB) || defined(STM32F103xE) || defined
(STM32F103xG) || \
     defined(STM32F105xC) || defined(STM32F107xC)
  /* Prefetch buffer is not available on value line devices */
  __HAL_FLASH_PREFETCH_BUFFER_ENABLE();
```

```
# endif
# endif /* PREFETCH_ENABLE */
  /* Set Interrupt Group Priority */
  HAL_NVIC_SetPriorityGrouping(NVIC_PRIORITYGROUP_4);
  /* Use systick as time base source and configure 1ms tick (default clock after Reset
is HSI) */
  HAL_InitTick(TICK_INT_PRIORITY);
  /* Init the low level hardware */
  HAL_MspInit();
  /* Return function status */
  return HAL_OK;
}
```

　　HAL 初始化函数其实介绍的就是 main 主函数注释的内容,只不过这个注释是写给我们看的,现在这个初始化函数是给 CPU 看的。

　　下面来分析一下 HAL_Init 的内容。通过上面的代码可以看到第一行的注释是:Flash 的配置和存取,这主要与 PREFETCH_ENABLE 有关,那么又如何去看 PREFETCH_ENABLE 的值呢?

　　首先肯定是要在 MDK‐ARM 的环境下,像跳转到 HAL_Init 函数时一样,右击直接跳转到定义的地方即可。

　　然后是判断芯片的型号。我们所使用的是 STM32F103RB,所以说我们需要找到 STM32F103xB 的宏定义。在这里如果直接像以前一样右击是跳转不过去的,需要在 Keil 软件中找到 ("魔术棒")Options for Target…,或者单击 Project 中的 Options for Target 'STM32F103RB_Nucleo',在 C/C++界面的 Define 后就可以看到 STM32F103xB 的宏定义了,如图 3.20、图 3.21 所示。

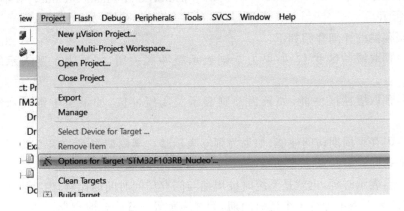

图 3.20　设置管理

　　接下来的是"__HAL_FLASH_PREFETCH_BUFFER_ENABLE();",可以看到上面的注释中我们比较陌生的一个词语叫预取指缓冲器,这里先等一下再来解释

| Target | Output | Listing | User | C/C++ | Asm | Linker | Debug | Utilities |

Processor Symbols

Define: USE_HAL_DRIVER,STM32F103xB,USE_STM32F1xx_NUCLEO

Undefine:

Language / Code Generation

Execute-only Code

Optimization: Level 3 (-O3)

Optimize for Time

Split Load and Store Multiple

One ELF Section per Function

☐ Strict ANSI C

☐ Enum Container always int

☐ Plain Char is Signed

☐ Read-Only Position Independent

☐ Read-Write Position Independent

Warnings: A

Include ../Inc;../../../../Drivers/CMSIS/Device/ST/STM32F1xx/Include;../../../../Drivers/STM32F1x

图 3.21　芯片的定义

这个词。既然这个注释是为了下面的"__HAL_FLASH_PREFETCH_BUFFER_ENABLE();"这个函数所写,那么就看一下这个函数到底是什么东西。也是右击跳转到这个函数定义的地方去。

```
#define __HAL_FLASH_PREFETCH_BUFFER_ENABLE()    (FLASH->ACR |= FLASH_ACR_PRFTBE)
```

可以看到,其实这不是一个函数(#define),只是一个宏定义,而且是一个FLASH→ACR 寄存器的宏定义。那么我们就来了解一下 FLASH→ACR 这个寄存器。

打开参考资料 RM0008DE 3.3.3 小节 Embedded Flash Memory 来学习,如图 3.22所示。

此寄存器的详细介绍如下:

[5]:预取缓冲区状态,如果为 0 则表示缓冲区关闭,如果为 1 则表示缓冲区开启;

[4]:预取缓冲区使能,如果为 0 则表示关闭缓冲区,如果为 1 则表示缓冲区开启;

[3]:闪存半周期访问使能,如果为则 0 表示禁止半周期访问,如果为则 1 表示启动半周期访问;

[2:0]:表示时延,也就是系统时钟周期与闪存访问时间的比例,为 0 表示零等待直接接收,为 1 表示等待 1 个延时周期,为 2 表示等待 2 个延时周期。

以上是对 FLASH→ACR 寄存器的大概介绍,看起来可能有些晦涩难懂,其实不然,只要学会了方法,再看这些资料就会很轻松。资料有很多,但是不需要我们一一都记清楚,只需要知道如何查找即可。

Flash access control register (FLASH_ACR)

Address offset: 0x00

Reset value: 0x0000 0030

31	30	29	28	27	26	25	24	23	22	21	20	19	18	17	16
							Reserved								

15	14	13	12	11	10	9	8	7	6	5	4	3	2	1	0
				Reserved						PRFTBS	PRFTBE	HLFCYA	LATENCY		
										r	rw	rw	rw	rw	rw

Bits 31:6 Reserved, must be kept at reset value.

Bit 5 **PRFTBS**: Prefetch buffer status
This bit provides the status of the prefetch buffer.
0: Prefetch buffer is disabled
1: Prefetch buffer is enabled

Bit 4 **PRFTBE**: Prefetch buffer enable
0: Prefetch is disabled
1: Prefetch is enabled

Bit 3 **HLFCYA**: Flash half cycle access enable
0: Half cycle is disabled
1: Half cycle is enabled

Bits 2:0 **LATENCY**: Latency
These bits represent the ratio of the SYSCLK (system clock) period to the Flash access time.
000 Zero wait state, if 0 < SYSCLK≤ 24 MHz
001 One wait state, if 24 MHz < SYSCLK ≤48 MHz
010 Two wait states, if 48 MHz < SYSCLK ≤72 MHz

图 3.22 FLASH→ACR 寄存器(一)

在 RM0008 这个参考资料中的 3.3.3 小节还可以看到如图 3.23 所示的文字。

Reading the Flash memory

Flash memory instructions and data access are performed through the AHB bus. The prefetch block is used for instruction fetches through the ICode bus. Arbitration is performed in the Flash memory interface, and priority is given to data access on the DCode bus.

Read accesses can be performed with the following configuration options:

• Latency: number of wait states for a read operation programmed on-the-fly
• Prefetch buffer (2 x 64-bit blocks): it is enabled after reset; a whole block can be replaced with a single read from the Flash memory as the size of the block matches the bandwidth of the Flash memory. Thanks to the prefetch buffer, faster CPU execution is possible as the CPU fetches one word at a time with the next word readily available in the prefetch buffer

图 3.23 FLASH→ACR 寄存器(二)

图 3.23 所示的文字实际上就是综合概括了预取指缓存,其实就是 CPU 从 Flash 内读取指令时的寄存器。该缓存器有 2 块,每块 64 位,从 Flash 读取指令时,一次读取 64 位,但是我们的 CPU 每次最多只能读取 32 位,由于有缓冲区,所以当 CPU 读取一个指令的时候,下一条指令已经在缓冲区准备,这样就大大提高了 CPU 的工作效率。

接下来的几项都不是很重要,主要强调的是 HAL_InitTick() 这个函数,这个函数在主函数中会用到,其作用是配置系统滴答定时器每毫秒产生一次时钟节拍,同时配置系统滴答定时器的优先级以及优先级分组的情况。这个系统滴答定时器目前对于我们来说还不是很重要,如果大家想要深入了解 HAL_InitTick() 这个函数,可以查看参考资料 UM1850 手册。

前面一直介绍的是 HAL_Init 初始化函数,下面回到主函数继续往下看,可以看到下一个函数是 SystemClock_Config()。

这个函数顾名思义是系统时钟的配置,通过注释也可以看到这个函数的主要目的是将系统时钟配置为 64 MHz,那么为什么是 64 MHz 呢? 在前面创建工程时,我们所使用的芯片 STM32F103ZET6 的工作频率为 72 MHz,但是我们在创建的时候没有过多地关注时钟的配置,那么最终生成的时钟频率会自动协调一个比较适合的频率,也就是说只要不超过最大的工作频率 72 MHz 即可,所以说这里的 64 MHz 是合理的,然后右击直接跳转到我们这个函数定义的位置,发现就在 main.c 的下面。代码如图 3.24、图 3.25 所示。

```
/**
 * @brief  System Clock Configuration
 *         The system Clock is configured as follow :
 *             System Clock source       = PLL (HSI)
 *             SYSCLK(Hz)                = 64000000
 *             HCLK(Hz)                  = 64000000
 *             AHB Prescaler             = 1
 *             APB1 Prescaler            = 2
 *             APB2 Prescaler            = 1
 *             PLLMUL                    = 16
 *             Flash Latency(WS)         = 2
 * @param  None
 * @retval None
 */
```

图 3.24 系统滴答函数(一)

```
void SystemClock_Config(void)
{
    RCC_ClkInitTypeDef clkinitstruct = {0};
    RCC_OscInitTypeDef oscinitstruct = {0};

    /* Configure PLL ------------------------------------------------------*/
    /* PLL configuration: PLLCLK = (HSI / 2) * PLLMUL = (8 / 2) * 16 = 64 MHz */
    /* PREDIV1 configuration: PREDIV1CLK = PLLCLK / HSEPredivValue = 64 / 1 = 64 MHz */
    /* Enable HSI and activate PLL with HSi_DIV2 as source */
    oscinitstruct.OscillatorType      = RCC_OSCILLATORTYPE_HSI;
    oscinitstruct.HSEState            = RCC_HSE_OFF;
    oscinitstruct.LSEState            = RCC_LSE_OFF;
    oscinitstruct.HSIState            = RCC_HSI_ON;
    oscinitstruct.HSICalibrationValue = RCC_HSICALIBRATION_DEFAULT;
    oscinitstruct.HSEPredivValue      = RCC_HSE_PREDIV_DIV1;
    oscinitstruct.PLL.PLLState        = RCC_PLL_ON;
    oscinitstruct.PLL.PLLSource       = RCC_PLLSOURCE_HSI_DIV2;
    oscinitstruct.PLL.PLLMUL          = RCC_PLL_MUL16;
    if (HAL_RCC_OscConfig(&oscinitstruct)!= HAL_OK)
    {
        /* Initialization Error */
        while(1);
    }

    /* Select PLL as system clock source and configure the HCLK, PCLK1 and PCLK2
       clocks dividers */
    clkinitstruct.ClockType = (RCC_CLOCKTYPE_SYSCLK | RCC_CLOCKTYPE_HCLK | RCC_CLOCKTYPE_PCLK1 | RCC_CLOCKTYPE_PCLK2);
    clkinitstruct.SYSCLKSource = RCC_SYSCLKSOURCE_PLLCLK;
    clkinitstruct.AHBCLKDivider = RCC_SYSCLK_DIV1;
    clkinitstruct.APB2CLKDivider = RCC_HCLK_DIV1;
    clkinitstruct.APB1CLKDivider = RCC_HCLK_DIV2;
    if (HAL_RCC_ClockConfig(&clkinitstruct, FLASH_LATENCY_2)!= HAL_OK)
    {
        /* Initialization Error */
        while(1);
    }
}
```

图 3.25 系统滴答函数(二)

在这个函数的前面可以看到对这个函数的注释,如图 3.24 所示,首先看到的第一个系统时钟源(System Clock source)选为 PLL(HSI),系统时钟为 64 MHz,HCLK 为 64 MHz,AHB 预分频器为 1,APB1 预分频器为 2,APB2 预分频器为 1等,如果没有接触过 STM32 也没有关系,可以参考 RM0008 手册的 7.2 节 Clock 中的详细介绍,如图 3.26 所示。

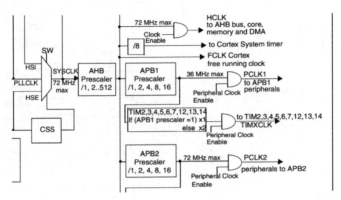

图 3.26　时钟树部分解图

图 3.26 是在 RM0008 参考资料的 7.2 节截取的,此处也可以在 STM32F103 中文参考手册的第 6 章找到。通过此图可以看到,我们的系统时钟有三个时钟源可以选择,分别是 HIS(高速内部时钟)、HSE(高速外部时钟)以及 PLLCLK(锁相环时钟)。SYSCLK 经过时钟总线 AHB 预分频器后得到 AHBCLK,AHBCLK 经过 APB1 预分频器后得到 PCLK1,AHBCLK 经过 APB2 预分频器后得到 PCLK2。

图 3.26 只截取了小部分的时钟树,只是为了更好地看清 HIS PLLCLK、HSEAHBCLK、APB1CLK、APB2CLK 之间的关系。

其实在 STM32 芯片内部,每个外设都有其对应的时钟系统,Cortex_M3 内核之所以这样设计,是因为通过关闭外设的时钟来降低控制器的功耗,这也就是为什么我们每次初始化外设模块时都需要先开时钟的原因。有关于 STM32 内部时钟树可以在 RM0008 参考手册的 7.2 节或者 STM32F10X 芯片中文参考手册第 6 章中找到,具体如图 3.27 所示。

解析完上一个函数后,点击返回上一层,重新回到 main 主函数。在我们刚刚分析的 SystemClock_Config 函数的下面是 LED2_GPIO_CLK_ENABLE() 这个函数,右击跳转到定义的位置,可以看到这是一个宏定义:

```
#define LED2_PIN                   GPIO_PIN_5
#define LED2_GPIO_PORT             GPIOA
#define LED2_GPIO_CLK_ENABLE()     __HAL_RCC_GPIOA_CLK_ENABLE()
#define LED2_GPIO_CLK_DISABLE()    __HAL_RCC_GPIOA_CLK_DISABLE()
```

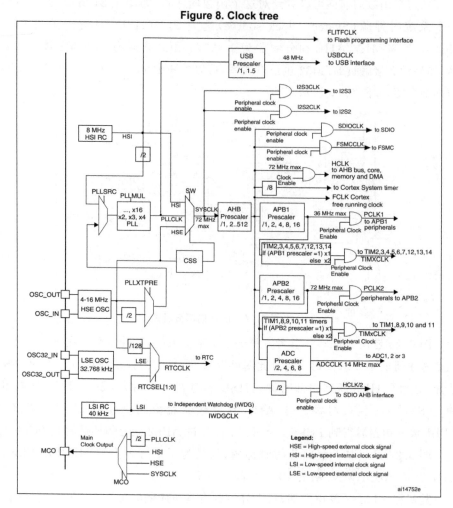

图 3.27　STM32F103 内部时钟框图

其实通过这里的代码就可以看到,LED2 是连接到此芯片的 PA5 引脚的(注:这里 LED2 的引脚是 ST 公司给我们的示例,用的开发板是 Nucleo - F103RB,所以用的引脚是 PA5,有兴趣的可以在 ST 公司官网上搜索此开发板,在介绍页面的 DESIGN 中可以找到 Hardware Resources,单击 Hardware Resources,就可以看到里面有这个开发板的原理图)。

当跳转到这个位置时,知道它是一个宏定义,那么我们需要看的就是后面的函数:

__HAL_RCC_GPIOA_CLK_ENABLE()

其实通过这个名字我们就可以大概了解,这个函数一定跟时钟相关,具体查看这

个函数的功能,可以直接右击跳转到它定义的位置上去,可以看到如下代码:

```
#define __HAL_RCC_GPIOE_CLK_ENABLE()    do { \
                         __IO uint32_t tmpreg; \
                         SET_BIT(RCC->APB2ENR, RCC_APB2ENR_IOPEEN);\
                         /* Delay after an RCC peripheral clock enabling */ \
                         tmpreg = READ_BIT(RCC->APB2ENR, RCC_APB2ENR_IOPEEN);\
                         UNUSED(tmpreg); \
                         } while(0U)
```

可以说这里最重要的一句话就是"SET_BIT(RCC→APB2ENR, RCC_APB2ENR_IOPAEN);",可以右击跳转:

```
#define  SET_BIT(REG,BIT)       ((REG) |=  (BIT))
```

我们发现这里依然是一个宏定义,通过这个宏定义可以知道,实际上这一行的主要内容就是:RCC→APB2ENR |= RCC_APB2ENR_IOPAEN,前面的 RCC→APB2ENR 实际上是一个寄存器的名字,可以打开参考资料 RM0008 手册的 7.3.7 小节看到图 3.28、图 3.29 以及图 3.30 所示的界面。

31	30	29	28	27	26	25	24	23	22	21	20	19	18	17	16
Reserved										TIM11 EN	TIM10 EN	TIM9 EN	Reserved		
										rw	rw	rw			

15	14	13	12	11	10	9	8	7	6	5	4	3	2	1	0
ADC3 EN	USART1EN	TIM8 EN	SPI1 EN	TIM1 EN	ADC2 EN	ADC1 EN	IOPG EN	IOPF EN	IOPE EN	IOPD EN	IOPC EN	IOPB EN	IOPA EN	Res.	AFIO EN
rw	rw	rw	rw	rw	rw	rw	rw	rw	rw	rw	rw	rw	rw		rw

图 3.28　APB2 时钟寄存器(一)

Bits 31:22 Reserved, must be kept at reset value.

Bit 21 **TIM11EN**: TIM11 timer clock enable
Set and cleared by software.
0: TIM11 timer clock disabled
1: TIM11 timer clock enabled

Bit 20 **TIM10EN**: TIM10 timer clock enable
Set and cleared by software.
0: TIM10 timer clock disabled
1: TIM10 timer clock enabled

Bit 19 **TIM9EN**: TIM9 timer clock enable
Set and cleared by software.
0: TIM9 timer clock disabled
1: TIM9 timer clock enabled

Bits 18:16 Reserved, always read as 0.

Bit 15 **ADC3EN**: ADC3 interface clock enable
Set and cleared by software.
0: ADC3 interface clock disabled
1: ADC3 interface clock enabled

Bit 14 **USART1EN**: USART1 clock enable
Set and cleared by software.
0: USART1 clock disabled
1: USART1 clock enabled

Bit 13 **TIM8EN**: TIM8 Timer clock enable
Set and cleared by software.
0: TIM8 timer clock disabled
1: TIM8 timer clock enabled

Bit 12 **SPI1EN**: SPI1 clock enable
Set and cleared by software.
0: SPI1 clock disabled
1: SPI1 clock enabled

Bit 11 **TIM1EN**: TIM1 timer clock enable
Set and cleared by software.
0: TIM1 timer clock disabled
1: TIM1 timer clock enabled

Bit 10 **ADC2EN**: ADC 2 interface clock enable
Set and cleared by software.
0: ADC 2 interface clock disabled
1: ADC 2 interface clock enabled

图 3.29　APB2 时钟寄存器(二)

Bit 9 **ADC1EN**: ADC 1 interface clock enable
Set and cleared by software.
0: ADC 1 interface disabled
1: ADC 1 interface clock enabled

Bit 8 **IOPGEN**: IO port G clock enable
Set and cleared by software.
0: IO port G clock disabled
1: IO port G clock enabled

Bit 7 **IOPFEN**: IO port F clock enable
Set and cleared by software.
0: IO port F clock disabled
1: IO port F clock enabled

Bit 6 **IOPEEN**: IO port E clock enable
Set and cleared by software.
0: IO port E clock disabled
1: IO port E clock enabled

Bit 5 **IOPDEN**: IO port D clock enable
Set and cleared by software.
0: IO port D clock disabled
1: IO port D clock enabled

Bit 4 **IOPCEN**: IO port C clock enable
Set and cleared by software.
0: IO port C clock disabled
1: IO port C clock enabled

Bit 3 **IOPBEN**: IO port B clock enable
Set and cleared by software.
0: IO port B clock disabled
1: IO port B clock enabled

Bit 2 **IOPAEN**: IO port A clock enable
Set and cleared by software.
0: IO port A clock disabled
1: IO port A clock enabled

Bit 1 Reserved, must be kept at reset value.

Bit 0 **AFIOEN**: Alternate function IO clock enable
Set and cleared by software.
0: Alternate Function IO clock disabled
1: Alternate Function IO clock enabled

图 3.30   APB2 时钟寄存器(三)

我们能大概看出来,这个寄存器的作用是开启时钟的。在前面我们介绍过 STM32 芯片是一款低功耗芯片,在没有工作时,大多数模块的时钟都是关闭状态,如果想要使用某些模块,必须先开启时钟,否则配置是无效的。通过 RCC_APB2ENR_ IOPAEN 可以知道,我们这里的主要作用就是设置 IOPA 口为 1(开启 A 口时钟的),也就是 RCC→APB2ENR 这个寄存器的第 2 位,通过它才能知道,如果更换别的 I/O 口了,那么怎么去修改例程,如何去写代码。或者直接右击跳转到 RCC_ APB2ENR_IOPAEN 定义的地方,就可以看到备注已经告诉我们了,其作用是开启 A 口的时钟。

```
#define RCC_APB2ENR_IOPAEN_Pos        (2U)
#define RCC_APB2ENR_IOPAEN_Msk        (0x1UL << RCC_APB2ENR_IOPAEN_Pos)
#define RCC_APB2ENR_IOPAEN            RCC_APB2ENR_IOPAEN_Msk
```

刚刚在 main 主函数解析的函数实际的作用就是开启 A 口的时钟。我们回到主函数继续往下看:

```
/* -2- Configure IO in output push-pull mode to drive external LEDs */
GPIO_InitStruct.Mode = GPIO_MODE_OUTPUT_PP;
GPIO_InitStruct.Pull = GPIO_PULLUP;
GPIO_InitStruct.Speed = GPIO_SPEED_FREQ_HIGH;

GPIO_InitStruct.Pin = LED2_PIN;
HAL_GPIO_Init(LED2_GPIO_PORT, &GPIO_InitStruct);
```

这些代码,其实是一个结构体,首先单击结构体变量名 GPIO_InitStruct,右击跳转到其定义的地方,可以看到在 main 主函数前面定义的一个静态的全局变量。

```
static     GPIO_InitTypeDef     GPIO_InitStruct;
```

单击前面的结构体名称,右击跳转就可以看到结构体的定义,如图 3.31 所示。

```
46
47 typedef struct
48 {
49   uint32_t Pin;         /*!< Specifies the GPIO pins to be configured.
50                             This parameter can be any value of @ref GPIO_pins_define */
51
52   uint32_t Mode;        /*!< Specifies the operating mode for the selected pins.
53                             This parameter can be a value of @ref GPIO_mode_define */
54
55   uint32_t Pull;        /*!< Specifies the Pull-up or Pull-Down activation for the selected pins.
56                             This parameter can be a value of @ref GPIO_pull_define */
57
58   uint32_t Speed;       /*!< Specifies the speed for the selected pins.
59                             This parameter can be a value of @ref GPIO_speed_define */
60 } GPIO_InitTypeDef;
61
```

图 3.31　GPIO 结构体

从图 3.31 可以看到此结构体由四个成员组成:

Pin:表示要设置的 GPIO 引脚;

Mode:指定所选引脚的操作方式(实际上就是输入、输出、推挽、开漏、复用等);

Pull:指定引脚的上拉、下拉设置;

Speed:指定引脚的输出速度。

注:前面的 uint32_t 就是数据类型 unsigned int 的重定义。

接下来我们就一起来了解一下这个结构体的成员具体怎么使用。

首先来看结构体成员中的第一个成员 Pin:从后面的备注可以知道,这个成员可以被赋值为 GPIO_pins_define 类型的数据。可以重新回到主函数看主函数赋的值:

```
GPIO_InitStruct.Pin = LED2_PIN;
```

然后我们可以再次跳转到 LED2_PIN,看一下它代表什么。右击,跳转到 Define 可以看到:

```
#define    LED2_PIN                GPIO_PIN_5
```

这里很明显可以看到这是一个宏定义,可以再次跳转到 GPIO_PIN_5,则可以看到如图 3.32 所示的内容。

这里看到的也是宏定义,通过该宏定义的内容可以看到最后面全部都是数字了,所以这里是最底层了,后面的备注表示选中引脚 x。对于我们使用的芯片 STM32F103ZET6 来说,一共有 144 个引脚,I/O 口的数量达到 112 个,由于我们的 GPIO 是分端口的,分为 A,B,C,D,E,…,每组端口包含 16 个引脚,所以刚好用16 位的数据表示每条引脚的定义;而且在第 80 行的备注也写到了 GPIO_pins_define GPIO 引脚的定义,所以说这个结构体成员所能填写的数值其实就是下面的这些宏定义,由此可以知道,结构体第一个成员的主要作用就是选择需要进行初始化的引脚号。

```
 80 /** @defgroup GPIO_pins_define GPIO pins define
 81  * @{
 82  */
 83 #define GPIO_PIN_0                 ((uint16_t)0x0001)  /* Pin 0 selected   */
 84 #define GPIO_PIN_1                 ((uint16_t)0x0002)  /* Pin 1 selected   */
 85 #define GPIO_PIN_2                 ((uint16_t)0x0004)  /* Pin 2 selected   */
 86 #define GPIO_PIN_3                 ((uint16_t)0x0008)  /* Pin 3 selected   */
 87 #define GPIO_PIN_4                 ((uint16_t)0x0010)  /* Pin 4 selected   */
 88 #define GPIO_PIN_5                 ((uint16_t)0x0020)  /* Pin 5 selected   */
 89 #define GPIO_PIN_6                 ((uint16_t)0x0040)  /* Pin 6 selected   */
 90 #define GPIO_PIN_7                 ((uint16_t)0x0080)  /* Pin 7 selected   */
 91 #define GPIO_PIN_8                 ((uint16_t)0x0100)  /* Pin 8 selected   */
 92 #define GPIO_PIN_9                 ((uint16_t)0x0200)  /* Pin 9 selected   */
 93 #define GPIO_PIN_10                ((uint16_t)0x0400)  /* Pin 10 selected  */
 94 #define GPIO_PIN_11                ((uint16_t)0x0800)  /* Pin 11 selected  */
 95 #define GPIO_PIN_12                ((uint16_t)0x1000)  /* Pin 12 selected  */
 96 #define GPIO_PIN_13                ((uint16_t)0x2000)  /* Pin 13 selected  */
 97 #define GPIO_PIN_14                ((uint16_t)0x4000)  /* Pin 14 selected  */
 98 #define GPIO_PIN_15                ((uint16_t)0x8000)  /* Pin 15 selected  */
 99 #define GPIO_PIN_All               ((uint16_t)0xFFFF)  /* All pins selected */
100
101 #define GPIO_PIN_MASK              0x0000FFFFu /* PIN mask for assert test */
102 /**
```

图 3.32　GPIO 引脚宏定义

接下来看结构体成员 Mode：从后面的备注可以知道，这个成员可以被赋值为 GPIO_mode_define 类型的数据。我们可以重新回到主函数看一下主函数赋的值：

```
GPIO_InitStruct.Mode = GPIO_MODE_OUTPUT_PP;
```

然后继续跳转到它所赋值的地方，如图 3.33 所示。

```
115  */
116 #define  GPIO_MODE_INPUT              0x00000000u   /*!< Input Floating Mode                          */
117 #define  GPIO_MODE_OUTPUT_PP          0x00000001u   /*!< Output Push Pull Mode                        */
118 #define  GPIO_MODE_OUTPUT_OD          0x00000011u   /*!< Output Open Drain Mode                       */
119 #define  GPIO_MODE_AF_PP              0x00000002u   /*!< Alternate Function Push Pull Mode            */
120 #define  GPIO_MODE_AF_OD              0x00000012u   /*!< Alternate Function Open Drain Mode           */
121 #define  GPIO_MODE_AF_INPUT          GPIO_MODE_INPUT       /*!< Alternate Function Input Mode         */
122
123 #define  GPIO_MODE_ANALOG             0x00000003u   /*!< Analog Mode  */
124
125 #define  GPIO_MODE_IT_RISING          0x10110000u   /*!< External Interrupt Mode with Rising edge trigger detecti
126 #define  GPIO_MODE_IT_FALLING         0x10210000u   /*!< External Interrupt Mode with Falling edge trigger detect
127 #define  GPIO_MODE_IT_RISING_FALLING  0x10310000u   /*!< External Interrupt Mode with Rising/Falling edge trigger
128
129 #define  GPIO_MODE_EVT_RISING         0x10120000u   /*!< External Event Mode with Rising edge trigger detection
130 #define  GPIO_MODE_EVT_FALLING        0x10220000u   /*!< External Event Mode with Falling edge trigger detection
131 #define  GPIO_MODE_EVT_RISING_FALLING 0x10320000u   /*!< External Event Mode with Rising/Falling edge trigger det
132
133 /**
```

图 3.33　GPIO 模式宏定义

从图 3.33 中的备注可以了解到：I/O 口的模式可以设置为输入浮空、推挽输出、开漏输出、复用功能推挽、复用功能开漏等。接触过单片机的人可以一下就看懂是什么意思。如果没有接触过 STM32 的也没有关系，打开参考资料 RM0008 手册的 9.1 节，可以看到如图 3.34 所示的内容。

注：看懂图 3.34 的前提是需要提前知道 GPIO 的 8 种工作模式：推挽输出（正常情况下，能够输出高电平和低电平的能力）、开漏输出（正常情况下，只有输出低电平的能力，不能输出高电平）、复用功能推挽、复用功能开漏、上拉输入（在没有外界电平

Table 20. Port bit configuration table

Configuration mode		CNF1	CNF0	MODE1	MODE0	PxODR register
General purpose output	Push-pull	0	0	01		0 or 1
	Open-drain		1	10		0 or 1
Alternate Function output	Push-pull	1	0	11 see *Table 21*		Don't care
	Open-drain		1			Don't care
Input	Analog	0	0	00		Don't care
	Input floating		1			Don't care
	Input pull-down	1	0			0
	Input pull-up					1

图 3.34　GPIO 工作配置

输入的情况下,有一个确定的高电平)、下拉输入(在没有外界电平输入的情况下,有一个确定的低电平)、浮空输入(在没有外界电平输入的情况下,电平状态是不确定的)、模拟输入(ADC 或者 DAC 专用功能)。

通过图 3.34 可以了解到:如果想要设置一个 I/O 口为推挽输出,那么它的 CNF1 需要设置为 0,CNF0 需要设置为 0,MODE1 和 MODE0 需要设置为 01 或 10 或 11,那么这些都是什么东西呢? 打开参考资料 RM0008 手册的 9.2.1 小节,可以看到如图 3.35 所示的内容。

注:我们现在所看的参考资料是英文版的,这对于英文不好的人来说是非常痛苦的,所以笔者在网上下载了一份中文版的参考资料,中文参考资料笔者命名为 "STM32F10X"中文参考手册.pdf。打开中文参考手册的 8.2.1 小节,可以看到,中文和英文版的参考资料的章节数可能会有所不同,但是大体是一样的,我们刚刚在英文参考手册里找到的是 GPIOx_CRL 寄存器,所以在中文参考手册里找对应的寄存器即可。

通过图 3.36 寄存器的介绍(图 3.36 是中文版的,图 3.35 是英文版的。具体参考哪一个都是可以的),我们可以看到每一个 I/O 端口都有四个位控制,分别是 MODEy[1:0]和 CNFy[1:0]。其中 MODEy[1:0]主要控制的是端口的模式位,选择具体的输入还是输出,如果是输出的话,输出速度是多少;CNFy[1:0]主要是端口配置位,如果是输入则看上面的选项,如果是输出则看下面的选项。

在前面介绍了 GPIO 寄存器的相关内容以及时钟的相关配置,但是前面的代码都是利用 STM32CubeMx 自动生成的。在实现代码的功能时如果想要自己进行功能的添加,那么还应学习怎样添加代码。

9.2.1 Port configuration register low (GPIOx_CRL) (x=A..G)

Address offset: 0x00

Reset value: 0x4444 4444

31	30	29	28	27	26	25	24	23	22	21	20	19	18	17	16
CNF7[1:0]		MODE7[1:0]		CNF6[1:0]		MODE6[1:0]		CNF5[1:0]		MODE5[1:0]		CNF4[1:0]		MODE4[1:0]	
rw	rw	rw	rw	rw	rw	rw	rw	rw	rw	rw	rw	rw	rw	rw	rw

15	14	13	12	11	10	9	8	7	6	5	4	3	2	1	0
CNF3[1:0]		MODE3[1:0]		CNF2[1:0]		MODE2[1:0]		CNF1[1:0]		MODE1[1:0]		CNF0[1:0]		MODE0[1:0]	
rw	rw	rw	rw	rw	rw	rw	rw	rw	rw	rw	rw	rw	rw	rw	rw

Bits 31:30, 27:26, 23:22, 19:18, 15:14, 11:10, 7:6, 3:2 **CNFy[1:0]:** Port x configuration bits (y= 0 .. 7)

These bits are written by software to configure the corresponding I/O port. Refer to *Table 20: Port bit configuration table.*

In input mode (MODE[1:0]=00):
00: Analog mode
01: Floating input (reset state)
10: Input with pull-up / pull-down
11: Reserved

In output mode (MODE[1:0] > 00):
00: General purpose output push-pull
01: General purpose output Open-drain
10: Alternate function output Push-pull
11: Alternate function output Open-drain

Bits 29:28, 25:24, 21:20, 17:16, 13:12, 9:8, 5:4, 1:0 **MODEy[1:0]:** Port x mode bits (y= 0 .. 7)

These bits are written by software to configure the corresponding I/O port. Refer to *Table 20: Port bit configuration table.*
00: Input mode (reset state)
01: Output mode, max speed 10 MHz.
10: Output mode, max speed 2 MHz.
11: Output mode, max speed 50 MHz.

图 3.35 GPIO 工作配置寄存器(英文版)

8.2.1 端口配置低寄存器(GPIOx_CRL) (x=A..E)

偏移地址: 0x00

复位值: 0x4444 4444

31	30	29	28	27	26	25	24	23	22	21	20	19	18	17	16
CNF7[1:0]		MODE7[1:0]		CNF6[1:0]		MODE6[1:0]		CNF5[1:0]		MODE5[1:0]		CNF4[1:0]		MODE4[1:0]	
rw	rw	rw	rw	rw	rw	rw	rw	rw	rw	rw	rw	rw	rw	rw	rw

15	14	13	12	11	10	9	8	7	6	5	4	3	2	1	0
CNF3[1:0]		MODE3[1:0]		CNF2[1:0]		MODE2[1:0]		CNF1[1:0]		MODE1[1:0]		CNF0[1:0]		MODE0[1:0]	
rw	rw	rw	rw	rw	rw	rw	rw	rw	rw	rw	rw	rw	rw	rw	rw

位31:30 27:26 23:22 19:18 15:14 11:10 7:6 3:2 **CNFy[1:0]:** 端口x配置位(y = 0...7) (Port x configuration bits)

软件通过这些位配置相应的I/O端口,请参考表17端口位配置表。

在输入模式(MODE[1:0]=00):
00: 模拟输入模式
01: 浮空输入模式(复位后的状态)
10: 上拉/下拉输入模式
11: 保留

在输出模式(MODE[1:0]>00):
00: 通用推挽输出模式
01: 通用开漏输出模式
10: 复用功能推挽输出模式
11: 复用功能开漏输出模式

位29:28 25:24 21:20 17:16 13:12 9:8、5:4 1:0 **MODEy[1:0]:** 端口x的模式位(y = 0...7) (Port x mode bits)

软件通过这些位配置相应的I/O端口,请参考表17端口位配置表。
00: 输入模式(复位后的状态)
01: 输出模式,最大速度10 MHz
10: 输出模式,最大速度2 MHz
11: 输出模式,最大速度50 MHz

图 3.36 GPIO 工作配置寄存器(中文版)

3.4.3　添加代码

通过上面对生成的代码的分析,我们对整个工程有了一个基本的了解,接下来我们需要做的就是完善代码。打开 main 主函数后可以看到如图 3.37 所示的界面。

```
20
21   /* Includes ------------------------------------------------
22   #include "main.h"
23
24   /* Private includes -----------------------------------------
25   /* USER CODE BEGIN Includes */
26                       用户添加头文件区
27   /* USER CODE END Includes */
28
29   /* Private typedef ------------------------------------------
30   /* USER CODE BEGIN PTD */
31                       用户添加typedef区
32   /* USER CODE END PTD */
33
34   /* Private define -------------------------------------------
35   /* USER CODE BEGIN PD */用户添加define区
36   /* USER CODE END PD */
37
38   /* Private macro --------------------------------------------
39   /* USER CODE BEGIN PM */
40                       用户添加宏区
41   /* USER CODE END PM */
42
43   /* Private variables ----------------------------------------
44
45   /* USER CODE BEGIN PV */
46                       用户添加变量区
47   /* USER CODE END PV */
48
49   /* Private function prototypes -----------------------------
```

```
48
49   /* Private function prototypes -----------------------------
50   void SystemClock_Config(void);  程序生成定义的函数区
51   static void MX_GPIO_Init(void);
52   /* USER CODE BEGIN PFP */
53                       用户定义函数区
54   /* USER CODE END PFP */
55
56   /* Private user code ----------------------------------------
57   /* USER CODE BEGIN 0 */
58                       用户添加代码区
59   /* USER CODE END 0 */
60
61   /**
62    * @brief  The application entry point.
63    * @retval int
64    */
```

图 3.37　主函数代码区

此代码中需要注意的地方在图 3.37 中已经备注了,代码最好是在固定的区域内添加,因为在生成代码时需要多次重新生成新的代码,如果把宏定义或者头文件等填写在外面的地方,则重新生成的代码中会将之前所添加的代码全部删除。我们本次需要实现的功能比较少,所以只需要在 while 循环中填写代码即可。本次要实现的功能是 LED 灯状态 500 ms 循环取反,如图 3.38 所示。

注:所有自己所写的代码请放在/* USER CODE BEGIN X */ /* USER CODE END X */之间,这样在重新生成工程时,代码就不会被删除了。

```
/* Infinite loop */
/* USER CODE BEGIN WHILE */
while (1)
{

  /* USER CODE END WHILE */

  /* USER CODE BEGIN 3 */
  HAL_Delay(500);
  HAL_GPIO_TogglePin(GPIOB, GPIO_PIN_5);
}
/* USER CODE END 3 */
}
```

图 3.38　添加代码

3.4.4　编译下载

通过上面对代码的完善,接下来就可以编译下载代码了,但是在下载代码之前,需要首先设置它的下载方式。

在下载之前各位读者千万不要忘记勾选下面的选项,不然你会发现代码总是不能实现功能。其实是已经可以实现功能了,只不过没有勾选,需要按下复位键才会执行,否则只是下载成功而已,根本不能实现功能,如图 3.39 所示。

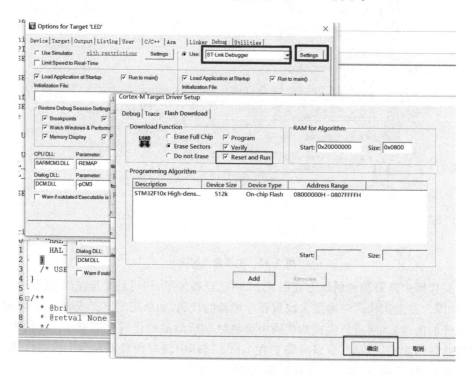

图 3.39　Keil 下载配置

修改完成后就可以直接点击编译,然后下载到开发板上就可以看到 LED 灯为 500 ms 闪烁状态。

为了方便各位读者的使用,笔者直接把生成代码放在百度网盘里,有需要的可以自行下载。链接如下:

链接:https://pan.baidu.com/s/1sD1zxt7J5daNYWDcLp4_qg

提取码:wamz

3.5　思考与练习

1. 通过 UM1850 手册学习 GPIO 相关 HAL 库函数。

2. 通过 STM32F10X 数据手册查阅 GPIO 口相关参数。

3. 通过 STM32F10X 中文参考手册查阅相关时钟框图。

4. 通过 RM0008 手册学习 GPIO 的相关输入/输出功能模式。

5. 总结 GPIO 口的输出配置方法。

6. 根据本章学习的开启相关 GPIO 口时钟的方法,将开发板 XYD_M3 上的所有 LED 灯以及 BEEP 点亮。

7. 点亮其他几盏 LED 灯,实现跑马灯的效果。

8. 通过 RM0008 手册以及 HAL 库函数的 UM1850 手册,学习串口(USART/UART)的相关内容。

第4章

串口通信 USART

串口的出现是在 1980 年前后,数据传输速率是 115~230 kbit/s。串口出现的初期是为了实现连接计算机外设的目的,初期串口一般用来连接鼠标和外置 Modem 以及老式摄像头和写字板等设备。串口也可以用于两台计算机(或设备)之间的互联及数据传输。由于串口(COM)不支持热插拔且传输速率较低,故部分新主板和大部分便携式计算机已开始取消该接口。串口多用于工控和测量设备以及部分通信设备中。

串口叫作串行接口,也称串行通信接口,按电气标准及协议来分包括 RS－232－C、RS－422、RS－485、USB 等。RS－232－C、RS－422 与 RS－485 标准只对接口的电气特性做出规定,不涉及接外挂程式、电缆或协议。USB 是近几年发展起来的新型接口标准,主要用于高速数据传输领域。

4.1　串口概述

串行接口是一种可以将接收来自 CPU 的并行数据字符转换为连续的串行数据流发送出去,同时可将接收的串行数据流转换为并行的数据字符供给 CPU 的器件。一般完成这种功能的电路,称为串行接口电路。

STM32F103ZET6 为控制器,总共有 5 个。通用同步异步收发器(USART)提供了一种灵活的方法,与使用工业标准的 NRZ 异步串行数据格式的外部设备之间进行全双工数据交换。USART 利用分数波特率发生器提供宽范围的波特率选择。它支持同步单向通信和半双工单向通信,也支持 LIN(局部互联网)、智能卡协议和 IrDA(红外数据组织)SIR ENDEC 规范,以及调制解调器(CTS/RTS)操作。它还允许多处理器通信。使用多缓冲器配置的 DMA 方式,可以实现高速数据通信。

4.2　串口特征

- 全双工,异步通信。
- NRZ 标准格式。
- 分数波特率发生器系统:
  - 发送和接收共用的可编程波特率,最高达 4.5 Mbit/s;

- 可编程数据字长度(8 位或 9 位)。
- 可配置的停止位:
  -支持 1 或 2 个停止位。
- LIN 主发送同步断开符的能力以及 LIN 从检测断开符的能力:
  -当 USART 硬件配置成 LIN 时,生成 13 位断开符,检测 10/11 位断开符。
- 发送方为同步传输提供时钟。
- IRDA SIR 编码器解码器:
  -在正常模式下支持 3 位/16 位的持续时间。
- 智能卡模拟功能:
  -智能卡接口支持 ISO 7816 - 3 标准里定义的异步智能卡协议;
  -智能卡用到的 0.5 和 1.5 个停止位;
- 单线半双工通信。
- 可配置的使用 DMA 的多缓冲器通信。
  -在 SRAM 中利用集中式 DMA 缓冲接收/发送字节。
- 单独地发送器和接收器使能位。
- 检测标志:
  -接收缓冲器满;
  -发送缓冲器空;
  -传输结束标志。
- 校验控制:
  -发送校验位;
  -对接收数据进行校验。
- 四个错误检测标志:
  -溢出错误;
  -噪声错误;
  -帧错误;
  -校验错误。
- 10 个带标志的中断源:
  - CTS 改变;
  - LIN 断开符检测;
  -发送数据寄存器空;
  -发送完成;
  -接收数据寄存器满;
  -检测到总线为空闲;
  -溢出错误;
  -帧错误;

－噪声错误；

－校验错误。

- 多处理器通信：

  －如果地址不匹配,则进入静默模式。

- 从静默模式中唤醒(通过空闲总线检测或地址标志检测)。

- 两种唤醒接收器的方式:地址位(MSB,第 9 位),总线空闲。

4.3　串口通信

4.3.1　通信概述

通信指单片机与单片机或单片机与外界之间通过某种行为或媒介进行的信息交流与传递的过程,或者说指需要信息的双方或多方在不违背各自意愿的情况下采用任意方法、任意媒质,将信息从某方准确安全地传送到另一方。

通信协议是指双方能够完成通信或服务所必须遵循的规则和约定。协议定义了数据单元使用的格式、信息单元应该包含的信息与含义、连接方式、信息发送和接收的时序,从而确保网络中数据顺利地传送到确定的地方。

通信根据传输的方式分为串行通信以及并行通信。串行通信与并行通信的主要区别是:串行通信一次只发送一位的数据,而并行通信一次发送一块数据;串行通信需要使用的数据线为 1～2 根数据线,而并行通信需要的数据线比较多(有多少位数据就要有多少根数据线);串行通信一般用在远距离场所,并行通信一般用在近距离场所。

4.3.2　串行通信概述

串行通信技术,是指通信双方按位进行传输、遵守时序的一种通信方式。串行通信中,将数据按位依次传输,每位数据占据固定的时间长度,使用少数几条通信线路就可以完成系统间交换信息,特别适用于计算机与计算机、计算机与外设之间的远距离通信。串行总线通信过程的显著特点是:通信线路少,布线简便易行,施工方便,结构灵活,系统间协商协议,自由度及灵活度较高,因此在电子电路设计、信息传递等诸多方面的应用越来越多。

串行通信又分为同步通信和异步通信两种。

(1) 同步通信

同步通信是一种连续串行传送数据的通信方式,一次通信只传送一帧信息。这里的信息帧与异步通信中的字符帧不同,通常含有若干个数据字符。它们均由同步字符、数据字符和校验字符(CRC)组成。其中同步字符位于帧开头,用于确认数据字符的开始。数据字符在同步字符之后,个数没有限制,由所需传输的数据块长度来决定。校验字符有 1～2 个,用于接收端对接收到的字符序列进行正确性的校验。同步通信的缺点是要求发送时钟和接收时钟保持严格的同步。

（2）异步通信

在异步通信中有两个比较重要的概念：字符帧格式和波特率。

数据通常以字符或者字节为单位组成字符帧传送。字符帧由发送端逐帧发送，通过传输线被接收设备逐帧接收。发送端和接收端可以由各自的时钟来控制数据的发送和接收，这两个时钟源彼此独立，互不同步。

当接收端检测到传输线上发送过来的低电平逻辑"0"（即字符帧起始位）时，确定发送端已开始发送数据；每当接收端收到字符帧中的停止位时，就知道一帧字符已经发送完毕。

4.3.3　异步通信数据帧格式

数据是一个字符一个字符地传输，每个字符又是一位一位地传输，并且传输一个字符时，总是以"起始位"开始，以"停止位"结束。字符之间没有固定的时间间隔要求，每一个字符的前面都有一位起始位（低电平，逻辑值）。字符本身由 5～7 位数据位组成，接在字符后面的是一位校验位（也可以没有校验位），最后是一位或一位半或两位停止位，停止位后面是不定长的空闲位。停止位和空闲位都规定为高电平（逻辑值1），这样就保证起始位开始处一定有一个下降沿，如图 4.1 所示。

图 4.1　异步通信数据帧

4.3.4　串口通信物理结构

串口通信是一种设备间常用的通信方式，大多数模块都用到了串口通信，比如：蓝牙、WIFI、语音、Flash 等。那么为什么串口通信会用得这么频繁呢？主要是因为它简单快捷，其通信协议主要分为协议层和物理层两部分。物理层主要是规定通信协议中的机械以及电子的特性，确保数据在物理媒体的传播。协议层主要规定的是通信的逻辑，数据按照同一方式进行打包、拆包的标准。通俗来说物理层就好比规定我们是用嘴巴交流还是用肢体交流，协议层规定的是我们说的是中文还是英文。

首先我们来看串口通信的物理结构：

串口通信的物理层主要的标准是 RS－232 标准，规定了信号的用途、接口以及信号的电平标准。具体通信结构如图4.2所示。

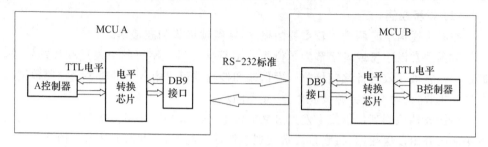

图4.2 单片机 RS-232 通信

在设备与设备之间是依靠 RS-232 标准进行通信的,但是在设备内部是以 TTL 电平信号进行数据传输的。由于控制器内部是以 TTL 电平进行数据传输的,所以还需要接一个电平转换芯片;又由于使用的电平标准不同,所以又分为 RS-232 标准以及 TTL 标准,具体如表 4.1 所列。

表 4.1 逻辑电平标准

通信标准	电平标准
TTL	逻辑 0:0~0.5 V 逻辑 1:2.4~5 V
RS-232	逻辑 0:+3~+15 V 逻辑 1:-3~-15 V

对于串口模块的物理层就介绍到这里,至于协议层其实前面已经介绍过了,就是4.3.3 小节中介绍的异步通信数据帧格式。

在目前的单片机上,数字电路控制部分已被封装,现在只需要操作对应寄存器的对应位即可实现对 UART 的控制。如图 4.3 所示就是 UART 模块的内部框图。

通过对 UART 内部框图的理解,我们可以整体地将它分为发送器和接收器以及波特率计算部分,具体的内容如下。

(1)波特率生成模块

USART 的发送器和接收器使用相同的波特率。有以下的计算公式:

$$Tx/Rx \text{ 波特率}=Fck/[8\times(2-OVER8)\times USARTDIV]$$

在这个波特率计算公式中,波特率的值是已知的;OVER8 是倍采样,也是通过代码进行选择;Fck 是总线系统频率。这样未知值只有 USARTDIV,我们需要求的值也就是这个值。求出这个值之后分成整数和小数部分,接下来就可以将它分别存储到串口的波特率寄存器里面了。

(2)USART 发送器

① 在 MCU 内定义需要发送的数据。

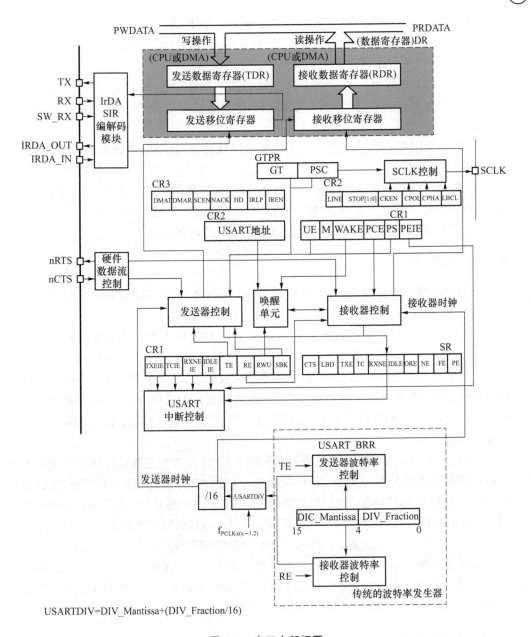

USARTDIV=DIV_Mantissa+(DIV_Fraction/16)

图 4.3　串口内部框图

② MCU 将需要发送的数据通过数据总线写入到"发送数据寄存器"。

③ 当"发送数据寄存器"被写入后,将数据并行发送到"发送移位寄存器",并且由硬件自动产生一个"发送数据寄存器"为空的标志。

④ "发送移位寄存器"伴随着已经设置好的波特率时钟脉冲,把数据按照顺序一位一位地发送到数据发送引脚(TX);当"发送移位寄存器"为空并且"发送数据寄存

器"也为空的时候,由硬件自动产生一个"传输完成"的标志。

⑤ 数据在串口发送引脚发送数据,数据通过 USB 转串口芯片(电平转换芯片)后,由 USB 数据线传输到计算机上位机上。

(3) USART 接收器

① 计算机上位机通过 USB 线发送数据,数据通过 USB 转串口芯片发送到串口接收数据引脚(RX)。

② 接收引脚根据已经设置好的波特率时钟脉冲,一位一位地把数据传输到"接收移位寄存器"中。

③ 当"接收移位寄存器"接收完数据之后,并行把数据传输到"接收数据寄存器"中,并且会由硬件自动产生一个"接收数据寄存器"为满的标志。

④ CPU 通过数据总线读出"接收数据寄存器"的内容。

4.3.5 波特率

串口通信属于异步通信,然而异步通信中没有时钟信号,所以接收双方要提前约定好波特率,即每秒传输的二进制位数,以便对信号进行解码。

串口的通信波特率不能随意设定,而应该在一些值中去选择。常见的波特率有 4 800、9 600、115 200 等。那么为什么波特率不能随便指定呢? 主要是因为:① 通信双方必须事先设定相同的波特率,这样才能成功通信,如果发送方和接收方按照不同的波特率通信,则根本收不到数据,因此波特率最好是大家熟知的而不是随意指定的。② 常用的波特率经过了长久的发展,大家形成了共识,就是使用的波特率基本都是 115 200 或者是 9 600。

STM32 的串口波特率最终是通过 USART_BRR 寄存器进行设置的,STM32 的波特率寄存器支持分数设置,以提高精确度。USART_BRR 的前 4 位用于表示小数,后 12 位用于表示整数。我们所设置的 115 200 或者说是 9 600 其实不是最终串口的波特率,最终串口波特率的大小还需要进行计算。可以根据下面的公式进行计算:

$$Baud=Fck/(16\times USARTDIV)$$

这个公式中,Baud 就是我们所设置的波特率 115 200 或者 9 600 等,Fck 指的是系统总线的频率。未知数只有 USARTDIV,将 USARTDIV 计算出来后分成整数和小数部分,存放到 USART_BRR 寄存器中即可。

4.4 新建例程

① 首先打开 STM32CubeMX 软件,选择需要使用的芯片型号。注:由于前面笔者已经将经常使用的芯片型号收藏了,所以这里直接点击星号找到收藏的芯片类型,双击选中即可。如果之前没有收藏芯片,则直接在搜索栏中搜索自己想要使用的芯片,参考 GPIO 章节的新建工程部分。

② 选择完我们所要使用的芯片型号之后,接下来就可以设置 RCC 时钟。这里是选择外部高速时钟。参考 GPIO 章节的新建工程部分。

③ 时钟配置完毕(其实没有完全设置完成,具体会在第④步详细配置),接下来就可以配置相关串口了。由于我们使用的 XYD_M3 开发板只有 USART1 连接 USB 转 TTL 芯片(CH340 芯片),所以这里选择串口 1 进行配置。先在左边选中 Connectivity,在里面找到 USART1,如图 4.4 所示。然后进行配置,配置 Mode 为异步模式 Asynchronous。

接下来在下方的配置栏里配置 Parameter Settings 相关参数:Baud Rate(波特率)为 115 200 bit/s,World Length(数据位长度)为 8 bit。Parity 奇偶校验位设置为 None,无需奇偶校验位。Stop Bits(停止位)长度为 1 bit。

如果想要设置串口中断也是直接设置。选择 NVIC Settings,然后勾选串口中断选项 USART1 global interrupt,如图 4.4、图 4.5 所示。

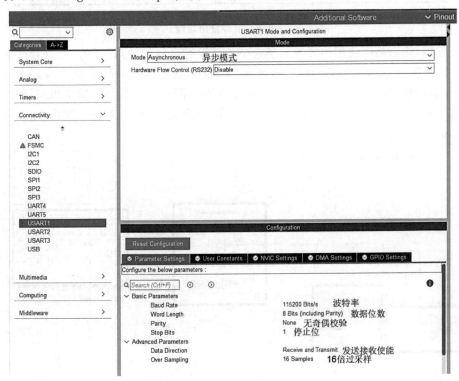

图 4.4　USART 配置(一)

配置完图 4.4 以及图 4.5 的步骤后,就可以看到芯片的 PA9 和 PA10 引脚已经设置为串口的发送和接收模式了。这是因为 PA10、PA9 这两个引脚在数据手册的复用功能是 USART1_TX/USART1_RX,如图 4.6 所示。

④ 配置完串口后还需要配置时钟,可能大家会有疑惑:前面已经配置过时钟了,为什么这里还要配置? 其实前面配置的时钟是外部高速时钟,通俗来说也就是连接

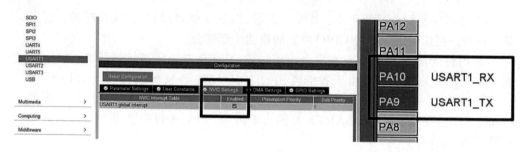

图 4.5　USART 配置(二)

D12	C9	D2	42	68	101	PA9	I/O	FT	PA9	USART1_TX[9]/ TIM1_CH2[9]
D11	D10	D3	43	69	102	PA10	I/O	FT	PA10	USART1_TX[9]/ TIM1_CH3[9]

图 4.6　引脚复用功能

外部晶振,然而具体使用的时钟频率大小还是没有确定的(忘记了的,可以看前面的 GPIO 章节,里面最终用到的时钟频率为 64 MHz,达不到 72 MHz,这对我们来说影响不大,但是现在涉及到通信的问题,则时钟必须准确,否则数据传输会出问题)。现在我们需要做的是将外部高速时钟配置为具体的工作频率 72 MHz,如图 4.7 所示。

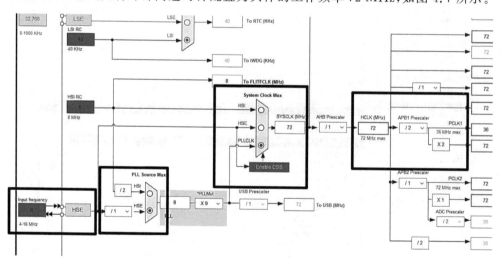

图 4.7　串口时钟配置

　　① 图 4.7 中的第 1 步表示的就是前面设置的外部高速时钟(外界连接的晶振)HSE。

　　② 第 2 步,设置锁相环倍频(PLL)为 9 倍。

　　③ 第 3 步,SYSCLK 选择系统时钟路线,选择锁相环时钟。

　　④ 当我们可以看到最终的这个系统时钟频率为 72 MHz 时,发现后面的时钟频

率变成了红色。这是因为后面的系统总线的时钟频率超过了其最大频率,需要再次进行分频。接下来就需要我们来修改 APB1 的分频系数,需要设置为 2 分频,因为 PCLK1 的最大时钟频率为 36 MHz,而我们的系统时钟频率是 72 MHz,所以说这里的分频系数最小也要设置为 2。

⑤ 配置完图 4.7 的步骤之后,可以直接选择保存路径,设置工程名称。具体需要注意的地方在图 4.8 中已经框选起来了,这里尤其需要注意,在保存的时候,保存路径一定不能有中文路径。

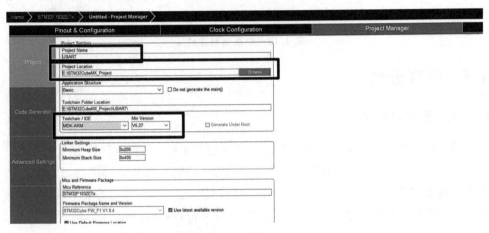

图 4.8　保存工程(一)

⑥ 首先选择只复制我们需要的 .c 和 .h 文件,如图 4.9 中的框选 1 所示。接下来就是每一个模块单独生成一个 .c 和 .h,如图 4.9 中的框选 2 所示。

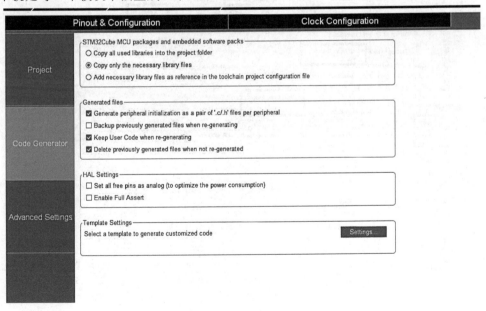

图 4.9　保存工程(二)

上面的配置步骤完毕后,单击 GENERATE CODE 生成工程文件,如图 4.10 所示。

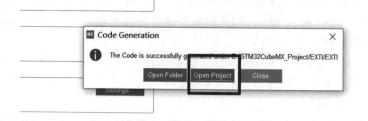

图 4.10　生成工程文件

4.5　例程分析

4.5.1　源代码介绍

按照前面的步骤新建工程完毕之后,接下来打开工程,开始分析相关的工程代码。

打开工程后,一定要记得第一件事就是配置工程的下载参数,如图 4.11 所示,否则有时候会发现可以下载,但是就是不能实现功能,这一步经常会忘记,所以这里放在了第一步中。各位读者不要忘记这一步,一旦忘记,后期找问题是真的太难了。

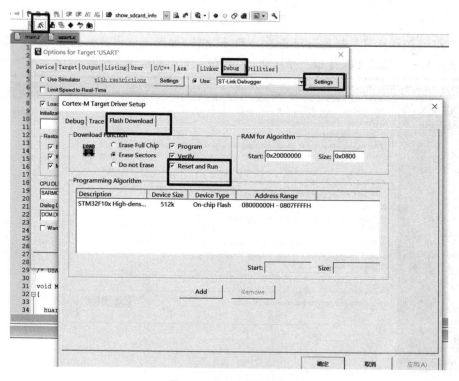

图 4.11　Keil 编译配置

配置完前面的下载参数之后,开始看 main 主函数。通过下面的代码可以看到,前面几个函数非常地熟悉,这就是 GPIO 章节所介绍的函数,所以这里对于前面的 HAL_Init 函数、SystemClock_Config 函数以及 MX_GPIO_Init 函数就不做过多介绍了,如果忘记了,参考前面 GPIO 章节的代码分析即可。本次直接从 USART 的 HAL 库函数 MX_USART1_UART_Init 开始介绍。

```
int main(void)
{HAL_Init();
  SystemClock_Config();
  MX_GPIO_Init();
  MX_USART1_UART_Init();
  while (1)
  {
    /* USER CODE END WHILE */
      printf("济南信盈达电子技术有限公司\r\n");
      HAL_Delay(1000);
    /* USER CODE BEGIN 3 */
  }
  /* USER CODE END 3 */}
```

通过 main 主函数的 USART 初始化函数跳转过来可以看到下面的代码。在下方的函数中,可以看到通过对结构体进行赋值的方式设置了相关的参数,比如波特率、数据位数、发送接收使能等。在后面看到有一个函数 HAL_UART_Init,它的参数是 huart1,参数在函数中已经定义,也就是说在判断函数之前对 huart1 这个结构体进行赋值其实就是在初始化串口 1,接下来主要是分析 HAL_UART_Init 这个函数。此函数的函数原型在 UM1850 手册的第 580 页,或者直接在工程代码中跳转也可以。

```
UART_HandleTypeDef huart1;
/* USART1 init function */
void MX_USART1_UART_Init(void)
{
  huart1.Instance = USART1;
  huart1.Init.BaudRate = 115200;
  huart1.Init.WordLength = UART_WORDLENGTH_8B;
  huart1.Init.StopBits = UART_STOPBITS_1;
  huart1.Init.Parity = UART_PARITY_NONE;
  huart1.Init.Mode = UART_MODE_TX_RX;
  huart1.Init.HwFlowCtl = UART_HWCONTROL_NONE;
  huart1.Init.OverSampling = UART_OVERSAMPLING_16;
  if (HAL_UART_Init(&huart1) != HAL_OK)
  { Error_Handler();}
}
```

HAL_StatusTypeDef HAL_UART_Init(UART_HandleTypeDef ∗ huart)

函数原型:HAL_StatusTypeDef HAL_USART_Init(USART_HandleTypeDef ∗ husart)。

函数功能:根据 USART_HandleTypeDef 中指定的参数初始化 USART 模式。

函数参数:USART_HandleTypeDef ∗ husart。这个参数是一个结构体指针,那么我们需要知道的就是这个结构体成员的具体内容。这个具体的结构体参考如下代码:

```
typedef struct __UART_HandleTypeDef
{
  USART_TypeDef        * Instance;      /*! < UART registers base address     */
  UART_InitTypeDef     Init;            /*! < UART communication parameters     */
  uint8_t              * pTxBuffPtr;    /*! < Pointer to UART Tx transfer Buffer */
  uint16_t             TxXferSize;      /*! < UART Tx Transfer size     */
  __IO uint16_t        TxXferCount;     /*! < UART Tx Transfer Counter     */
  uint8_t              * pRxBuffPtr;    /*! < Pointer to UART Rx transfer Buffer */
  uint16_t             RxXferSize;      /*! < UART Rx Transfer size     */
  __IO uint16_t        RxXferCount;     /*! < UART Rx Transfer Counter     */
  DMA_HandleTypeDef    * hdmatx;        /*! < UART Tx DMA Handle parameters     */
  DMA_HandleTypeDef    * hdmarx;        /*! < UART Rx DMA Handle parameters     */
  HAL_LockTypeDef      Lock;            /*! < Locking object     */
  __IO HAL_UART_StateTypeDef  gState;   /*! < UART state information related to
global Handle management and also related to Tx operations.   This parameter can be a value of
@ref HAL_UART_StateTypeDef */
  __IO HAL_UART_StateTypeDef  RxState;   /*! < UART state information related to
Rx operations.   This parameter can be a value of @ref HAL_UART_StateTypeDef */
  __IO uint32_t            ErrorCode;  /*! < UART Error code
                                                            */
} UART_HandleTypeDef;
```

函数返回值:HAL 的状态标志(实际上就是初始化是否成功,在下面也会介绍)。

上面的代码就是串口初始化函数参数的结构体成员,需要注意的是,这里的结构体成员的类型,有的是基本类型,但是有的却是构造体类型(这里的是结构体类型)。如果想要知道这个构造类型是什么,可以直接体右击进行跳转。

在结构体成员中,常用到的就是第一个和第二个成员变量。第一个成员变量表示串口寄存器的基地址(其实表示的是选择哪一个串口外设),这在我们的程序中也可以看到。

```
huart1.Instance = USART1;
```

我们这里的配置选择的外设是串口 1。

通过串口初始化函数的参数可知,我们这个函数的参数是一个结构体。

第一个成员变量表示的是最终使用的外设到底是哪一个串口,可以右击跳转到第一个成员的成员类型,看到如图 4.12 所示的界面。

```
659  typedef struct
660  {
661      __IO uint32_t SR;        /*!< USART Status register,                Address offset: 0x00 */
662      __IO uint32_t DR;        /*!< USART Data register,                  Address offset: 0x04 */
663      __IO uint32_t BRR;       /*!< USART Baud rate register,             Address offset: 0x08 */
664      __IO uint32_t CR1;       /*!< USART Control register 1,             Address offset: 0x0C */
665      __IO uint32_t CR2;       /*!< USART Control register 2,             Address offset: 0x10 */
666      __IO uint32_t CR3;       /*!< USART Control register 3,             Address offset: 0x14 */
667      __IO uint32_t GTPR;      /*!< USART Guard time and prescaler register, Address offset: 0x18 */
668  } USART_TypeDef;
669
```

图 4.12 串口寄存器结构体

如果以前了解过 USART 模块或者对这个模块比较熟悉,就可以看到这个结构体的成员其实就是 USART 的相关寄存器名称。对于寄存器的取值,这里就不深究了,我们这个成员的取值为 USART1,右击跳转至 Definition,可以看到实际上这个 USART1 就是一个宏定义:

```
#define USART1        ((USART_TypeDef *)USART1_BASE)
```

宏定义的内容还是不清楚的,那么继续跳转:

```
#define USART1_BASE   (APB2PERIPH_BASE + 0X00003800UL)
```

发现 USART1_BASE 的宏定义还有未知值,继续跳转:

```
#define APB2PERIPH_BASE   (PERIPH_BASE + 0X00010000UL)
#define PERIPH_BASE       0X40000000UL
```

根据上面的宏定义可以知道,最终 USART1 表示的就是使用一个宏定义表示的数值,这个数值其实就是通过配置寄存器需要设置的值,至于是什么数值,需要具体去查看寄存器的相关配置。相关寄存器名称如下:

状态寄存器:USARTx_SR;

数据寄存器:USARTx_DR;

波特比率寄存器:USARTx_BRR;

控制寄存器 1:USARTx_CR1;

控制寄存器 2:USARTx_CR2;

控制寄存器 3:USARTx_CR3;

保护时间和预分频寄存器:USARTx_GTPR。

通过配置相关寄存器,可以给不同寄存器不同的数值,从而实现配置 USART1 的功能。

小知识：访问结构体嵌套的成员时，跟以前直接访问结构体成员类似，先访问到结构体成员，然后再访问结构体成员的成员。如果是结构体变量，则访问格式为：结构体变量.结构体变量.结构体变量。

第二个成员变量表示需要我们设置的参数，在代码中可以看到第二个成员变量是 Init，在程序中可以看到如图 4.13 所示的界面。

```
33
34    huart1.Instance = USART1;
35    huart1.Init.BaudRate = 115200;
36    huart1.Init.WordLength = UART_WORDLENGTH_8B;
37    huart1.Init.StopBits = UART_STOPBITS_1;
38    huart1.Init.Parity = UART_PARITY_NONE;
39    huart1.Init.Mode = UART_MODE_TX_RX;
40    huart1.Init.HwFlowCtl = UART_HWCONTROL_NONE;
41    huart1.Init.OverSampling = UART_OVERSAMPLING_16;
```

图 4.13　串口结构体配置

通过图 4.13 所示的代码可以看到，我们所使用的这个结构体的成员的类型也是结构体类型，接下来可以跳转到这个结构体里看一下。

右击跳转到 UART_InitTypeDef 这个函数类型，可以看到如下代码：

```
typedef struct
{
    uint32_t BaudRate;        /*! < This member configures the UART communication baud
rate. The baud rate is computed using the following formula:
    - IntegerDivider = ((PCLKx) / (16 * (huart ->Init.BaudRate)))
    - FractionalDivider = ((IntegerDivider - ((uint32_t) IntegerDivider)) * 16) + 0.5 */
    uint32_t WordLength;              /*! < Specifies the number of data bits
transmitted or received in a frame.  This parameter can be a value of @ref UART_Word_Length
*/
    uint32_t StopBits;               /*! < Specifies the number of stop bits
transmitted.
        This parameter can be a value of @ref UART_Stop_Bits */
    uint32_t Parity;                 /*! < Specifies the parity mode.   This
parameter can be a value of @ref UART_Parity @note When parity is enabled, the computed
parity is inserted   at the MSB position of the transmitted data (9th bit when the word length
is set to 9 data bits; 8th bit when the word length is set to 8 data bits).  */
    uint32_t Mode;                   /*! < Specifies whether the Receive or
Transmit mode is enabled or disabled.   This parameter can be a value of @ref UART_Mode  */
    uint32_t HwFlowCtl;              /*! < Specifies whether the hardware flow
control mode is enabled or disabled. This parameter can be a value of @reUART_Hardware_Flow_
Control */
    uint32_t OverSampling;               /*! < Specifies whether the Over sampling
8 is enabled or disabled, to achieve higher speed (up to fPCLK/8).   This parameter can be a
value of @ref UART_Over_Sampling. This feature is only available  on STM32F100xx family, so
OverSampling parameter should always be set to 16.  */
    } UART_InitTypeDef;
```

也就是说串口初始化,设置参数实际上是一个结构体嵌套(也就是说结构体成员的类型还是结构体类型)。

需要特别注意的就是这个结构体,因为基本的串口的相关参数都是在这个结构体中定义的。下面分析此结构体成员。(在访问结构体成员之前,可以看到每个结构体成员的类型基本都是 uint32_t,这个类型表示的是 unsigned int 类型。)

Baudrate:

该成员设置了 USART 传输的波特率,波特率可以由以下公式进行计算:

$$IntegerDivider = ((PCLKx) / (16 * (huart -> Init.BaudRate)))$$
$$FractionalDivider = ((IntegerDivider - ((uint32\_t) IntegerDivider)) * 16) + 0.5$$

WordLength:

表示设置传输的数据帧的数据位数,可以取表 4.2 中的值。

表 4.2 WordLength 参数

WordLength	描　述
UART_WORDLENGTH_8B	8 位数据
UART_WORDLENGTH_9B	9 位数据

StopBits:

表示定义了数据帧的停止位位数,具体参数可以选择表 4.3 中的值。

表 4.3 StopBits 参数

StopBits	描　述
UART_STOPBITS_1	在数据帧结尾传输 1 位停止位
UART_STOPBITS_2	在数据帧结尾传输 2 位停止位

Parity:

表示奇偶检验模式,可以选择表 4.4 中的值。

表 4.4 Parity 参数

Parity	描　述
UART_PARITY_NONE	无奇偶校验
UART_PARITY_EVEN	偶校验
UART_PARITY_ODD	奇校验

Mode:

表示指定使能或者失能发送或者接收模式,可以选择表 4.5 中的值。

表 4.5 Mode 参数

Mode	描　述
UART_MODE_RX	接收使能
UART_MODE_TX	发送使能
UART_MODE_TX_RX	使能接收发送使能

HwFlowCtl：

选择是否使用硬件流控制，详情参考表 4.6。

表 4.6 HwFlowCtl 参数

HwFlowCtl	描　述
UART_HWCONTROL_NONE	硬件流控制失能
UART_HWCONTROL_RTS	发送请求 RTS 使能
UART_HWCONTROL_CTS	清除发送 CTS 使能
UART_HWCONTROL_RTS_CTS	RTS 和 CTS 使能

OverSampling：

表示串口的过采样倍数，这个过采样倍数的主要目的是提高采样（获取到的数据）的准确率，也就是说当检测到起始位后，经过 X 个采样时钟周期才会采样到第一个数据位，然后也是间隔 X 个时钟周期才会采样到第二个数据，以此类推。具体设置过采样倍数可以参考表 4.7 所示参数。

表 4.7 OverSampling 参数

OverSampling	描　述
UART_OVERSAMPLING_16	16 倍过采样
UART_OVERSAMPLING_8	8 倍过采样

以上就是串口需要设置的参数的具体介绍，接下来继续看以下代码：

```
if(HAL_UART_Init(&huart1) != HAL_OK)
{
    Error_Handler();
}
```

可以看到第一行的函数其实就是串口初始化代码，将前面设置的串口所定义的结构体数值添加到串口初始化中，串口初始化代码有一个返回值，返回值的类型实际上是一个枚举，具体内容如下：

```
typedef enum
{
  HAL_OK         = 0x00U,
  HAL_ERROR      = 0x01U,
  HAL_BUSY       = 0x02U,
  HAL_TIMEOUT    = 0x03U
} HAL_StatusTypeDef;
```

通过上面的代码可以看到,串口初始化函数的返回值其实就是一个枚举,返回对应的初始化状态。在上面的代码中判断,如果串口初始化函数的返回值等于 HAL_OK,则认为初始化成功;如果不等于 HAL_OK,则进入 if 语句,进入 Error_Handler 函数。

跳转到这个函数后可以看到,这个函数的主要功能是,如果初始化错误会进入此函数。进入此函数后,想要执行什么代码可以自行添加,这里添加的是一个 while(1) 死循环,如图 4.14 所示;也就是说,如果初始化失败,进入这里后 CPU 会在这里进行死循环,不再往下执行程序。或者读者可以把这里修改为有返回值的函数,如果初始化失败,可以让它返回 0。这里就不做过多要求了。

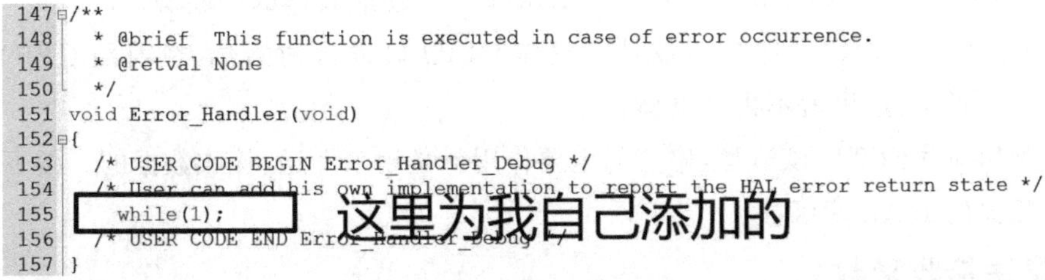

```
147 /**
148   * @brief  This function is executed in case of error occurrence.
149   * @retval None
150   */
151 void Error_Handler(void)
152 {
153   /* USER CODE BEGIN Error_Handler_Debug */
154   /* User can add his own implementation to report the HAL error return state */
155   while(1);                        这里为我自己添加的
156   /* USER CODE END Error_Handler_Debug */
157 }
```

图 4.14　添加代码

对于串口的初始化就介绍到这里。接下来看一下串口引脚的初始化函数,参考代码如下:

```
void HAL_UART_MspInit(UART_HandleTypeDef * uartHandle)
{
  GPIO_InitTypeDef GPIO_InitStruct = {0};
  if(uartHandle ->Instance == USART1)
  {    __HAL_RCC_USART1_CLK_ENABLE();
    __HAL_RCC_GPIOA_CLK_ENABLE();
    GPIO_InitStruct.Pin = GPIO_PIN_9;
    GPIO_InitStruct.Mode = GPIO_MODE_AF_PP;
    GPIO_InitStruct.Speed = GPIO_SPEED_FREQ_HIGH;
    HAL_GPIO_Init(GPIOA, &GPIO_InitStruct);
    GPIO_InitStruct.Pin = GPIO_PIN_10;
    GPIO_InitStruct.Mode = GPIO_MODE_INPUT;
    GPIO_InitStruct.Pull = GPIO_NOPULL;
    HAL_GPIO_Init(GPIOA, &GPIO_InitStruct);
```

```
    /* USART1 interrupt Init */    HAL_NVIC_SetPriority(USART1_IRQn, 0, 0);
   HAL_NVIC_EnableIRQ(USART1_IRQn);
  /* USER CODE BEGIN USART1_MspInit 1 */
  /* USER CODE END USART1_MspInit 1 */
  }
 }
```

上面的这个函数是串口 1 引脚初始化,我们所使用的是串口 1,引脚是 PA9,PA10。接下来看一下其中的相关函数:

__HAL_RCC_USART1_CLK_DISABLE();　　// 串口 1 时钟使能函数

__HAL_RCC_GPIOA_CLK_ENABLE();　　　// PA 口时钟使能函数

下面这两个函数是串口中断初始化函数:

HAL_NVIC_SetPriority(USART1_IRQn, 0, 0);　　// 设置具体的中断源以及中断优先级等级

注:前面我们新建串口工程的时候没有设置它的具体的中断优先级,那么它的优先级默认为 0,0。

HAL_NVIC_EnableIRQ(USART1_IRQn);　　// 使能具体的中断源

"HAL_GPIO_Init();"这个函数是对具体 GPIO 口进行初始化,在前面 GPIO 章节已经介绍过了,这里就不再做具体介绍。

一说到串口我们都应该清楚,串口的主要作用就是用来发送、接收数据的。接下来看几个相关的 HAL 库函数。

1. 发送接收函数

HAL_USART_Transmit();　　　　　// 串口发送函数,超时发送

HAL_USART_Receive();　　　　　　// 串口接收函数,超时接收

HAL_USART_Transmit_IT();　　　// 串口发送中断函数

HAL_USART_Receive_IT();　　　　// 串口接收中断函数

由于函数用法大体上都差不多,所以这里只简单介绍三个函数即可。

① HAL_USART_Transmit();

函数原型:HAL _ StatusTypeDef HAL _ USART _ Transmit (USART _ HandleTypeDef * husart, uint8_t * pTxData, uint16_t Size, uint32_t Timeout)。

函数功能:串口发送函数,若发送时间超过设定时间,则不再发送,并且返回超时标志。

函数参数:

- husart:通过函数原型可以看到这里是一个指针,是一个指向 USART_ HandleTypeDef 类型的指针。前面介绍过这个类型是一个结构体类型,主要

作用是串口初始化,也就是说我们现在利用串口发送数据,第一个参数填写的就是刚刚串口初始化的结构体指针。

- pTxData:需要发送的数据。
- Size:需要发送的字节数。
- Timeout:最大的发送时间,如果发送数据超过这里设置的时间,则会停止发送,并产生一个超时发送的标志。

函数返回值:串口发送的结果,如果发送成功,则返回 0。

② HAL_USART_Receive();

函数原型:HAL _ StatusTypeDef HAL _ USART _ Receive(USART _ HandleTypeDef ＊ husart, uint8_t ＊ pRxData, uint16_t Size, uint32_t Timeout)。

此函数的使用方法与串口发送函数相同。

③ HAL_USART_Receive_IT();

函数原型:HAL _ StatusTypeDef HAL _ USART _ Receive _ IT(USART _ HandleTypeDef ＊ husart, uint8_t ＊ pRxData, uint16_t Size)。

函数功能:串口接收中断函数,接收指定长度的数据。

函数参数:

- husart:通过函数原型可以看到这里是一个指针,是一个指向 USART_ HandleTypeDef 类型的指针。前面介绍过这个类型是一个结构体类型,主要作用是串口初始化,也就是说现在利用串口发送数据,第一个参数填写的就是刚刚串口初始化的结构体指针。
- pRxData:接收到的字符串存储的位置。
- Size:接收的字节数。

函数返回值:串口接收的结果,如果接收成功,则返回 0。

函数执行过程:首先设置串口接收数据的存放地址,使能串口接收中断,当串口接收到数据后,会触发中断;然后串口中断开始接收数据,直到接收到指定长度的数据,关闭中断,进入中断回调函数,之后将不再触发串口接收中断(也就是说只触发一次中断)。

示例:

HAL_UART_Receive_IT(husart,(uint8_t ＊)Buff,128);　// 中断接收 128 个字符,存储到数组 Buff 中

2. 串口中断函数

HAL_UART_IRQHandler();　　　　　// 串口中断处理函数
HAL_UART_TxCpltCallback();　　　　// 串口发送中断回调函数

HAL_UART_TxHalfCpltCallback(); // 串口发送一半中断回调函数

HAL_UART_RxCpltCallback(); // 串口接收中断回调函数

HAL_UART_RxHalfCpltCallback(); // 串口接收一半中断回调函数

HAL_UART_ErrorCallback (); // 串口接收错误函数

HAL_UART_GetState(); // 返回串口状态函数

函数具体介绍：

① HAL_UART_IRQHandler();

函数原型：void HAL_USART_IRQHandler（USART_HandleTypeDef ＊ husart）。

函数功能：处理串口中断处理请求，判断是发送中断还是接收中断，然后再决定接下来是发送还是接收。

函数参数：

- husart：通过函数原型可以看到这里是一个指针，是一个指向 USART_HandleTypeDef 类型的指针。前面介绍过这个类型是一个结构体类型，主要作用是串口初始化，也就是说现在利用串口发送数据，第一个参数填写的就是刚刚串口初始化的结构体指针。

② HAL_UART_RxCpltCallback ();

函数原型：void HAL_USART_RxCpltCallback（USART_HandleTypeDef ＊ husart）。

函数功能：HAL 库的中断执行完毕后不会直接退出，而是进入中断回调函数中，用户可以在回调函数中设置需要执行的代码，也就是说在串口接收数据完成后，会进入该回调函数。可以在函数中对刚刚接收到的数据进行相关的判断（该回调函数为空函数，需要写什么，可由用户自行修改）。

函数参数：

- husart：通过函数原型可以看到这里是一个指针，是一个指向 USART_HandleTypeDef 类型的指针。前面介绍过这个类型是一个结构体类型，主要作用是串口初始化，也就是说现在利用串口发送数据，第一个参数填写的就是刚刚串口初始化的结构体指针。

③ HAL_UART_GetState();

函数原型：HAL_USART_StateTypeDef HAL_USART_GetState（USART_HandleTypeDef ＊ husart）。

函数功能：判断串口发送是否成功，或者接收是否完成。

函数参数：

- husart：通过函数原型可以看到这里是一个指针，是一个指向 USART_HandleTypeDef 类型的指针。前面介绍过这个类型是一个结构体类型，主要作用是串口初始化，也就是说现在利用串口发送数据，第一个参数填写的就是刚刚串口初始化的结构体指针。

4.5.2　添加代码

添加代码的意义就是让代码实现我们想要实现的效果，那么首当其冲的就是重新定义标准输入/输出函数 printf 函数。

接触过单片机或者 C 语言的都应该清楚，标准输入（scanf）、标准输出（printf）函数可以帮助我们解决很多问题，在写代码时也是先将这两个函数重新定义，这样也方便了我们去寻找错误。那么在 HAL 中怎么去修改呢？

可以直接在 stm32f1xx_hal.c 中修改，想要重新定义这两个函数，先要包含头文件 #include <stdio.h>，如图 4.15 所示。

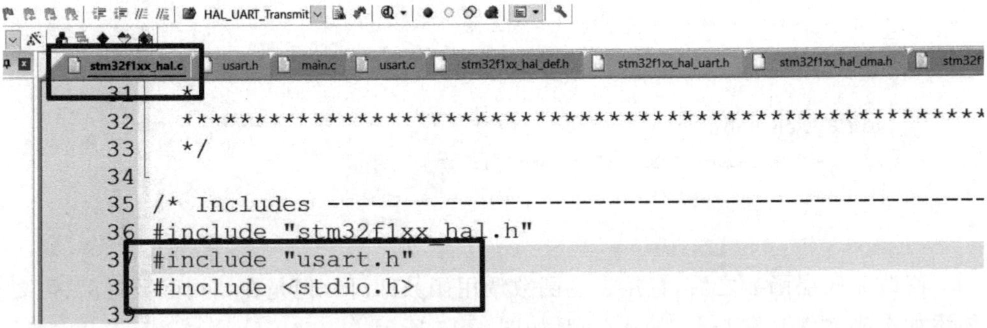

图 4.15　添加代码（一）

可以看到图 4.15 中不仅仅包含了 stdio.h，还包含了 usart.h，因为我们需要重新定义 printf 和 scanf 函数，那么必不可少的就是需要调用串口的发送和接收函数。无论是串口发送还是接收函数，都有一个不可或缺的参数，就是指向串口初始化的结构体指针，而串口初始化结构体的指针在 usart.h 中已经被声明为外部的全局变量了，所以说我们只需要调用 usart.h 即可，如图 4.16 所示。

接下来需要重新定义 printf 和 scanf 函数。

printf 函数的底层函数是 fputc，scanf 的底层函数是 fgetc。这里需要注意的是，现在只是修改 printf 和 scnaf 函数的底层函数，所以直接修改即可，不需要再次声明这两个函数。

```
28
29  /* USER CODE BEGIN Includes */
30
31  /* USER CODE END Includes */
32
33  extern UART_HandleTypeDef huart1;
34
35  /* USER CODE BEGIN Private defines */
36
37  /* USER CODE END Private defines */
38
```

图 4.16   变量的声明

```
/***************** 重新定义 Printf 函数 *********************/
int fputc(int ch,FILE * f)
{
    HAL_UART_Transmit(&huart1,(uint8_t *)&ch,1,0xffff);
    return ch;
}
/**************** 重新定义 scanf 函数 *********************/
int fgetc(FILE * f)
{
    uint8_t ch = 0;
    HAL_UART_Receive(&huart1,&ch,1,0xffff);
    return ch;
}
```

修改完底层函数之后,直接在主函数调用函数即可。但是在调用函数之前,需要先添加上头文件♯include "stdio.h",如图 4.17 所示。

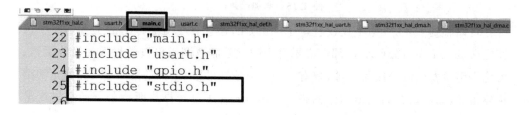

```
22  #include "main.h"
23  #include "usart.h"
24  #include "gpio.h"
25  #include "stdio.h"
26
```

图 4.17   添加代码(二)

添加完标准输入/输出头文件后,使用函数的方法与之前 C 语言的就一样了,如图 4.18 所示。这里是在 main 主函数中循环间隔 1 s 打印一次"济南信盈达电子技术有限公司"。

```
stm32f1xx_hal.c    usart.h    main.c*    usart.c    stm32f1xx_hal_def.h    stm32f1xx_hal_uart.h    stm32f1xx_hal_dma.h    stm32f1xx_hal_dma.c    stm3
 97        /* USER CODE BEGIN WHILE */
 98        while (1)
 99        {
100            /* USER CODE END WHILE */
101            printf("济南信盈达电子技术有限公司\r\n");
102            HAL_Delay(1000);
103            /* USER CODE BEGIN 3 */
104        }
105        /* USER CODE END 3 */
106    }
```

图 4.18 添加代码(三)

4.5.3 编译下载

本示例主要的功能是在串口上利用 printf 函数直接进行打印,按前面的步骤添加完代码之后,编译下载程序,最终效果是在串口助手上实现每秒打印一次"济南信盈达电子技术有限公司",如图 4.19 所示。

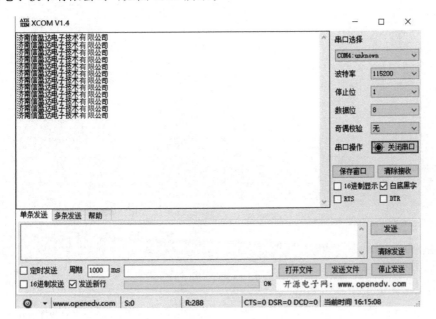

图 4.19 运行结果

为了方便读者的使用,直接把生成的代码放在了百度网盘里,有需要的可以自行下载。链接如下:

链接:https:// pan. baidu. com/s/1gTKFCDCmat_MKWTt0Lzszw

提取码:q4pz

4.6　思考与练习

1. 通过 UM1850 手册学习 USART 相关 HAL 库函数。

2. 通过 STM32F10X 数据手册查阅 USART 口相关参数。

3. 通过 STM32F10X 数据手册查阅相关引脚复用功能。

4. 根据本章学习怎样配置 SysClk 口时钟。

5. 根据本章学习结构体嵌套。

6. 串口发送字符串,检测发送的字符串字母的大小写,然后将大写字母变成小写字母,小写字母变成大写字母。

7. 通过 RM0008 手册以及 HAL 库函数的 UM1850 手册学习基本定时器(TIME)的相关内容。

第 5 章

基本定时器

人类最早使用的定时工具是沙漏或水漏。但在钟表诞生并发展成熟之后,人们开始尝试使用这种全新的计时工具来改进定时器,达到准确控制时间的目的。

1876 年,英国外科医生索加取得一项定时装置的专利,用来控制煤气街灯的开关。此装置中,利用机械钟带动开关来控制煤气阀门。起初每周上一次发条,1918 年使用电钟计时后,就不用上发条了。

定时器确实是一项了不起的发明,使相当多需要人控制时间的工作变得简单了许多。人们甚至将定时器用在了军事方面,制成了定时炸弹、定时雷管。现在的不少家用电器都安装了定时器来控制开关或工作时间。

定时器是一个多任务定时提醒软件,它全面支持 Windows 9X/ME/NT/2K/XP 按时执行程序、播放声音、关机、待机、拨号、断开连接、关闭显示器等操作。它具有多种设定任务的方法,支持 SKIN,可以随意更换界面。

STM32F10x 系列单片机内集成了多个定时器模块,按照功能的不同,这些定时器分为:基本定时器、通用定时器以及高级定时器。其中基本定时器的主要功能为:实现基本的延时以及触发 DAC 的同步电路。

通用定时器除了具有基本定时器功能之外,还具有输入捕获、输出比较和 PWM 输出等功能。高级定时器除具有通用定时器的功能之外,还具有嵌入死区时间和 PWM 互补输出等功能。

我们所使用的 STM32F10X 系列的单片机所包含的定时器为:基本定时器 (TIM6、TIM7)、通用定时器(TIM2~TIM5)以及高级定时器(TIM1、TIM8)。

本章将以基本定时器 TIM6 为例,介绍定时器的内部结构和编程方法。

5.1 定时器概述

基本定时器 TIM6 和 TIM7 各包含一个 16 位自动装载计数器,由各自的可编程预分频器驱动。

它们可以作为通用定时器提供时间基准,特别地,可以为数/模转换器(DAC)提供时钟。实际上,它们在芯片内部直接连接到 DAC 并通过触发输出直接驱动 DAC。这两个定时器是互相独立的,不共享任何资源。

5.2 定时器功能

TIM6 定时器是基本定时器中的一个,它由一个 16 位自动重载递加计数器构成,计数范围在 $0\sim2^{16}-1$ 之间,计数器只能进行加法计算,不能进行减法计算。它还包含了一个 16 位的可编程预分频器,我们需要计数器进行计数操作,而计数操作的最终目的就是定时,所以为了满足更长的计时要求,可以对输入的时钟源进行分频。预分频系数范围在 $1\sim65\ 536$ 之间,可以进行任意调整。在操作寄存器的时候,预分频寄存器以及自动重载寄存器都是有影子寄存器存在的,影子寄存器对于我们来说可能有点陌生,其实它就是起到一个缓冲的作用。

对于影子寄存器,举个简单的例子。想要改变自动重装载寄存器中的数值,但是当前的计时还没有结束,如果没有设置影子寄存器,那么一旦你修改了值则立即会生效;如果设置了影子寄存器,则新设置的值在这一次的计数周期结束后才会生效。基本定时器的内部框图如图 5.1 所示。

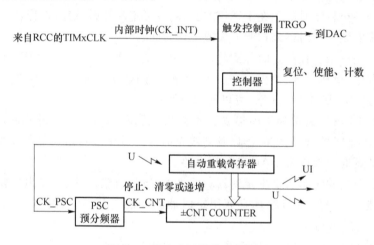

图 5.1 基本定时器的内部框图

时基单元

定时器的时基单元主要包含计数器寄存器 TIMx_CNT、预分频寄存器 TIMx_PSC 以及自动重装载寄存器 TIMx_ARR。下面逐一分析这几个寄存器的主要功能。

1. 重装载寄存器——ARR

重载寄存器 TIMx_ARR 其实就是一个计数周期,对于基本定时器来说,自动重载寄存器只能实现递增计数。这里值得注意的是,自动重载寄存器也是存在影子寄存器的,不过这个影子寄存器对于我们来说与预分频寄存器的影子寄存器有所不同。不同之处就是预分频寄存器的影子寄存器不可以进行选择且是一个必须开启的状态,但是重装载寄存器的影子寄存器可以选择开启,也可以选择不开启。具体的影子寄存器的效果前面也说过了,这里就不再做过多说明,这里建议开启影子寄存器,这样会更加安全一些。当然就算开启了影子寄存器,也是不能直接访问的,只能访问上层寄存器,CPU 才能访问影子寄存器。

2. 预分频器——PSC

首先预分频寄存器的主要功能是可以对系统时钟频率进行 1～65 536 之间任意值的分频,经过分频后可以得到计数器时钟 CK_CNT。预分频的分频比例可以通过如图 5.2 所示的公式进行计算。

$$CK\_CNT = f_{ck\_psc} / (PSC[15:0]+1)$$

图 5.2　计数器时钟公式

预分频寄存器带有缓冲器(其实就是影子寄存器),它能使分频值在定时器运行时就发生改变,但是不会直接对计数器时钟进行修改,而是会在下次更新事件到来时发生改变,具体情况如图 5.3 所示。

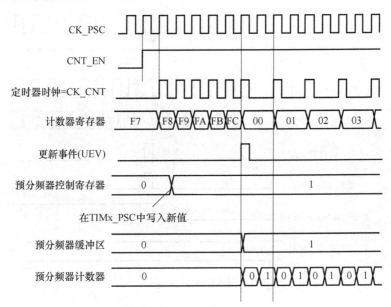

图 5.3　预分频器分频值由 1 变为 2 时序图

由图 5.3 可以看到,当预分频控制寄存器为 0 时,定时器时钟 CK_CNT 与预分频时钟 CK_PSC 相同,1 个脉冲计数 1 次;当预分频控制寄存器修改为 1 时,其实对定时器时钟没有任何影响,这就是因为预分频寄存器带有影子寄存器的原因。当发生更新事件之后,预分频控制寄存器值就会立即使定时器时钟发生改变,变成了

2 个脉冲计数 1 次。

3. 计数器——CNT

我们本次使用的基本定时器是 16 位的计数器,这也就证明了计数的最大值只能是 65 535。16 位的计数器属于是递增计数器,也就是说计数器可以从 0 计数到自动重装载值(TIMx_ARR),并产生计数溢出,然后重新从 0 开始计数,当产生更新事件(包含溢出)时,自动重装载影子寄存器的值就会被更新为自动重装载寄存器(TIMx_ARR)的值,同时预分频寄存器的影子寄存器的值也会被预分频寄存器(TIMx_PSC)的值重新装载。

在计数的过程中,如果修改自动重装载寄存器(TIMx_ARR)的值,则会对当前的计数过程产生影响,可以分为下面两种情况来看:

① 当 TIMx_CR1 寄存器的 ARPE 位为 0 时,则证明未使能自动重装载寄存器的影子寄存器,正常情况下计数器应该计数到"0xFF"才会进行下一轮的循环计数,但是在计数器正在计数到"0x32"时,我们修改了自动重装载寄存器中的值,将"0xFF"改成了"0x36",则写入的数值立即生效,并且在计数器计数到"0x36"时产生更新事件,如图 5.4 所示。

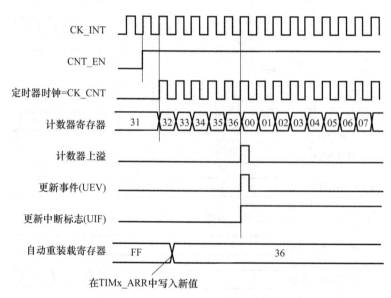

图 5.4 ARPE = 0 时更新事件

② 当 TIMx_CR1 寄存器的 ARPE 位为 1 时,证明使能了自动重装载寄存器的影子寄存器,自动重装载寄存器缓冲区使能,在计数到"0xF2"时修改自动重装载值为"0x36",但是通过图 5.5 可以看到,对当前的计数没有任何影响,计数器计数到"0xF5"时还是产生了更新事件,在下一次的循环计数中才修改计数周期为"0x36"。

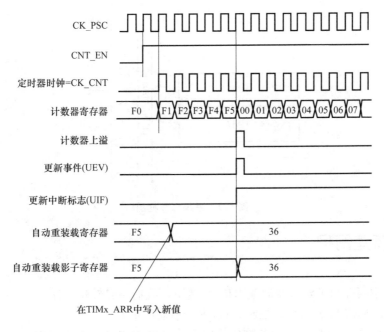

CK_PSC

CNT_EN

定时器时钟=CK_CNT

计数器寄存器　　F0　F1 F2 F3 F4 F5 00 01 02 03 04 05 06 07

计数器上溢

更新事件(UEV)

更新中断标志(UIF)

自动重装载寄存器　　F5　　　　　　36

自动重装载影子寄存器　　F5　　　　　　36

在TIMx_ARR中写入新值

图 5.5　ARPE ＝ 1 时更新事件

5.3　计数器时钟

对于基本定时器来说,计数器的时钟仅仅是由内部时钟 CK_INT 提供的,这个时钟频率是由 APB1 系统时钟总线经过分频后得到的。这里需要着重说一下这个时钟频率。需要注意的是,如果 APBx 的分频系数为1,则频率不变;否则频率需要进行 2 倍处理。如图 5.6 所示,可以看到 APBx 的外设时钟和定时器时钟是分开表示的,AHBx 总线过来的频率经过 APBx 分频后,如果 APBx 的分频系数为 1 则频率不变;如果不为 1 (也就是说无论分频系数为多少,只要不为1)就要×2,我们本次实验使用的 TIM6 定时器挂载在 APB1 总线上,其时钟频率为 42 MHz,如图 5.7 所示,可以看到,APB1 的分频系数为 4,则我们所使用的 TIM6 定时器的时钟频率为 42 MHz×2＝84 MHz。

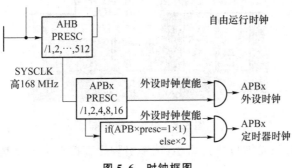

图 5.6　时钟框图

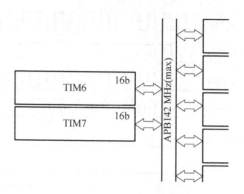

图 5.7　系统总线框图

5.4　新建例程

前面主要介绍了定时器的基本信息,接下来我们一起新建工程。

① 根据 MCU 型号创建工程,可以参考前面的章节。

② 创建工程完毕后就到了配置 GPIO 口的步骤:配置 GPIO 口的目的不是为了让 I/O 口具有定时器功能,而是为了配置完定时器后实现效果时用的。在本工程中需要用到 LED1 连接 PB5 引脚,配置 PB5 的工作模式为 GPIO_Output,如图 5.8 所示。

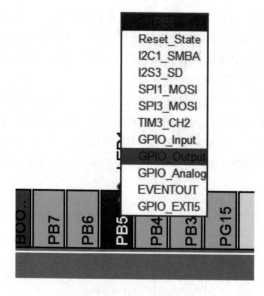

图 5.8　引脚功能选择

直接滑动鼠标滚轮即可放大缩小,选中引脚后直接右击选择此 GPIO 口的功能为 GPIO_Output 即可。然后单击左边选项 System Core,选择里面的 GPIO,可以进行详细操作,如图 5.9、图 5.10 所示。

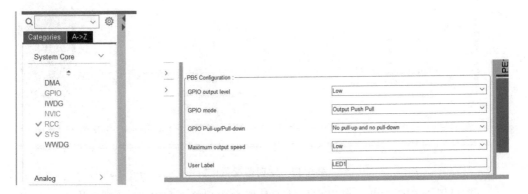

图 5.9 GPIO 模块   图 5.10 GPIO 模块工作模式配置

③ 配置 TIM6 的相关工作模式。选择 TIM6 后这里有两个选项,我们选择上面这个 Activated 即可,下面的 One Pulse Mode 表示是单脉冲模式,如图 5.11 所示。

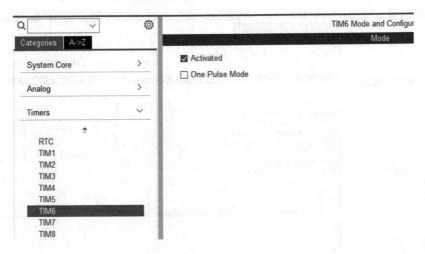

图 5.11 定时器配置(一)

④ 设置具体的参数值。在左下角的 Counter Settings 一栏中首先是 Prescaler,这表示的是分频值设置为 7 200。Counter Mode 表示我们的计数模式是向上计数。Counter Period 表示重装载值为 10 000。下面的 auto-reload preload 需要设置为 Enable,表示使能重装载模式,每次计数到最大值都将重新计数。最后面一个表示触发事件选择,这里选择 Reset(UG bit from TIMx_EGR),表示的是触发它工作的条件包含了 EGR 寄存器的 UG 位,也就是手动更新事件,具体配置如图 5.12 所示。

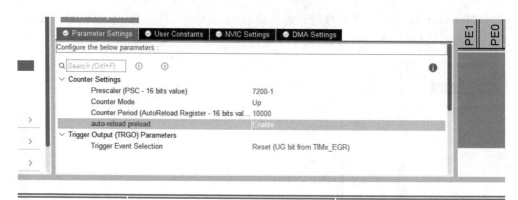

图 5.12　定时器配置(二)

⑤ 设置 NVIC 中断。可以在软件工具栏左边选择 NVIC,然后选择优先级分组(Priority Group),以及下面的抢占优先级(Preemption Priority)、响应优先级(Sub Priority),这里设置的抢占优先级为 1,响应优先级为 0,如图 5.13 所示。

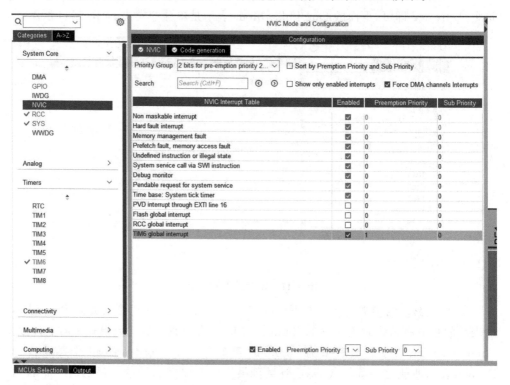

图 5.13　定时器中断配置

⑥ 设置时钟。这里时钟源使用的是外部高速时钟(也可以使用内部高速时钟)。选择时钟源首先是在引脚那里选中晶振引脚,直接在左边栏里(如图 5.14 所示)选择

RCC,选择时钟源为 HSE。选择完时钟源后就可以看到引脚那里自动引出两个晶振引脚,如图 5.15 所示。接下来就是对时钟树进行修改,这里由于需要计算延时时间,所以系统时钟的工作频率最好是我们这个芯片的内核时钟。通过芯片数据手册可以知道我们所使用的芯片 STM32F10X 的最大时钟频率为 72 MHz。经过分频和倍频后,频率为 72 MHz 即可,如图 5.16 所示。

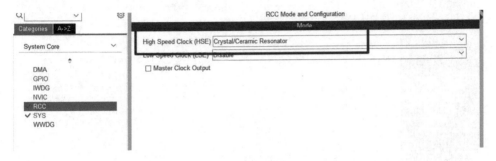

图 5.14　时钟配置(一)

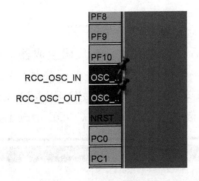

图 5.15　时钟配置(二)

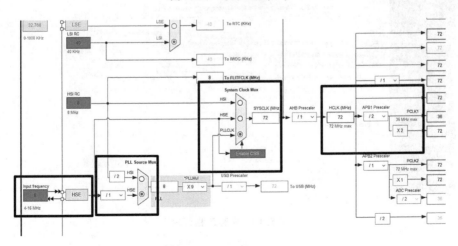

图 5.16　时钟配置(三)

⑦ 以上全部设置完毕之后,开始准备生成工程代码。在工程管理(Project Manager)设置工程名称(Project Name)、保存路径(Project Location),以及选择我们使用的开发工具(Toolchain /IDE)和版本(Min Version),如图 5.17 所示。

图 5.17　保存工程(一)

⑧ 设置完上述内容后可以再设置一下代码生成器 Code Generator,在这里的 Generator files 勾选上第一个选项,表示每一个模块都单独生成一个.c 和.h 文件,如图 5.18 所示。然后单击软件右上角选择 GENERATE CODE,生成工程代码。也可以直接单击软件右上角选择 GENERATE CODE 生成工程代码(参考图 5.19)。

Pinout & Configuration	Clock Configuration	Project Manager

Project

STM32Cube MCU packages and embedded software packs
- ● Copy all used libraries into the project folder
- ○ Copy only the necessary library files
- ○ Add necessary library files as reference in the toolchain project configuration file

Code Generator

Generated files
- ☑ Generate peripheral initialization as a pair of '.c/.h' files per peripheral
- ☐ Backup previously generated files when re-generating
- ☑ Keep User Code when re-generating
- ☑ Delete previously generated files when not re-generated

HAL Settings
- ☐ Set all free pins as analog (to optimize the power consumption)
- ☐ Enable Full Assert

Advanced Settings

Template Settings
Select a template to generate customized code　　　　　　Settings...

图 5.18　保存工程(二)

图 5.19　保存工程(三)

⑨ 创建完毕后会弹出如图 5.20 所示的界面,表示代码已经成功生成,现在打开生成工程的文件夹或打开生成的工程或关闭都可以。这里需要注意,看一下前面生成的路径里是否有中文,如果有中文,则生成代码失败。

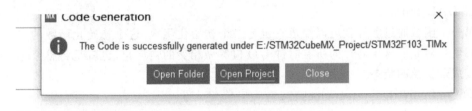

图 5.20　生成工程

5.5　例程分析

通过前面的配置可以得到创建好的定时器例程,接下来打开刚刚生成的工程文件,找到文件夹 MDK-ARM,然后选择里面的 Keil 文件打开即可,如图 5.21 所示。

骑 > 新加卷 (E:) > STM32CubeMX_Project > STM32F103_TIMx >			
名称	修改日期	类型	大小
Drivers	2021/8/7 17:03	文件夹	
Inc	2021/8/7 17:03	文件夹	
MDK-ARM	2021/8/7 17:03	文件夹	
Src	2021/8/7 17:03	文件夹	
.mxproject	2021/4/11 16:49	MXPROJECT 文件	6 KB
STM32F103_TIMx.ioc	2021/4/11 16:49	STM32CubeMX	5 KB

图 5.21　工程保存位置

5.5.1　源代码介绍

打开工程后,接下来的操作步骤与之前一样。首先打开 main.c,找到里面的 main 主函数,工程是从主函数开始到主函数结束的。main 主函数中的内容如下:

```
int main(void)
{
  HAL_Init();
  SystemClock_Config();
  MX_GPIO_Init();
  MX_TIM6_Init();
  while (1)
  { }}
```

以上部分就是 main 主函数的所有内容。通过上述代码可以看到,主函数中包含了四个函数以及一个 while 循环。其中前两个函数对我们来说目前不需要做过多的分析,主要看的是后面两个初始化函数,前两个函数我们简单介绍一下即可。

① HAL_Init();

第一个函数通过名称就可以知道它也是一个初始化函数,这个初始化函数的实际作用就是对我们这个芯片的所有时钟 I/O 口等做相关的初始化,也就是将整个芯片恢复成最初始的状态。

② Configure the system clock();

第二个函数是配置系统时钟函数,主要功能是确定我们所用的 8 MHz 的外部晶振经过分频、倍频之后产生系统工作频率 72 MHz,其中分频的系数以及倍频的倍数是多少。

③ MX_GPIO_Init();

```
void MX_GPIO_Init(void)
{ GPIO_InitTypeDef GPIO_InitStruct = {0};
  /* GPIO Ports Clock Enable */
  __HAL_RCC_GPIOB_CLK_ENABLE();
  /* Configure GPIO pin Output Level */
  HAL_GPIO_WritePin(LED1_GPIO_Port, LED1_Pin, GPIO_PIN_RESET);
  /* Configure GPIO pin : LED1_Pin */
  GPIO_InitStruct.Pin = LED1_Pin;                     //引脚编号
  GPIO_InitStruct.Mode = GPIO_MODE_OUTPUT_PP;         //推挽输出
  GPIO_InitStruct.Pull = GPIO_NOPULL;                 //不需要上下拉
  GPIO_InitStruct.Speed = GPIO_SPEED_FREQ_LOW;        //输出速度低速
  HAL_GPIO_Init(LED1_GPIO_Port, &GPIO_InitStruct);}
```

此函数的主要功能是对 LED1 的相关函数初始化,这里我们用的 I/O 口是 PB5,主要是用了"__HAL_RCC_GPIOB_CLK_ENABLE();"时钟使能的宏定义。所谓的宏定义其实就是说明首先它不是一个函数,虽然它写成了函数的样子,这让人很容易误会,但是通过在 Keil 中进行跳转,会发现这根本就不是函数,而是一个由 define 进行的宏定义。

在这个 MX_GPIO_Init() 函数中可以看到它还包含了其他函数:

HAL_GPIO_WritePin(LED1_GPIO_Port, LED1_Pin, GPIO_PIN_RESET);

此函数的作用是此 I/O 口的初始电平状态设置为低电平。

HAL_GPIO_Init()之后的这个函数是配置 GPIO 口的主要功能函数，此函数的第二个参数是一个结构体指针，结构体指针中包含的信息为：引脚编号（Pin）、引脚模式（Mode）、引脚上下拉（GPIO_NOPULL）以及输出速度（Speed），详细解释参考 GPIO 章节，这里就不再做过多说明。

④ MX_TIM6_Init();

```
TIM_HandleTypeDef htim6;
/* TIM6 init function */
void MX_TIM6_Init(void)
{TIM_MasterConfigTypeDef sMasterConfig = {0};
  htim6.Instance = TIM6;
  htim6.Init.Prescaler = 7200-1;
  htim6.Init.CounterMode = TIM_COUNTERMODE_UP;
  htim6.Init.Period = 10000;
  htim6.Init.AutoReloadPreload = TIM_AUTORELOAD_PRELOAD_ENABLE;
  if (HAL_TIM_Base_Init(&htim6) != HAL_OK)
  Error_Handler();
  sMasterConfig.MasterOutputTrigger = TIM_TRGO_RESET;
  sMasterConfig.MasterSlaveMode = TIM_MASTERSLAVEMODE_DISABLE;
  if (HAL_TIMEx_MasterConfigSynchronization(&htim6, &sMasterConfig) != HAL_OK)
    Error_Handler();
}
```

这个函数是定时器初始化函数，在此函数中主要是调用了定时器 HAL 库初始化函数，该函数的函数原型为

HAL_StatusTypeDef HAL_TIM_Base_Init (TIM_HandleTypeDef * htim);

函数功能是根据结构体成员对定时器进行初始化。函数参数是一个结构体指针，在生成此工程代码时已经在这个函数的上面定义好了一个全局结构体指针变量，而且由于我们定义的是结构体变量，所以此函数在填写参数时需要加上取地址，因为指针的本质就是地址。

定时器初始化函数的结构体成员主要有：Instance 表示我们使用的定时器是哪一个，我们这里用的是 TIM6，Prescaler 设置分频系数为 7 200-1，CounterMode 计数器计数模式为向上计数，Period 重装载值 10 000，以及最后的这个选择重装载使能 AutoReloadPreload。

在上面调用的定时器初始化函数中，我们设置了重装载值以及分频值，这里的数值不是我们随机给出的，而是经过相关计算后得出的，具体公式为

时间(s)＝计数周期/计数频率

计数频率(Hz)＝总线时钟频率/分频系数

注：时间单位是 s，计数频率单位是 Hz。

在上面的公式中，我们已知的是时间（自己想要计时多久都可以）。计数周期实

际上就是自动重装载值,时钟周期也是已知的。根据此定时器挂载在哪一根时钟总线上,就可以知道其时钟频率。分频系数也是可以给出的,

综上所述,未知的只有重装载值和分频系数,实际上这两个未知数是可以给出的,只需要给出一个值求另外一个值即可,这里一般是先给出分频系数,这样会比较好求一些。

主要求的是总线时钟频率,我们使用的 TIM6 挂载在 APB1 总线上,时钟频率为36 MHz,但是通过参考手册的时钟树可以知道,使用定时器时,需要看此定时器挂载的总线频率是否是系统时钟频率经过分频后得到的,如果分频系数为 1,则频率不变,否则无论分频系数为多少,都需要将当前挂载的总线的时钟频率×2,例如:TIM6挂载在 APB1 上,此时 APB1 的时钟频率为 36 MHz,然而系统时钟频率为72 MHz,所以可以得知其分频系数为 2.那么这里就需要将 APB1 总线频率×2,也就是说我们用的定时器 6 的时钟频率为 72 MHz。

$$1 \text{ MHz} = 1\,000\,000 \text{ Hz}$$

接下来继续计算,计数频率= 72 000 000 Hz/分频系数,分频系数最好的取值是跟 72 相关,这样再去计算重装载值时才好算一些。这里设置的分频系数为 7 200,这样最终得到的计数频率为 10 000,然后延时 1 s,则重装载值一下就能计算出来为10 000.也就是说 10 000 个数可以延时 1 s。那么在编写代码时为什么又将分频系数设为−1 呢?

其实是因为首先通过计算时间公式可以看出来,分频系数为分母,分母为 0 不合法,所以在设置分频系数时系统为了防止我们不小心写错,会默认将分频系数进行−1 的操作。

HAL _ StatusTypeDefHAL _ TIMEx _ MasterConfigSynchronization (TIM _ HandleTypeDef * htim,TIM_MasterConfigTypeDef * sMasterConfig)

此函数我们不必做过多的深究,这个函数是为主模式配置的,在这里表示不产生TRGO 信号,以及关闭从模式。

还有一个需要注意的函数,就是在定时器初始化函数后面的函数 HAL_TIM_Base_MspInit.此函数的功能是初始化定时器中断函数,这个函数我们不需要调用,其中主要包含的是开始 TIM6 时钟以及 TIM6 的中断使能。

5.5.2 添加代码

上述所介绍的代码都是直接生成的,直接生成的代码目前还不可以使用,因为我们没有设置任何触发条件,也就是说代码还不完整,那么就需要我们进行一系列的相关补充。

我们虽然设置好定时器的初始化函数了,也在 CubeMX 中设置了中断,但是它是不会直接运行的。如果想要运行定时器中断(或者所有的中断),则需要单独调用

使能中断函数。可以将我们要补充的代码放在主函数的 while 上,最好是放在 /* USER CODE BEGIN 2 */和/* USER CODE END 2 */之间,因为这里备注是用来写自己补充的代码的。

1. 时钟使能中断函数:HAL_TIM_Base_Start_IT

```
MX_GPIO_Init();
MX_TIM6_Init();
  if(HAL_TIM_Base_Start_IT(&htim6) != HAL_OK)
    Error_Handler();
```

注:这里的函数参数也是一个结构体指针,其实就是在定时器初始化时定义的结构体变量名,这个结构体变量名在生成这份代码时,系统已经给我们声明成全局的结构体变量了,在 time. h 中通过 extern 进行的声明,判断此函数的返回值是否为 0,如果为 0,则使能中断成功;如果不为 0,则执行其中的错误函数。

具体错误函数执行什么,自行写入即可。

2. 回调函数:HAL_TIM_PeriodElapsedCallback

```
__weak void HAL_TIM_PeriodElapsedCallback(TIM_HandleTypeDef * htim)
{
  /* Prevent unused argument(s) compilation warning */
  UNUSED(htim);
GPIOB->ODR ^= 1<<5;
  /* NOTE : This function should not be modified, when the callback is needed,
          the HAL_TIM_PeriodElapsedCallback could be implemented in the user file
  */
}
```

其实回调函数就相当于我们之前写的中断服务函数,只不过不需要判断中断标志位以及清除中断位而已(前提条件是只有一种中断)。回调函数不需要调用,当达到触发条件时就会自动进入回调函数内,我们需要做的就是当进入回调函数之后写需要执行的代码。

上面的代码中,表示进入回调函数之后,LED 灯状态取反。

5.5.3　编译下载

根据上面代码的介绍以及补充,就可以进行编译和下载到开发板这一步了。

通过上述例程我们重新复习了 GPIO 的配置以及 TIMx 定时器的基本配置,实现基本定时功能,实现了每秒钟切换 LED 灯的状态。

有关定时器的基本定时功能就介绍到这里了,其实对于 STM32 单片机来说,不仅仅有基本定时器,还有通用定时器以及高级定时器,它们的功能也更多,如输入捕获、输出比较、PWM 输入模式、强制输出模式、单脉冲模式、定时器同步,还有高级定时器的互补输出和死区插入功能等,读者在学习定时器时可以由浅入深,继续深挖其内容;另外,学习不是一朝一夕的,重在坚持。还有就是方向要走对,可以直接到网上搜索芯片的相关中文参考手册以及本书分析例程所使用的参考资料:UM1805 和 RM0008 手册,这样本书中没有的内容也可以自己进行分析解读了。

为了方便各位读者的使用,笔者直接把生成代码放在了百度网盘里,如有需要,可以自行下载。链接如下:

链接:https://pan.baidu.com/s/1Kr26bXKQQ02rwrP2zfJDgA

提取码:2naa

5.6 思考与练习

1. 通过芯片 STM32F103 的 RM0008 手册的第 17 章基本定时器,学习相应的定时器内容、功能模式以及定时器模块的介绍。

2. 通过芯片 STM32F103 的 HAL 库 UM1805 手册,复习相关 API 函数。

3. 复习芯片 STM32F103 的 RM0008 手册的第 17 章基本定时器资料后,举一反三,学习第 14、15、16 章中通用定时器以及高级定时器的内容。

4. 编写定时器延时函数:毫秒延时以及微秒延时。

5. 通过芯片 STM32F103 的 RM0008 手册的第 10 章,学习外部中断(EXTI)的内容。

第 **6** 章

外部中断

实时处理功能：在实时控制中，现场的各种参数、信息均随时间和现场而变化。这些外界变量可根据要求随时向 CPU 发出中断申请，请求 CPU 及时处理中断请求。

故障处理功能：针对难以预料的情况或故障，如掉电、存储出错、运算溢出等，可通过中断系统由故障源向 CPU 发出中断请求，再由 CPU 转到相应的故障处理程序进行处理。

分时操作：中断可以解决快速的 CPU 与慢速的外设之间的矛盾，使 CPU 和外设同时工作。CPU 在启动外设工作后继续执行主程序，同时外设也在工作。每当外设做完一件事就发出中断申请，请求 CPU 中断其正在执行的程序，转去执行中断服务程序（一般情况是处理输入/输出数据）；中断处理完之后，CPU 恢复执行主程序，外设也继续工作。这样，CPU 可启动多个外设同时工作，大大提高其效率。

中断是计算机中的一个十分重要的概念，在现代计算机中毫无例外地都要采用中断技术。什么是中断呢？可以举一个日常生活中的例子来说明。假如你正在给朋友写信，电话铃响了。这时，你放下手中的笔，去接电话。通话完毕，再继续写信。这个例子就表现了中断及其处理过程：电话铃声使你暂时中止当前的工作，而去处理更为急需处理的事情（接电话），把急需处理的事情处理完毕之后，再回头来继续原来的事情。在这个例子中，电话铃声称为"中断请求"，你暂停写信去接电话叫作"中断响应"，接电话的过程就是"中断处理"。相应地，在计算机执行程序的过程中，由于出现某个特殊情况（或称为"事件"），使得 CPU 中止现行程序，而转去执行处理该事件的处理程序（俗称中断处理或中断服务程序），待中断服务程序执行完毕，再返回断点继续执行原来的程序，这个过程称为中断。

接下来本章节将要带大家学习的就是中断的一种：外部中断。

6.1 中断介绍

6.1.1 中断概述

中断是指 CPU 在正常运行程序的时候，由于内部或者外部事件引起的 CPU 暂时中止执行现行程序，转而去执行请求 CPU 为其服务的那个外设或时间的服务程序,等到该程序执行完毕之后再返回被中止的程序的过程。通过嵌套向量中断控制器(NVIC),来对中断源发生中断后 CPU 优先处理谁进行排序。

引起中断的原因称为中断源,中断的执行过程又分为中断请求、中断优先级的判断(当有多个中断同时发生时,先执行谁就是根据这个优先级进行判断的)、中断响应、中断处理以及中断返回这几步。那么为什么要使用中断呢?

主要是因为操作系统开展管理工作,需要特权指令,运行在核心态,而中断可以使 CPU 从用户态切换为核心态,使操作系统获得计算机的控制权。而中断是用户态到核心态转换的唯一途径。有了中断才能实现多道程序的并发,提高运行效率。

6.1.2　中断过程

中断的执行过程如图 6.1 所示,CPU 从主函数看是执行主程序,在正常执行的过程中,突然间发生了中断请求,那么 CPU 就会在主函数当前执行的位置打一个断点,对中断发出响应,然后 CPU 转而去执行中断服务中的程序,执行完中断服务程序中的代码则会返回到刚刚被打断的那个位置,也就是说它会去找刚刚断点的位置,继续往下执行。这里需要注意的是,CPU 的中断响应以及中断返回都是自动的,不需要 CPU 处理,需要 CPU 做的就是处理进入中断服务程序之后的代码,所以只需要编写中断服务函数即可。这个中断服务函数不需要声明,不需要调用,一旦发生中断事件会自动进入到这个中断服务函数中。

又如,中断的执行过程就类似于:A 君在打游戏,突然间门铃响了,那么他就会把游戏进行暂停处理(单机游戏)或者进行存档,把游戏暂停或者存档的这个过程就类似于单片机的断点,这样回来时才能继续执行程序。A 君开门之后回到房间继续打游戏,这个中间开门的过程就相当于中断服务程序,有人敲门就是中断源,如图 6.2所示。

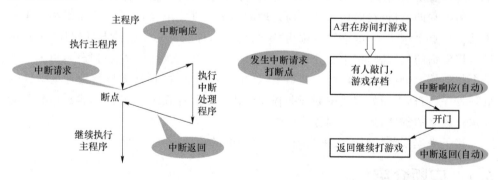

图 6.1　中断的执行过程　　　　图 6.2　实景中断执行过程

6.1.3　中断优先级

为使系统能及时响应并处理发生的所有中断,系统根据引起中断事件的重要性和紧迫程度,硬件将中断源分为若干个级别,称作中断优先级。

在实际系统中,常常遇到多个中断源同时请求中断的情况,这时 CPU 必须确定首先为哪一个中断源服务,以及服务的次序。解决的方法是中断优先排队,即根据中断源请求的轻重缓急,排好中断处理的优先次序即优先级(Priority),又称优先权,先响应优先级最高的中断请求。另外,当 CPU 正在处理某一中断时,要能响应另一个优先级更高的中断请求,而屏蔽掉同级或较低级的中断请求,形成中断嵌套。

为了防止发生有相同优先级的中断源出现,优先级又分为人为优先级和自然优先级。

人为优先级是由我们外界来确定的,人为优先级又分为两个:抢占优先级和响应优先级,当然有人把抢占优先级称为"主优先级",把响应优先级称为"亚优先级"或者"副优先级"。值得注意的是,优先级数字越小,优先级越高。

具有高抢占优先级的中断可以在具有低抢占优先级的中断处理过程中被响应,或者说是高抢占优先级的中断可以嵌套低抢占优先级的中断(也就是说抢占优先级决定中断可不可以嵌套)。

当两个中断源的抢占优先级相同时,则这两个中断源没有嵌套的关系,如果这两个中断源的优先级不同,则中断控制器 NVIC 就会根据响应优先级来判断优先处理哪一个中断源,如果抢占优先级和响应优先级都相同,则会根据自然优先级来进行判断。自然优先级是由厂家出厂的时候就已经设置好了的,所以自然优先级一定是不同的。

优先级判断顺序:

抢占优先级＞响应优先级＞自然优先级

6.1.4　中断优先级分组

优先级分为人为优先级以及自然优先级,其中人为优先级是由我们自行设置的,而且是数字越小,优先级越高。我们自己去设置这个优先级等级时,具体的取值是有一定范围的,这就涉及到了中断优先级的分组。在 Cortex_M 系列单片机中定义了 8 个位,用于设置中断源的优先级等级,这 8 个位在 NVIC 应用中断与复位控制寄存器(AIRCR)的中断优先级分组汇总,可以有 8 种分配方式,具体如表 6.1 所列。

表 6.1　中断优先级分组

优先级分组	中断优先级分组说明	抢占优先级等级范围	响应优先级等级范围	优先级编码
第 0 组	所有 8 位用于指定响应优先级	—	$0 \sim 2^8 - 1(255)$	0x07 111

优先级分组	中断优先级分组说明	抢占优先级 等级范围	响应优先级 等级范围	优先级编码
第 1 组	最高 1 位用于指定抢占优先级， 最低 7 位用于指定响应优先级	0～1	0～2^7-1(127)	0x06 110
第 2 组	最高 2 位用于指定抢占优先级， 最低 6 位用于指定响应优先级	0～3	0～2^6-1(63)	0x05 101
第 3 组	最高 3 位用于指定抢占优先级， 最低 5 位用于指定响应优先级	0～7	0～31	0x04 100
第 4 组	最高 4 位用于指定抢占优先级， 最低 4 位用于指定响应优先级	0～15	0～15	0x03 011
第 5 组	最高 5 位用于指定抢占优先级， 最低 3 位用于指定响应优先级	0～31	0～7	0x02 010
第 6 组	最高 6 位用于指定抢占优先级， 最低 2 位用于指定响应优先级	0～63	0～3	0x01 001
第 7 组	最高 7 位用于指定抢占优先级， 最低 1 位用于指定响应优先级	0～127	0～1	0x00 000

在进行中断源优先级等级的设置之前，需要做的就是对中断优先级进行分组，因为只有分组才能确定抢占优先级以及响应优先级的等级范围。这里需要注意，一个工程只允许有一个中断优先级分组，不允许出现多个优先级分组。这是必要条件。优先级分组时，需要将表 6.1 后面的优先级编码告诉 NVIC 控制器，而不是直接写前面的分组数值。

6.1.5 中断分类

STM32F1 系列单片机将中断分为内部中断和外部中断两大类，其中内部中断又分为片内中断以及内核中断。内核中断属于芯片的内核产生的中断，整个芯片上的中断都归 NVIC 管理，但是这里说的内核中断则不归 NVIC 管理，因为这个是属于内核的，直接由内核进行管理，剩下的片内中断以及外部中断都是由 NVIC 来确定优先级的高低，然后对中断源进行排序。

6.1.6 中断异常向量表

图 6.3 所示是中断异常向量表，由于表格很长，这里只是截取了部分内容，具体的异常向量表的内容可以在 RM0008 手册的 10.1.2 小节看到。通过其中的信息可以看到，整体分为灰色和白色两部分。上面的灰色部分就是之前所说的内核中断；下面的白色部分是 NVIC 能够控制的中断，包括片内中断以及外部中断。

Position	Priority	Type of priority	Acronym	Description	Address
-	-	-		Reserved	0x0000_0000
	-3	fixed	Reset	Reset	0x0000_0004
	-2	fixed	NMI	Non maskable interrupt. The RCC Clock Security System (CSS) is linked to the NMI vector.	0x0000_0008
	-1	fixed	HardFault	All class of fault	0x0000_000C
	0	settable	MemManage	Memory management	0x0000_0010
	1	settable	BusFault	Prefetch fault, memory access fault	0x0000_0014
	2	settable	UsageFault	Undefined instruction or illegal state	0x0000_0018
-	-	-		Reserved	0x0000_001C - 0x0000_002B
	3	settable	SVCall	System service call via SWI instruction	0x0000_002C
	4	settable	Debug Monitor	Debug Monitor	0x0000_0030
-	-	-		Reserved	0x0000_0034
	5	settable	PendSV	Pendable request for system service	0x0000_0038
	6	settable	SysTick	System tick timer	0x0000_003C
0	7	settable	WWDG	Window watchdog interrupt	0x0000_0040
1	8	settable	PVD	PVD through EXTI Line detection interrupt	0x0000_0044
2	9	settable	TAMPER	Tamper interrupt	0x0000_0048
3	10	settable	RTC	RTC global interrupt	0x0000_004C
4	11	settable	FLASH	Flash global interrupt	0x0000_0050
5	12	settable	RCC	RCC global interrupt	0x0000_0054
6	13	settable	EXTI0	EXTI Line0 interrupt	0x0000_0058
7	14	settable	EXTI1	EXTI Line1 interrupt	0x0000_005C
8	15	settable	EXTI2	EXTI Line2 interrupt	0x0000_0060
9	16	settable	EXTI3	EXTI Line3 interrupt	0x0000_0064
10	17	settable	EXTI4	EXTI Line4 interrupt	0x0000_0068
11	18	settable	DMA1_Channel1	DMA1 Channel1 global interrupt	0x0000_006C
12	19	settable	DMA1_Channel2	DMA1 Channel2 global interrupt	0x0000_0070
13	20	settable	DMA1_Channel3	DMA1 Channel3 global interrupt	0x0000_0074
14	21	settable	DMA1_Channel4	DMA1 Channel4 global interrupt	0x0000_0078
15	22	settable	DMA1_Channel5	DMA1 Channel5 global interrupt	0x0000_007C
16	23	settable	DMA1_Channel6	DMA1 Channel6 global interrupt	0x0000_0080

图 6.3　中断异常向量表

向量表中第一列为位置,就是中断源编号值,当发生中断时,中断源告诉 NVIC 此中断源的编号值是多少,那么 NVIC 就知道是哪一个中断源发出了中断请求。

第二列是自然优先级,在 6.1.3 小节介绍过,当至少有两个中断源发生中断时,会先判断抢占优先级,如果抢占优先级相同,就会判断响应优先级;如果响应优先级也相同,则会自动判断这个自然优先级,自然优先级数字越小,优先级越高。

后面的第三、第四、第五列各位读者看一下就可以了。还有一个需要注意的就是最后一列,这一列只是写了个地址,这表示的是中断服务函数的地址,在前面介绍中断过程时说过,当发生中断时,CPU 会自动去执行中断服务程序,且中断服务程序不需要声明,不需要调用,这主要就是因为中断服务函数的地址。C 语言中函数名字就是函数的首地址,所以中断服务函数的名字就是中断服务函数的地址,也就是这里的地址。那么具体的这个地址在编写代码时怎么去编写呢,在 6.2 节会有介绍。

6.2　外部中断介绍

6.2.1　外部中断概述

外部中断与内部中断(例如定时器产生中断,串口接收中断等)不同的是:外部中断由外部条件触发,比如按键触发。STM32 的每个 I/O 都可以作为外部中断输入。

STM32 的外部中断控制器(EXTI)支持 19 个外部中断/事件请求。线 0~15:对应外部 I/O 口的输入中断。线 16:连接到 PVD 输出。线 17:连接到 RTC 闹钟事件。线 18:连接到 USB 唤醒事件。虽然外部中断有 19 个,但是真正意义上的外部中断只有 16 个,另外 3 个是在芯片内部,但是它归属于外部中断 EXTI 模块。

每个输入线都可以独立地配置输入类型(脉冲或挂起)和对应的触发事件(上升沿、下降沿或者双边沿都触发)。每个输入线都可以独立地被屏蔽。挂起寄存器保持着状态线的中断请求。

从上面可以看出,STM32 供 GPIO 口使用的中断线只有 16 个(STM32F1 芯片引脚每组的端口编号都为 0~15),但是 STM32F10x 系列的 I/O 口多达上百个引脚(STM32F103ZET6(112)),那么中断线怎么跟 GPIO 口对应呢?从图 6.4 中可以看到:线 0~15 都是对应外部 I/O 口的输入中断,而一组 I/O 有 16 个 I/O 口,那么每组的 0 号 I/O 口映射到线 0,每组的 1 号 I/O 口映射到线 1,以此类推,但是在同一时刻只能有一个端口映射在外部中断线 0 上。

6.2.2　外部中断框图

具体的外部中断框图如图 6.5 所示,通过配置上升沿/下降沿触发选择寄存器,选择边沿检测电路所要检测的边沿跳变。这里的边沿信号可以设置为上升沿触发,也可以设置为下降沿触发,还可以设置为双边沿触发,也就是上升、下降沿触发。边沿检测电路根据输入线是否有相应的边沿跳变,若检测到,则输出信号 1,否则输出信号 0。

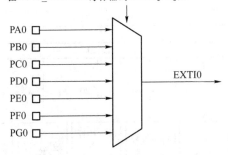

在ADIO_EXTICR1寄存器的EXTI0[3:0]位

PA0
PB0
PC0
PD0
PE0
PF0
PG0

EXTI0

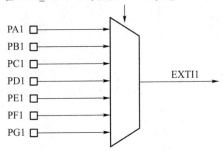

在ADIO_EXTICR1寄存器的EXTI1[3:0]位

PA1
PB1
PC1
PD1
PE1
PF1
PG1

EXTI1

图 6.4 外部中断映射图

接下来信号通过一个或门,或门以边沿检测电路、软件中断事件寄存器(中断事件可以通过软件产生)作为输入。两者之中有一个产生信号 1,或门就输出信号 1。或门输出的信号 1 发至请求挂起寄存器。请求挂起寄存器对应寄存器的位置 1,然后请求挂起寄存器会产生一个信号 1(这里的挂起寄存器就是中断标志位,一旦发生触发事件,则这个挂起寄存器对应的位就会置 1)。

请求挂起寄存器、中断屏蔽寄存器同时输出信号 1,则发出信号 1 到 NVIC 中断控制器。最后由 NVIC 控制器对此中断源的优先级进行查询排序。

6.2.3 外部中断优先级

在 6.1.4 小节我们介绍过中断优先级,中断优先级分为人为优先级以及自然优先级,人为优先级又分为抢占优先级和响应优先级;而且还介绍了设置优先级之前需要先设置优先级分组,且一个工程中只允许有一个中断优先级分组。Cortex_M 内核为我们提供了 8 个位来设置优先级分组情况,如表 6.1 所列。

我们使用的芯片 STM32 的内核是 Cortex_M3,该内核属于 Cortex_M 的一种,Cortex_M3 允许具有较少中断源时使用较少的寄存器位指定的优先级(也就是说 Cortex_M3 内核的中断源少,所以相应分配的优先级个数不会太多),因此 STM32 把指定的中断优先级的寄存器从 8 位减少到 4 位(AIRCR 寄存器的高 4 位)。具体这 4 位的分组如表 6.2 所列。

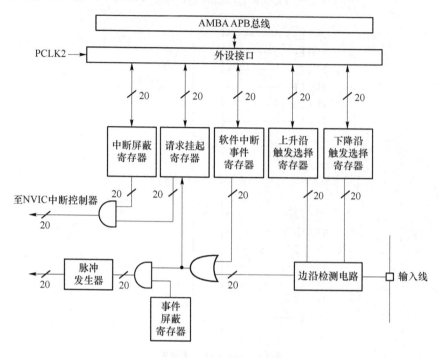

图 6.5　外部中断框图

表 6.2　STM32_M 中断优先级分组

优先级分组	中断优先级分组说明	抢占优先级 等级范围	响应优先级 等级范围	优先级编码
第 0 组	所有 4 位用于指定响应优先级	—	0~15	0x07
第 1 组	最高 1 位用于指定抢占优先级,最低 3 位用于指定响应优先级	0~1	0~7	0x06
第 2 组	最高 2 位用于指定抢占优先级,最低 2 位用于指定响应优先级	0~3	0~3	0x05
第 3 组	最高 3 位用于指定抢占优先级,最低 1 位用于指定响应优先级	0~7	0~1	0x04
第 4 组	所有 4 位用于抢占响应优先级	0~15	—	0x03

优先级分组需要注意的是,我们发送给 NVIC 中断分组的情况:发送的是后面的优先级编码,且一个工程只允许有一种分组。

6.3　新建例程

① 根据 MCU 型号创建工程,在弹出的界面直接单击 Cancel 取消等待,然后在弹出的界面中选择自己需要用到的芯片型号,参考 GPIO 新建工程章节。

② 在这里需要找到自己使用的芯片型号,打开芯片后第一步也是设置时钟,如图 6.6 所示选择外部高速时钟。

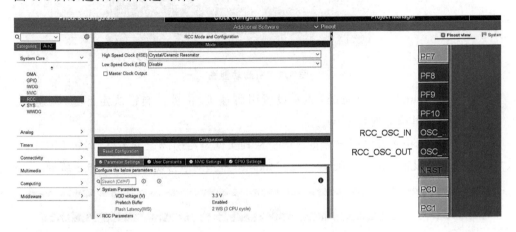

图 6.6　时钟源配置

③ 选择完时钟后开始配置 GPIO 口,这里所使用的 I/O 口如下:

LED:PB5,PE5;

按键:PE2,PE3。

这里需要通过按键控制 LED 灯的亮灭,所以 LED 还是配置为输出,按键则配置为外部中断模式。直接在引脚上找到需要使用的 GPIO 引脚,然后单击选择自己需要的功能,先大概对引脚有个设置,然后再具体对 GPIO 口进行配置。对于 PB5/PE5 引脚来说选择 GPIO_Output 输出功能,对于 PE2/PE3 引脚来说选择 GPIO_EXTI2/GPIO_EXTI3,如图 6.7 所示。

④ 选择好要使用的 GPIO 引脚之后,开始设置 GPIO 的相关参数。在左边的 System Core 选中 GPIO 就可以看到刚刚配置的引脚 PB5/PE5/PE2/PE3。首先来看对于 LED 灯引脚的设置。

- GPIO output level 表示引脚电平设置。这个引脚电平指的是初始电平。
- GPIO mode 表示 GPIO 模式,这里选择的是推挽输出 Output Push Pull。
- GPIO Pull-up/Pull-down 表示是否需要上下拉,选项有上拉、下拉和无上下拉,这里选择无上下拉 No pull-up and pull-down。

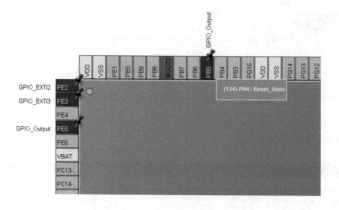

图 6.7　引脚功能图

- Maximum output speed 表示设置引脚速度，由我们自己决定低速/中速/高速，这里选择的是 Low。
- User Label 表示用户标签。这一栏其实就是给引脚设置名称，例如 LED1。

以上参数设置完成后会在最后面的 Modified 框里对应自动打勾，如图 6.8 所示。

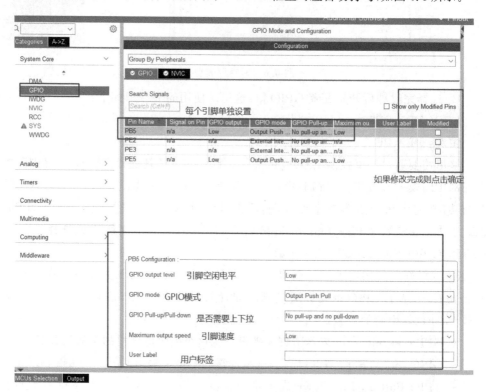

图 6.8　GPIO 配置

⑤ GPIO 口配置完毕，开始配置按键的外部中断。刚刚前面说过了配置的按键引脚为 PE2 和 PE3。在配置按键的参数时需要注意的是，GPIO mode 表示需要配置的边沿触发，选择是上升沿、下降沿还是双边沿触发。这里根据具体情况进行选择，配置 PE2 为上升沿触发中断 External Interrupt Mode with Rising edge trigger detection，PE3 为下降沿触发中断 External Interrupt Mode with Falling edge trigger detection。GPIO Pull-up/Pull-down 是选择是否需要上拉电阻、下拉电阻或者不需要上下拉电阻，这里选择默认，不需要上下拉电阻。最后一个选项 User Label 表示用户标签，这里没有设置（其实就是起个别名），如图 6.9、图 6.10、图 6.11 所示。

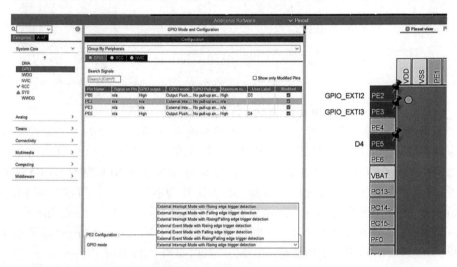

图 6.9　GPIO 口外部中断配置(一)

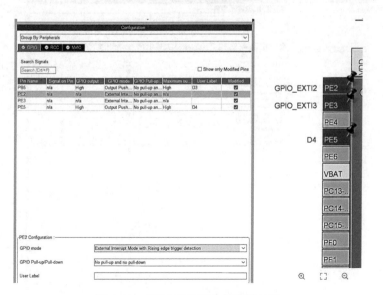

图 6.10　GPIO 口外部中断配置(二)

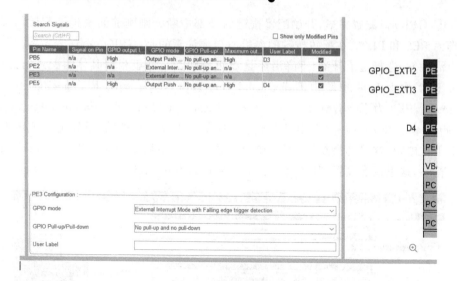

图 6.11 GPIO 口外部中断配置(三)

⑥ 配置好外部中断的触发方式后,还需要配置 NVIC(嵌套矢量中断控制器),因为最终芯片上的所有中断都是归 NVIC 进行调配。配置 NVIC 时,也是需要在软件的左侧 System Core 找到 NVIC 这一个选项,不要直接从刚刚设置 GPIO 口那里设置,因为在那里 NVIC 设置得不全面。在左边找到 NVIC 之后,可以看到 Priority Group,这是设置优先级分组,然后在下面的选项中选中 EXTI line2 interrupt 和 EXTI line3 interrupt,分别设置它们的抢占优先级(Preemption Prority)以及响应优先级(Sub Prority),最后中断使能(Enable)即可,如图 6.12 所示。

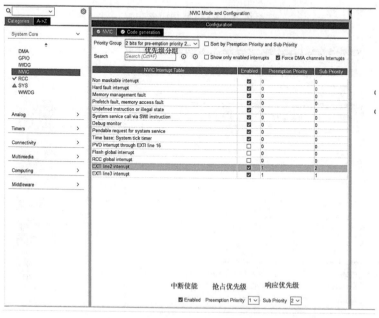

图 6.12 中断优先级配置

⑦ 设置时钟源,因为我们所使用的单片机的工作频率最大是 72 MHz,而外部中断需要大一点的时钟频率,所以说这里可以直接修改为 72 MHz 的频率。首先选择外部时钟晶振 8 MHz,然后经过 PLL 锁相环倍频器 9 倍频,选择锁相环时钟,最终系统工作频率为 72 MHz。最后需要 2 分频是因为 PCLK1 所允许的最大的频率为 36 MHz,如图 6.13 所示。

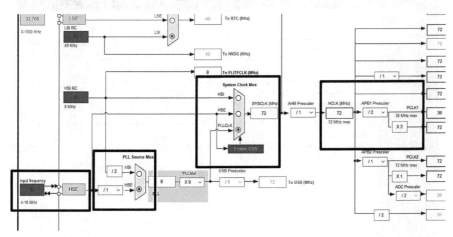

图 6.13　时钟配置

⑧ 在 Project Manager 里选中 Projrct,选择工程的名称(Project Name)以及设置工程的保存路径(Project Location),注意工程保存路径不能有中文,设置编译的环境(Toolchain/IDE)以及版本(Min Version),如图 6.14 所示。

图 6.14　保存工程(一)

⑨ 设置 Code Generator 进行工程文档的设置,如图 6.15 所示。第一栏选择只复制需要的 .c 和 .h,第二栏选择每个外设生成单独的 .c 和 .h 文件,因为后面的代码会越来越多,如果都写在一个 .c 和 .h 中,不方便后续对代码的分析,所以建议大家以后也修改成这样。

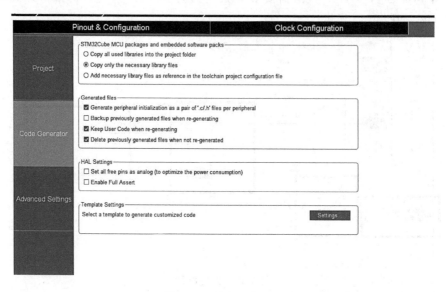

图 6.15　保存工程(二)

⑩ 设置完成后,单击 GENERATE CODE 生成工程文件。单击 Open Project,即可直接打开工程。

6.4　例程分析

6.4.1　源代码介绍

创建工程完毕后打开工程代码,还是先从 main 主函数看起。打开 main 主函数后,可以看到 main 主函数中的内容跟前面 LED 中介绍的相同,往下看可以看到 gpio.c 中是我们刚刚配置的 LED 灯和按键的初始化函数。如果这里忘记函数所代表的意义,可以右击进行跳转或者参考前面的 GPIO 章节。

```
int main(void)
{
  HAL_Init();
  SystemClock_Config();
  MX_GPIO_Init();
  while (1)
  {
  }}
```

通过 main 主函数中的代码发现，里面的函数之前都是分析过的，不过这里的 GPIO 函数与之前 LED 灯的初始化有些不一样，因为之前的 LED 灯初始化只是初始化了 GPIO 口，但是现在加上了中断。下面看一下 MX_GPIO_Init 函数：

```
void MX_GPIO_Init(void)
{
  GPIO_InitTypeDef GPIO_InitStruct = {0};
  /* GPIO Ports Clock Enable */
  __HAL_RCC_GPIOE_CLK_ENABLE();
  __HAL_RCC_GPIOB_CLK_ENABLE();
  /* Configure GPIO pin Output Level */
  HAL_GPIO_WritePin(D4_GPIO_Port, D4_Pin, GPIO_PIN_SET);
  /* Configure GPIO pin Output Level */
  HAL_GPIO_WritePin(D3_GPIO_Port, D3_Pin, GPIO_PIN_SET);
  /* Configure GPIO pin : PE2 */
  GPIO_InitStruct.Pin = GPIO_PIN_2;
  GPIO_InitStruct.Mode = GPIO_MODE_IT_RISING;
  GPIO_InitStruct.Pull = GPIO_NOPULL;
  HAL_GPIO_Init(GPIOE, &GPIO_InitStruct);
  /* Configure GPIO pin : PE3 */
  GPIO_InitStruct.Pin = GPIO_PIN_3;
  GPIO_InitStruct.Mode = GPIO_MODE_IT_FALLING;
  GPIO_InitStruct.Pull = GPIO_NOPULL;
  HAL_GPIO_Init(GPIOE, &GPIO_InitStruct);
  /* Configure GPIO pin : PtPin */
  GPIO_InitStruct.Pin = D4_Pin;
  GPIO_InitStruct.Mode = GPIO_MODE_OUTPUT_PP;
  GPIO_InitStruct.Pull = GPIO_NOPULL;
  GPIO_InitStruct.Speed = GPIO_SPEED_FREQ_HIGH;
  HAL_GPIO_Init(D4_GPIO_Port, &GPIO_InitStruct);
  /* Configure GPIO pin : PtPin */
  GPIO_InitStruct.Pin = D3_Pin;
  GPIO_InitStruct.Mode = GPIO_MODE_OUTPUT_PP;
  GPIO_InitStruct.Pull = GPIO_NOPULL;
  GPIO_InitStruct.Speed = GPIO_SPEED_FREQ_HIGH;
  HAL_GPIO_Init(D3_GPIO_Port, &GPIO_InitStruct);
  /* EXTI interrupt init */
  HAL_NVIC_SetPriority(EXTI2_IRQn, 1, 2);
  HAL_NVIC_EnableIRQ(EXTI2_IRQn);
  HAL_NVIC_SetPriority(EXTI3_IRQn, 1, 1);
  HAL_NVIC_EnableIRQ(EXTI3_IRQn);
}
```

下面分析 GPIO 函数中的代码。Configure GPIO pin Output Level 表示设置引脚初始状态：

void HAL_GPIO_WritePin（GPIO_TypeDef * GPIOx，uint16_tGPIO_Pin，GPIO_PinState PinState）

函数参数：

参数 1：GPIOx 表示选择 I/O 端口，x 可以是 A，B，C，D，…，I；

参数 2：GPIO_Pin 表示选择引脚，参数可以是 GPIO_Pin_X，X 可以是 0～15；

参数 3：PinState 指定要写入的值，该值可以取 GPIO_PinState 枚举值之一(0/1)。

函数返回值：无。

注：可以看到生成的代码和函数原型中需要填写的参数有点出入。其实不然，只是因为使用 STM32CubeMX 软件后，生成的代码给我们进行了宏定义，在我们的代码中右击跳转到 Definition，就可以看到其实写的内容跟上面介绍的一样。

下面就是 HAL_GPIO_Init 引脚初始化功能了。

void HAL_GPIO_Init (GPIO_TypeDef ＊ GPIOx，GPIO_InitTypeDef ＊ GPIO_Init)

函数功能：GPIO 引脚初始化函数。

函数参数：

参数 1：GPIOx 表示选择 I/O 端口，x 可以选择 A，B，C，…，I；

参数 2：GPIO_Init 是一个指针变量，是指向 GPIO_InitTypeDef 结构的指针，包含了 GPIO 口的配置信息，具体描述参考上一章节 LED。

函数返回值：无。

通过代码可以看到后面调用了 4 次这个引脚初始化函数，这是因为在设置时设置了 4 个 GPIO 引脚，引脚初始化函数后面还有 NVIC 外部中断配置函数，配置的外部中断 2 和外部中断 3 的抢占优先级和响应优先级都是之前在 STM32CubeMX 中配置的。下面分析一下这两个函数：

void HAL_NVIC_SetPriority(IRQn_Type IRQn，uint32_t PreemptPriority，uint32_t SubPriority)

函数功能：NVIC 中断源以及优先级配置。

函数参数：

参数 1：IRQn 表示需要设置的具体中断源的编码值，可以在 stm32f10xx.h 中找到；

参数 2：PreemptPriority 表示需要设置的具体的抢占优先级；

参数 3：SubPriority 表示需要设置的具体的响应优先级。

注：这里的优先级不是自己随意设置的，应根据中断分组来决定抢占和响应优先级的取值范围。具体的中断优先级分组在配置 CubeMX 时就已经配置了。

函数返回值：无。

void HAL_NVIC_EnableIRQ(IRQn_Type IRQn)

函数功能：使能中断源。

函数参数：IRQn 表示需要使能的具体的中断源。

函数返回值：无。

对于初始化函数的分析就到这里，下面看一下具体的中断服务函数。

　　对于整个工程的中断服务函数,STM32CubeMX 软件帮我们单独存放在 stm32f1xx_it.c 中了。刚刚创建的外部中断的中断服务函数如下:

```
void EXTI2_IRQHandler(void)
{
  /* USER CODE BEGIN EXTI2_IRQn 0 */
  /* USER CODE END EXTI2_IRQn 0 */
  HAL_GPIO_EXTI_IRQHandler(GPIO_PIN_2);
  /* USER CODE BEGIN EXTI2_IRQn 1 */
  /* USER CODE END EXTI2_IRQn 1 */
}
/**
  * @brief This function handles EXTI line3 interrupt.
  */
void EXTI3_IRQHandler(void)
{
  /* USER CODE BEGIN EXTI3_IRQn 0 */
  /* USER CODE END EXTI3_IRQn 0 */
  HAL_GPIO_EXTI_IRQHandler(GPIO_PIN_3);
  /* USER CODE BEGIN EXTI3_IRQn 1 */
  /* USER CODE END EXTI3_IRQn 1 */
}
```

　　通过上面的代码可以看到,无论是外部中断 2 还是外部中断 3,在中断服务函数内部都有一个函数,但是具体的这个函数的功能还不确定,那么可以跳转过这个函数的定义去看一下。右击选择 Go To Definition,就可以看到这个函数现在的定义。

```
void HAL_GPIO_EXTI_IRQHandler(uint16_t GPIO_Pin)
{
  /* EXTI line interrupt detected */
  if (__HAL_GPIO_EXTI_GET_IT(GPIO_Pin) != 0x00u)
  {
    __HAL_GPIO_EXTI_CLEAR_IT(GPIO_Pin);
    HAL_GPIO_EXTI_Callback(GPIO_Pin);
  }
}
```

　　跳转后可以看到,此函数在 stm32f1xx_hal_gpio.c 中。这个函数内部有三个函数,首先是有一个判断,__HAL_GPIO_EXTI_GET_IT 这个函数的功能是判断是否发生了中断。然后判断里面还有两个函数,这两个函数的功能是 __HAL_GPIO_EXTI_CLEAR_IT 清除标志位和 HAL_GPIO_EXTI_Callback 进入中断回调。

　　这里跟我们平时使用的寄存器版本或者库函数版本的中断服务函数有些不大一样。在 HAL 库中,中断运行结束后,不会立即退出中断,而是先进入相应的中断回调函数,执行完回调函数之后,才会退出中断,所以说我们应把进入中断后要执行的代码写入到中断回调函数中。下面来看回调函数的内容:

```
__weak void HAL_GPIO_EXTI_Callback(uint16_t GPIO_Pin)
{
  UNUSED(GPIO_Pin);
    if(KEY1_GPIO_PIN == GPIO_Pin)
    {
// HAL_Delay(10);  // 消抖
      if(HAL_GPIO_ReadPin(GPIOE,KEY1_GPIO_PIN) == KEY1_TOUCH)
      {
        LED1_ON_OFF;
      }
      __HAL_GPIO_EXTI_CLEAR_IT(GPIO_Pin);
    }
  else if(KEY2_GPIO_PIN == GPIO_Pin)
    {
// HAL_Delay(10);  // 消抖
      if(HAL_GPIO_ReadPin(GPIOE,KEY2_GPIO_PIN) == KEY2_TOUCH)
      {
        LED2_ON_OFF;
      }
      __HAL_GPIO_EXTI_CLEAR_IT(GPIO_Pin);
    }
}
```

回调函数中主要是判断按键是否按下并进行了按键的消抖。对于按键来说,必须要经过的步骤就是按键消抖,这是因为目前我们用得最多的就是机械按键,而机械按键又叫机械弹性开关,在按键的内部会有一个小弹簧来实现按键的功能。那么既然是弹簧就一定会有抖动,按键最大的危害就是会引起一次按下按键而多次执行代码,所以必须要做的就是按键的消抖。这里所用到的按键的消抖就是延时消抖,就是如果检测到按键按下不是立即响应工作,而是延时等待一段时间后再次判断按键是否按下,如果这个时候确定按键是按下的状态,则表示按键是真的按下了,但是由于这个回调函数最终是中断服务函数调用的,中断服务函数中最好不要出现延时,因为中断主要讲究的就是快进快出,所以在上面的代码中将按键的消抖延时给注释掉了。

对于外部中断来说,本章节中不需要添加代码即可实现功能,当然,如果需要的功能与代码有所出入,也可以自行在回调函数中进行修改。

6.4.2 编译下载

通过前面的代码分析可以知道,我们需要实现功能的代码存放在外部中断的回调函数中,而且本章节生成的工程代码暂时不需要进行添加修改,那么接下来开始进行编译、下载。

在编译下载之前,大家千万不要忘记勾选图 6.16 中的选项("魔术棒"→"Debug"→"Settings"→"Flash Download"→"Reset and Run"),不然你会发现代码总是不能实现功能。其实是已经可以实现功能了,只不过没有勾选这里的话需要按下复位键才会执行,否则只是下载成功而已,根本不能实现功能。

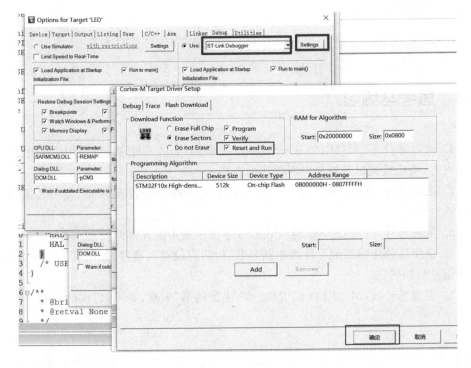

图 6.16 Keil 编译配置

在 Keil 中单击编译下载,然后运行,可以先看到如图 6.17 所示的界面,然后按下按键 1 就会看到如图 6.18 所示的界面,按下按键 2 则另外一个灯亮。本次工程最终实现的功能是按下按键能实现 LED 灯状态的切换。

图 6.17 运行结果(一)

图 6.18 运行结果(二)

为了方便读者的使用,笔者直接把生成的代码放在百度网盘里了,大家有需要的可以自行下载,链接如下:

链接:https:// pan. baidu. com/s/1wiZ9T8—D60H9HRxyDqFkfw

提取码:kwcj

6.5　思考与练习

1. 通过芯片 STM32F103 的 RM0008 手册的第 10 章中断,学习相应的中断寄存器内容、功能模式以及外部中断框图的介绍。

2. 通过芯片 STM32F103 的 HAL 库的 UM1805 手册的第 17 章,复习相关 API 函数。

3. 复习芯片 STM32F103 的 RM0008 手册中的中断异常向量表内容。

4. 使用红外传感器编写外部中断函数,检测有没有人通过,如果有人通过,则用红外信号切换状态。

5. 通过芯片 STM32F103 的 RM0008 手册的第 18 章,学习 RTC 的内容。

第 7 章

RTC 实时时钟

早期 RTC 产品实质是一个带有计算机通信口的分频器。它通过对晶振所产生的振荡频率分频和累加,得到年、月、日、时、分、秒等时间信息,并通过计算机通信口送入处理器处理。这一时期 RTC 的特征如下:在控制口线上为并行口;功耗较大;采用普通 CMOS 工艺;封装为双列直插式;芯片普遍没有现代 RTC 所具有的万年历及闰年、月自动切换功能,也无法处理 2000 年问题。其现在已经被淘汰。

在 20 世纪 90 年代中期出现了新一代 RTC,它采用特殊 CMOS 工艺;电流大为降低,典型值为 $0.5\,\mu A$ 以下;供电电压仅为 $1.4\,V$ 以下;与计算机通信口也变为串行方式,出现了诸如三线 SIO/四线 SPI,部分产品采用两线 I2C 总线;包封上采用 SOP/SSOP 封装,体积大为缩小;功能上,片内智能化程度大幅提高,具有万年历功能,输出控制也变得灵活多样。其中日本 RICOH 推出的 RTC 甚至已经出现时基软件调校功能(TTF)及振荡器停振自动检测功能,而且芯片的价格极为低廉。目前,这些芯片已被客户大量使用。

最新一代 RTC 产品中,除了包含第二代产品所具有的全部功能外,更加入了复合功能,如低电压检测、主备用电池切换、抗印制板漏电功能,且本身封装体积更小(高度为 $0.85\,mm$,面积仅为 $2\,mm \times 2\,mm$)。

众所周知,绝大部分数码产品都需要具备时间显示功能,如计算机、手机、智能穿戴、GPS、车载设备、网络监控等,因此 RTC 在人们日常生活中得到最为广泛的应用。RTC 为我们提供精确的实时时间(TIME),或者为电子系统提供精确的时间基准。目前实时时钟芯片大多采用精度较高的石英晶体谐振器或石英晶体振荡器作为时钟信号源。

7.1   RTC 概述

RTC 全称 Real Time Clock,即实时时钟,指可以像时钟一样输出实际时间的电子设备,一般为集成电路,因此也称为时钟芯片。RTC 模块拥有一组连续计数的计数器,在相应软件配置下,可提供时钟日历的功能。修改计数器的值可以重新设置系统当前的时间和日期。

实时时钟芯片是日常生活中应用最为广泛的消费类电子产品之一。它为人们提供精确的实时时间，或者为电子系统提供精确的时间基准。目前实时时钟芯片大多采用精度较高的晶体振荡器作为时钟源。有些时钟芯片为了在主电源掉电时还可以工作，需要外加电池供电。

实时时钟是单片机计时的时钟或独立的可被单片机访问的时钟。它可以通过外部扩展芯片得到，如 1302、1307、12887、3130、12020、m41t81、6902、8025。它有并口，有串口；有的自带电池，有的外部供电，看实际需要设计。这些时钟无一例外地用到了 32 768 Hz。这是因为它们用了同一个计时 IC 核，低频功耗更低，更容易校表和 1 Hz 计时精密实现。

7.2   RTC 供电

在断电情况下 RTC 仍可以独立运行，只要芯片的备用电源一直供电，RTC 上的时间就会一直走。

RTC 实质上是一个掉电后还继续运行的定时器，从定时器的角度来看，相对于通用定时器 TIM 外设，它的功能十分简单，只有计时功能（也可以触发中断）。但其高级之处也就在于掉电之后还可以正常运行。

两个 32 位寄存器包含二进码十进数格式（BCD）的秒、分、小时（12 或 24 小时制）、星期、日期、月份和年份。此外，还可提供二进制格式的亚秒值。系统可以自动将月份的天数补偿为 28、29（闰年）、30 和 31 天。

上电复位后，所有 RTC 寄存器都会受到保护，以防止可能的非正常写访问。

无论器件状态如何（运行模式、低功耗模式或处于复位状态），只要电源电压保持在工作范围内，RTC 便不会停止工作。

7.3   RTC 特征

- 可编程的预分频系数：分频系数最高为 2^{20}。
- 32 位的可编程计数器，可用于较长时间段的测量。
- 2 个分离的时钟：用于 APB1 接口的 PCLK1 和 RTC 时钟（RTC 时钟的频率必须小于 PCLK1 时钟频率的 1/4 以上）。
- 可以选择以下 3 种 RTC 的时钟源：
    - HSE 时钟除以 128；
    - LSE 振荡器时钟；
    - LSI 振荡器时钟。
- 2 个独立的复位类型：
    - APB1 接口由系统复位；
    - RTC 核心（预分频器、闹钟、计数器和分频器）只能由后备域复位。

- 3 个专门的可屏蔽中断:
  -闹钟中断,用来产生一个软件可编程的闹钟中断。
  -秒中断,用来产生一个可编程的周期性中断信号(最长可达 1 s)。
  - 溢出中断,指示内部可编程计数器溢出并回转为 0 的状态。

7.4　RTC 框图

RTC 的整个内部框图由两部分组成:

第一部分是 APB1 总线。这个接口主要是用来和 APB1 总线连接,进而通过 APB1 总线访问 RTC 的相关寄存器。

第二部分是 RTC 的内部模块。这是 RTC 的核心部分。这个核心部分由一组可编程的计数器组成,这个计数器也分成了两部分:第一部分是 RTC 的预分频模块(如图 7.1 所示),它可以产生 1 s 的 RTC 时间基准 TR_CLK,RTC 模块总共包含了 20 位的可编程预分频器(RTC 预分频将这 20 位分为了高位寄存器 4 位以及低位寄存器 16 位,具体可参考 7.5 小节 RTC 时钟源选择)。如果在 RTC_CR 寄存器中设置了相应的中断使能位,则在每个 TR_CLK 周期就可以产生一个中断(秒中断)。第二部分是一个 32 位的可编程计数器(RTC_CNT)(如图 7.2 所示),可以被初始化为系统的当前时间。这个 RTC_CNT 计数器会按键 TR_CLK 周期进行累加计数,最大可以记录 2^{32} s(4 294 967 296 s),大概是 136 年,这作为一般应用已经足够了。在图 7.3 中可以看到下面还有一个 RTC_ALR 寄存器,这是一个闹钟寄存器,系统会按照 TR_CLK 周期进行累加计数,并会与存储在 RTC_ALR 寄存器中的可编程时间进行对比,如果发现时间匹配且我们又设置了闹钟中断,则会产生一个闹钟中断。

APB1 接口主要是用来对 RTC 寄存器进行访问的,实际上 RTC 内核是完全独立于 APB1 总线接口的,RTC 的相关寄存器只会在 RTC 的 APB1 时钟进行重新同步的 RTC 时钟的上升沿时被更新,所以在读取 RTC 寄存器时必须先等待寄存器同步标志位(RTC_CRL 的 RSF 位)被硬件置 1 才可以读。

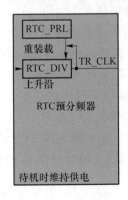

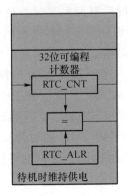

图 7.1　RTC 预分频模块　　**图 7.2　RTC 计数器模块**

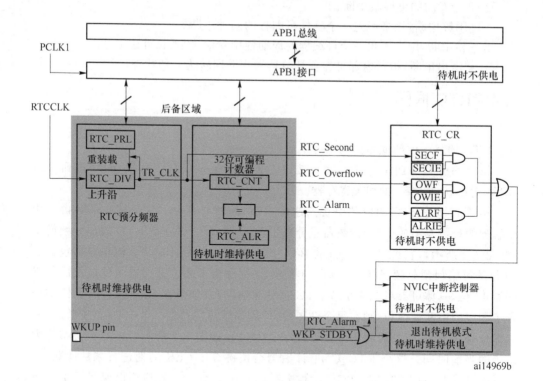

图 7.3 RTC 内部框图

7.5 RTC 时钟源选择

对于 RTC 时钟源,可以选择使用 HSE(外部高速时钟)或者 LSI(内部低速时钟),但需要注意的是,如果使用了 HSE 或者 LSI,在主电源 VDD 掉电时,这两个时钟都会受到影响,从而导致 RTC 不能正常计时,所以一般都会使用 LSE(外部低速时钟),这个 LSE 的频率为实时时钟模块中常用的 32.768 kHz,这个频率的晶振主要是根据 RTC 的预分频寄存器得到的。由图 7.4 可以看到,RTC 的预分频寄存器分成了高位寄存器和低位寄存器,其中低位寄存器的位数为 16 位(0:15),高位寄存器是 4 位(19:16)。这个 RTC 预分频模块,可以编程产生最长 1 s 的 RTC 时间基准 TR_CLK,而正好 $32\,768 = 2^{15}$,分频很容易就能实现最终达到 1 Hz 的频率,所以 32.768 kHz 的晶振(LSE)被广泛应用到 RTC 模块上。

由图 7.5 可以看到,RTC 的时钟源有三种,这个图是在 STM32F1XX 手册的第 6 章时钟树中截取的部分图,这里也可以看出 RTC 的时钟源有三个,具体使用哪一个可以自己根据情况而定。

16.4.3　RTC预分频装载寄存器(RTC_ PRLH/RTC_ PRLL)

预分频装载寄存器用来保存RTC预分频器的周期计数值。它们受RTC__CR寄存器的RTOFF位保护，仅当RTOFF值为1时允许进行写操作。

RTC预分频装载寄存器高位(RTC_PRLH)

偏移地址：0×08

只写(参见16.3.4小节)

复位值：0×0000

15	14	13	12	11	10	9	8	7	6	5	4	3	2	1	0
保留												PRL[19:16]			
												w	w	w	w

位15:6	保留，被硬件强制为0。
位3:0	PRL[19:16]：RTC预分频装载值高位(RTC prescaler reload value high) 根据以下公式，这些位用来定义计数器的时钟频率； $f_{TR\_CLK}=f_{RTCCLK}/(PRL[19:0]+1)$ 注：不推荐使用0值，否则无法正确地产生RTC中断和标志位。

RTC预分频装载寄存器低位(RTC_PRLL)

偏移地址：0×0C

只写(参见16.3.4节)

复位值：0×8 000

15	14	13	12	11	10	9	8	7	6	5	4	3	2	1	0
PRL[15:0]															
w	w	w	w	w	w	w	w	w	w	w	w	w	w	w	w

| 位15:0 | PRL[15:0]：RTC预分频装载值低位
 根据以下公式，这些位用来定义计数器的时钟频率；
 $f_{TR\_CLK}=f_{RTCCLK}/(PRL[19:0]+1)$
 注：如果输入时钟频率是32.768 kHz(f_{RTCCLK})，这个寄存器中写入7FFFh可获得周期为1 s的信号。 |

图 7.4　RTC 预分频寄存器

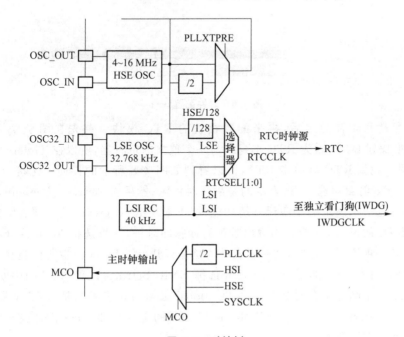

图 7.5　时钟树

7.6 新建例程

① 打开 STM32CubeMX 软件,找到所需要的芯片型号。接下来设置时钟。本次使用的 RTC 模块的时钟源有三个:内部低速时钟 LSI、外部高速时钟 HSE 以及外部低速时钟 LSE。我们首选的是外部低速时钟,因为其时钟频率为 32.768 kHz,方便后面设置预分频值。如图 7.6 所示,先在左边选中 System Core,然后在这里选择 RCC,在这个界面里可以看到 High Speed Clock(HSE),这是选择外部高速时钟的,这里直接单击 Crystal/Ceramic Resonator 选择使用外部晶振。当然这一项可选可不选,因为我们用的是外部低速时钟,外部高速无所谓,Low Speed Clock(LSE)这一项才是选择外部低速时钟的,这一项也选择为 Crystal/Ceramic Resonator 时钟外部晶振。这里配置完成后可以看到芯片那里的晶振引脚会自动选择外部晶振,如图 7.7 所示。

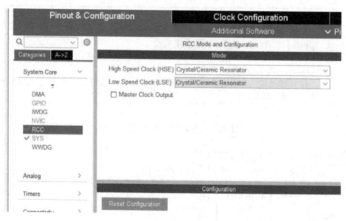

图 7.6 时钟配置(一)

② 配置完时钟源之后,再来配置相关的 RTC 模块。首先在图 7.7 左边的 Timers 中找到 RTC,因为 RTC 本身就是一个独立的定时器,所以在 Timers 定时器这一栏里。找到 RTC 后单击 RTC,可以看到如图 7.8 所示的界面。先将 Activate Clock Source 前面勾选上,这表示的是激活时钟源;然后将 Activate Canlendar 的前面也选中,这一栏表示的是激活日历功能;接下来是 RTC OUT,这一项表示的是是否开启 RTC 的 PC13 引脚作为输出矫正的秒脉冲时钟,这里选择 No RTC Output。Tamper 这一项不需要选中,这一项表示的是是否开启 RTC 入侵检测校验功能。然后在这个界面下,下面的 Configuration 选择 NVIC Setting,设置 RTC 的中断功能。对于 RTC 的中断这里有两个选项,RTC global interrupt 表示的是 RTC 全局中断,RTC alarm interrupt through EXTI line 17 表示的是 RTC 的闹钟中断,这里没有设置中断,所以就没有配置。

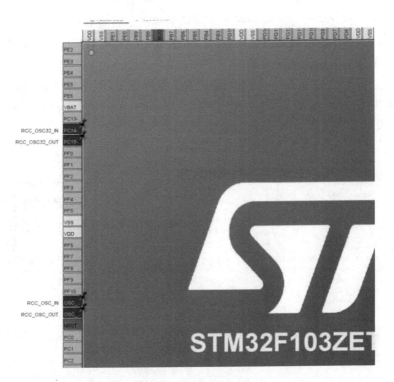

图 7.7 时钟配置(二)

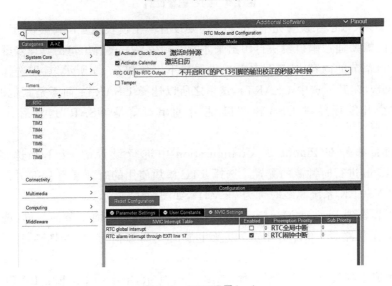

图 7.8 RTC 配置(一)

③ 还是看 RTC 当前这个界面。前面是在 RTC 选项下的 Configuration 界面选择的 NVIC Setting,目的是设置 RTC 的中断。接下来设置 RTC 的时间。也是在 Configuration 界面选择第一项 Parameter Settings,这一项表示设置 RTC 的基本参

数。打开这一栏之后可以看到如图 7.9 所示的界面。设置日历时间 Calendar Time 中的 Data Format 表示数据的格式,设置 BCD data format 时间格式为 BCD 码格式。Hours 表示我们要设置的时间是 17 点,Minutes 设置分钟为 51 分,Seconds 设置秒钟为 0 秒。下面的 General 一栏不需要设置。日历日期 Calendar Date 第一项 Week Day 设置为 Saturday,第二项 Month 设置为 August,第三项 Date 设置为 7,最后一项 Year 设置为 21。

图 7.9　RTC 配置(二)

④ RTC 大致已经设置完毕,接下来还要设置一个模块就是串口模块,因为 RTC 显示的时间需要通过串口模块打印出来才能看到效果。设置串口的具体步骤可以参考前面串口章节的内容,这里只是简单设置一下。如图 7.10 所示,首先选择左边的 Connectivity,在其下选中 USART1,这里之所以选择 USART1 而不是其他的串口,是因为这个开发板经过 USB 转 TTL 芯片的串口就是 USART1,然后选择使能串口。

⑤ 前面都是在 Pinout & Configuration 中进行设置的,接下来选择 Clock Configuration 进行时钟源的配置。选择 RTC 模块使用的时钟源为 LSE 外部低速时钟,设置 SYSCLK 系统总线时钟为 72 MHz,如图 7.11 所示。

⑥ 工程管理 Project Manager 选项设置。这一项与前面章节的一样,选择设置工程名称、工程路径(不许有中文)以及生成的代码如何存放,如图 7.12、图 7.13 所示。

⑦ 生成工程代码并且打开工程,如图 7.14 所示,单击图中 GENERATE CODE 生成代码。

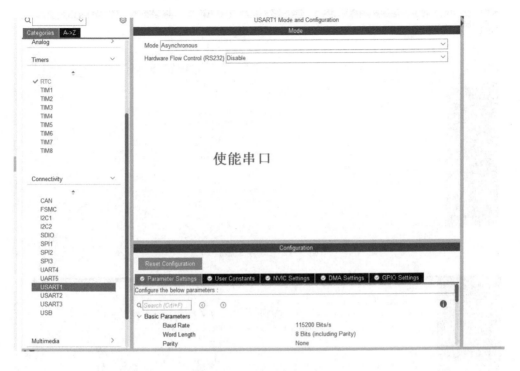

图 7.10　串口配置

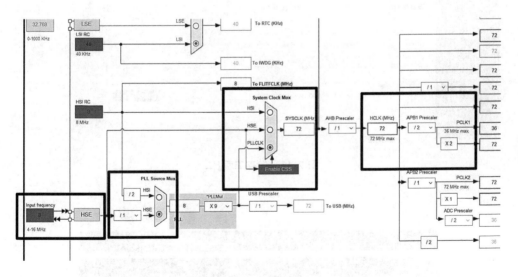

图 7.11　时钟配置

Project Settings

Project Name
RTC

Project Location
F:\E盘\STM32CubeMX_Project\RTC   Browse

Application Structure
Basic   ☐ Do not generate the main()

Toolchain Folder Location
F:\E盘\STM32CubeMX_Project\RTC\RTC\   设置保存路径

Toolchain / IDE   Min Version
MDK-ARM   V5   ☐ Generate Under Root

Linker Settings
Minimum Heap Size   0x200
Minimum Stack Size   0x400

Mcu and Firmware Package
Mcu Reference

图 7.12　保存工程(一)

Project

STM32Cube MCU packages and embedded software packs
○ Copy all used libraries into the project folder
◉ Copy only the necessary library files   复制所用的文件的.c和.h
○ Add necessary library files as reference in the toolchain project configuration file

Generated files
☑ Generate peripheral initialization as a pair of '.c/.h' files per peripheral   生成单独的.c和.h
☐ Backup previously generated files when re-generating
☑ Keep User Code when re-generating
☑ Delete previously generated files when not re-generated

Code Generator

HAL Settings
☐ Set all free pins as analog (to optimize the power consumption)
☐ Enable Full Assert

Advanced Settings

Template Settings
Select a template to generate customized code   Settings...

图 7.13　保存工程(二)

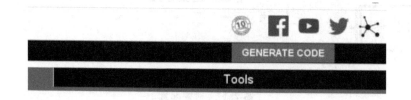

GENERATE CODE

Tools

图 7.14　生成工程

7.7　例程分析

7.7.1　源代码介绍

打开工程代码之后,打开 main 主函数,可以看到主函数代码:

```
int main(void)
{
  HAL_Init();
  SystemClock_Config();
  MX_GPIO_Init();
  MX_RTC_Init();
  MX_USART1_UART_Init();
  while (1)
  {  }}
```

main 主函数中的代码从上往下看,第一个代码为 HAL_Init。这个函数是 HAL 库函数初始化函数,主要是对我们的芯片有一个基本的配置。右击跳转到这个函数定义的位置,看一下这个函数中的主要内容:

```
HAL_StatusTypeDef HAL_Init(void)
{
  /* Configure Flash prefetch */
#if (PREFETCH_ENABLE != 0)
#if defined(STM32F101x6) || defined(STM32F101xB) || defined(STM32F101xE) || defined
(STM32F101xG) || \
    defined(STM32F102x6) || defined(STM32F102xB) || \
    defined(STM32F103x6) || defined(STM32F103xB) || defined(STM32F103xE) || defined
(STM32F103xG) || \
    defined(STM32F105xC) || defined(STM32F107xC
  /* Prefetch buffer is not available on value line devices */
  __HAL_FLASH_PREFETCH_BUFFER_ENABLE();
#endif
#endif /* PREFETCH_ENABLE */
  /* Set Interrupt Group Priority */
  HAL_NVIC_SetPriorityGrouping(NVIC_PRIORITYGROUP_4);
  /* Use systick as time base source and configure 1ms tick (default clock after Reset
is HSI) */
  HAL_InitTick(TICK_INT_PRIORITY);
  /* Init the low level hardware */
  HAL_MspInit();
  /* Return function status */
  return HAL_OK;
}
```

通过上述代码可以大概看出这个函数的主要功能首先是对芯片进行选型,确定本次使用的芯片的名称以及一些基本存储电源的配置。

主函数中的第二个函数就是 SystemClock_Config,通过这个函数的名称可以看出这是一个跟时钟相关的函数。函数跳转,可以看到其中的代码如下:

```
void SystemClock_Config(void)
{
  RCC_OscInitTypeDef RCC_OscInitStruct = {0};
  RCC_ClkInitTypeDef RCC_ClkInitStruct = {0};
  RCC_PeriphCLKInitTypeDef PeriphClkInit = {0};
  RCC_OscInitStruct.OscillatorType = RCC_OSCILLATORTYPE_HSE|RCC_OSCILLATORTYPE
_LSE;
  RCC_OscInitStruct.HSEState = RCC_HSE_ON;
  RCC_OscInitStruct.HSEPredivValue = RCC_HSE_PREDIV_DIV1;
  RCC_OscInitStruct.LSEState = RCC_LSE_ON;
  RCC_OscInitStruct.HSIState = RCC_HSI_ON;
  RCC_OscInitStruct.PLL.PLLState = RCC_PLL_ON;
  RCC_OscInitStruct.PLL.PLLSource = RCC_PLLSOURCE_HSE;
  RCC_OscInitStruct.PLL.PLLMUL = RCC_PLL_MUL9;
  if (HAL_RCC_OscConfig(&RCC_OscInitStruct) != HAL_OK)
  {
    Error_Handler();
  }
  RCC_ClkInitStruct.ClockType = RCC_CLOCKTYPE_HCLK|RCC_CLOCKTYPE_SYSCLK
                                |RCC_CLOCKTYPE_PCLK1|RCC_CLOCKTYPE_PCLK2;
  RCC_ClkInitStruct.SYSCLKSource = RCC_SYSCLKSOURCE_PLLCLK;
  RCC_ClkInitStruct.AHBCLKDivider = RCC_SYSCLK_DIV1;
  RCC_ClkInitStruct.APB1CLKDivider = RCC_HCLK_DIV2;
  RCC_ClkInitStruct.APB2CLKDivider = RCC_HCLK_DIV1;
  if (HAL_RCC_ClockConfig(&RCC_ClkInitStruct, FLASH_LATENCY_2) != HAL_OK)
  {
    Error_Handler();
  }
  PeriphClkInit.PeriphClockSelection = RCC_PERIPHCLK_RTC;
  PeriphClkInit.RTCClockSelection = RCC_RTCCLKSOURCE_LSE;
  if (HAL_RCCEx_PeriphCLKConfig(&PeriphClkInit) != HAL_OK)
  {
    Error_Handler();
  }
}
```

这表示我们选择了外部高速时钟 HSE 以及外部低速时钟 LSE。外部高速时钟 HSE 经过分频、倍频之后,获取到 72 MHz 的系统总线频率,还设置了外部低速时钟 LSE 用做 RTC 时钟源。

主函数的第三个函数这里就不做过多分析了,这个函数就是 GPIO 口函数的初始化。接下来的函数为 MX_RTC_Init,其主要内容如下:

```
RTC_HandleTypeDef hrtc;
void MX_RTC_Init(void)
{
  RTC_TimeTypeDef sTime = {0};
  RTC_DateTypeDef DateToUpdate = {0};
  hrtc.Instance = RTC;
  hrtc.Init.AsynchPrediv = RTC_AUTO_1_SECOND;
  hrtc.Init.OutPut = RTC_OUTPUTSOURCE_NONE;
  if (HAL_RTC_Init(&hrtc) != HAL_OK)
  {
    Error_Handler();
  }
  sTime.Hours = 0x17;
  sTime.Minutes = 0x51;
  sTime.Seconds = 0x0;
  if (HAL_RTC_SetTime(&hrtc, &sTime, RTC_FORMAT_BCD) != HAL_OK)
  {
    Error_Handler();
  }
  DateToUpdate.WeekDay = RTC_WEEKDAY_SATURDAY;
  DateToUpdate.Month = RTC_MONTH_AUGUST;
  DateToUpdate.Date = 0x7;
  DateToUpdate.Year = 0x21;
  if (HAL_RTC_SetDate(&hrtc, &DateToUpdate, RTC_FORMAT_BCD) != HAL_OK)
  {
    Error_Handler();
  }
}
```

　　这个函数的主要功能就是 RTC 模块的相关初始化代码了。下面分析这个函数的主要功能。

　　可以看到这个函数刚开始时是对一个结构体进行赋值,而且最终是将这个结构体传参给 HAL_RTC_Init 这个函数,接下来分析一下。

　　函数原型:HAL_StatusTypeDef HAL_RTC_Init(RTC_HandleTypeDef *hrtc)

　　函数功能:初始化 RTC 外设。

　　函数参数:指向 RTC_HandleTypeDef 结构的指针,该结构体包含了 RTC 的配置信息。

　　函数返回值:HAL,状态,表示初始化成功与否,为 0 则表示初始化成功。

　　这个初始化函数主要看的就是参数,参数又是一个结构体指针。通过代码可以看到传递的参数为一个地址,指针的本质就是地址,所以我们定义的就是一个结构体变量。在上面代码的第一行就是定义的这个结构体的变量,具体这个结构体中到底有哪些成员,继续跳转来看一下:

```
typedef struct
# endif / * (USE_HAL_RTC_REGISTER_CALLBACKS) * /
{
  RTC_TypeDef                * Instance;   /* ! < Register base address     * /
  RTC_InitTypeDef            Init;         /* ! < RTC required parameters    * /
  RTC_DateTypeDef            DateToUpdate;
  HAL_LockTypeDef            Lock;         /* ! < RTC locking object        * /
  __IO HAL_RTCStateTypeDef State;          /* ! < Time communication state * /
# if (USE_HAL_RTC_REGISTER_CALLBACKS == 1)
  void ( * AlarmAEventCallback)(struct __RTC_HandleTypeDef * hrtc);
  void ( * Tamper1EventCallback)(struct __RTC_HandleTypeDef * hrtc);
  void ( * MspInitCallback)(struct __RTC_HandleTypeDef * hrtc);
  void ( * MspDeInitCallback)(struct __RTC_HandleTypeDef * hrtc);
# endif / * (USE_HAL_RTC_REGISTER_CALLBACKS) * /
} RTC_HandleTypeDef;
```

跳转后可以看到上面的结构体代码。我们可以自己进行一下跳转,发现这个结构体成员的类型也是一个结构体。第一个结构体成员是 RTC_TypeDef * Instance,这个结构体成员主要设置的是 RTC 的基址;第二个结构体成员是 RTC_InitTypeDef Init,这个结构体成员主要是基本配置;第三个结构体成员是 RTC_DateTypeDef DateToUpdate,这个结构体成员用来对注册基地址用户设置当前的日期以及更新的日期;第四个结构体成员是 HAL_LockTypeDef Lock,这个与 RTC 的锁对象相关;最后一个结构体成员 __IO HAL_RTCStateTypeDef State,表示状态,通过 RTC 初始化函数的代码可以知道,主要用到的结构体成员就是 RTC_TypeDef * Instance 以及 RTC_InitTypeDef Init。

首先为结构体成员 Instance 赋值为 RTC,表示是 RTC 模块;接下来配置的就是结构体成员 Init 中的成员了,这个 Init 的类型为 RTC_InitTypeDef。跳转看一下这个结构体成员,可以看到如下代码:

```
typedef struct
{
  uint32_t AsynchPrediv;
  uint32_t OutPut;
} RTC_InitTypeDef;
```

第一个成员表示选择 RTC 的时基(RTC 异步预分频的值),通过备注可以知道,如果将这个成员设置为 RTC_AUTO_1_SECOND,则表示时基为 1 s。

第二个成员表示修改 RTC 引脚上的信号,在代码中设置为 0,不修改。

通过调用 HAL_RTC_Init 函数并且将前面赋值的结构体变量传递给 HAL_RTC_Init 函数,判断其返回值的状态,如果返回值为 0,则表示初始化成功,否则失败。执行错误代码函数 Error_Handler,具体如果发生错误想要执行什么,则由自己进行编写。

再往下可以看到下面的代码：

```
sTime.Hours = 0x17;
sTime.Minutes = 0x51;
sTime.Seconds = 0x0;
if (HAL_RTC_SetTime(&hrtc, &sTime, RTC_FORMAT_BCD) != HAL_OK)
{
    Error_Handler();
}
```

这个代码表示设置时间，然后将设置的时间传递给 HAL_RTC_SetTime。上面这几个数值就是我们前面在 STM32CubeMX 设置的时间，这里则变成了 BCD 码格式。

BCD 码实际上就是一个十进制数用 4 个二进制数表示，例如：我们设置小时为 17 点，其 BCD 码就是 0001 0111，其变成十六进制就是 0x17。

下面来分析一下 HAL_RTC_SetTime 这个函数。

函数原型：

HAL_StatusTypeDef HAL_RTC_SetTime（RTC_HandleTypeDef * hrtc, RTC_TimeTypeDef * sTime, uint32_t Format)

函数功能：设置 RTC 时间。

函数参数：

- hrtc：指向 RTC_HandleTypeDef 结构的指针，该结构包含 RTC 的配置信息。
- sTime：指向结构体 RTC_TimeTypeDef 的指针，该结构体包含了设置 RTC 的时间信息。
- Format：指定的输入的参数格式，如果设置为 0 则表示为二进制格式，如果设置为 1 则表示为 BCD 格式。

函数返回值：若设置完成后的状态为 0，则表示设置时间成功。

通过上面对 RTC 设置时间函数的分析可以知道，第一个参数实际上就是 RTC 的初始化使用的结构体，这里直接使用结构体变量即可；第二个参数为设置时间的结构体指针，设置 RTC 的小时、分以及秒；第三个参数与我们在 STM32CubeMX 中设置时使用的输入参数的格式保持一致，使用的是 BCD 格式，所以第三个参数代码中编写的是 RTC_FORMAT_BCD，这是一个宏定义，跳转过去可以看到这表示的就是 1，使用 BCD 格式。返回值判断是否等于 0，如果为 0 则表示设置成功。

再往下的函数就是设置日期函数了。设置日期函数与设置时间函数比较相似，大家直接参考设置时间的函数分析即可。

对于 RTC 的初始化函数就分析到这里。从 main 主函数中可以看到，RTC 函数的下面是串口初始化函数。对于串口初始化函数，大家可以参考前面串口章节代码分析的内容。

7.7.2 添加代码

通过分析上面的代码,相信大家对 RTC 有了基本的认识,最终我们需要实现的功能就是在串口助手上打印 RTC 的时间,并且让其 1 s 进行一次切换。对于 STM32CubeMX 生成的代码来说,只能是实现功能,具体实现的效果是看不出来的,这就需要我们添加一部分代码进行打印了。既然想要打印出最终的结果,就需要使用 C 语言常用到的函数 printf 来标注输出函数。在前面串口章节中介绍过,在单片机中想要使用 printf 函数,则必须要修改其底层函数 fputc;想要修改其底层函数,则也需要包含 printf 函数的头文件 stdio.h。我们添加的这个 printf 函数的底层函数代码,可以写在任何一个.c 文件中,这个函数编写完成后不需要声明,之后直接使用 printf 函数打印即可。这里是添加到 main 主函数的上方了,具体代码如下:

```
# include"stdio.h"
int fputc(int data,FILE * file)
{
  uint8_t temp = data;
  HAL_UART_Transmit (&huart1,&temp ,1,2);
  return data;
}
```

将 printf 函数的底层函数添加完毕之后,想要打印出结果,则需要不停地调用 printf 函数以及 RTC 时间和日期获取函数,这里是直接在 main 主函数的 while(1) 中添加的。

```
while (1)
{HAL_RTC_GetTime(&hrtc ,&GetTime ,RTC_FORMAT_BIN );
 HAL_RTC_GetDate(&hrtc ,&GetData ,RTC_FORMAT_BIN );
 printf(" %02d- %02d- %02d\r\n",2000+GetData.Year ,GetData.Month ,GetData.Date );
 printf(" %02d- %02d- %02d\r\n",GetTime.Hours ,GetTime.Minutes ,GetTime.Seconds );
 printf("week: %d\r\n",GetData.WeekDay );
 HAL_Delay (1000);  }
```

还有一个地方需要注意,上面在 while 循环中编写的读取时间日期函数,是存储在一个结构体中了,而且结构体命名为获取时间 GetTime 和获取日期 GetData,这两个结构体变量是在 main 主函数的上面定义的全局变量,当然这里也可以定义在函数的内部。

另外,在打印年份时,给读出来的年份加上了一个 2000,这是因为我们所设置的年份或读出来的年份,都是没有世纪的,所以这个世纪需要手动添加。

```
/ * USER CODE BEGIN 0 * /
RTC_DateTypeDef GetData;
RTC_TimeTypeDef GetTime;
/ * USER CODE END 0 * /
```

7.7.3　编译下载

添加代码完毕后,还是进行编译下载。编译之前,需要先设置几个东西。单击"魔术棒"Options for Target 'RTC',在 Target 选项选择 Use MicroLIB,这样串口才能供我们进行打印,如图 7.15 所示。设置完串口显示之后,还要设置 Debug 这一选项,USe 选择下载方式为 ST_LINK 下载,单击 Settings,会弹出 Cortex-M Target Driver Setup,选中 Flash Download,将里面的 Reset and Run 勾选上,这样,下载完代码后就可以直接运行程序了,如图 7.16 所示。

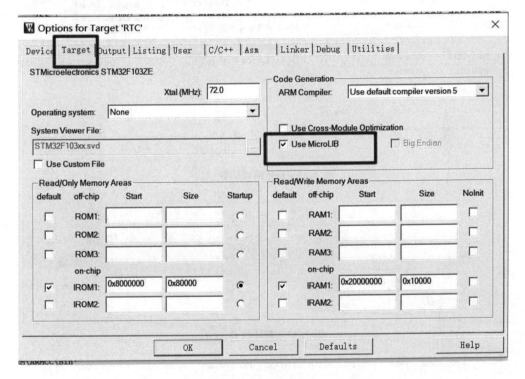

图 7.15　keil 编译配置(一)

配置完上面的步骤之后接下来直接单击工程的左上角 Build(如图 7.17 所示)进行编译,如果编译没有问题,则单击 Download(如图 7.18 所示)下载程序代码。

下载完代码后会在串口助手上看到刚刚设置的日期以及时间,由于在主函数的 while 循环中添加了读取函数(具体代码在前面添加代码章节),而且是 1 s 的间隔读取一次,所以会在串口助手上看到每秒时间会发生一次变化,而且 RTC 模块自带日历功能,所以时间会在 60 s 变换为 1 min,日期也是每个月自动计算天数以及计算平年、闰年的天数。具体效果如图 7.19 所示。

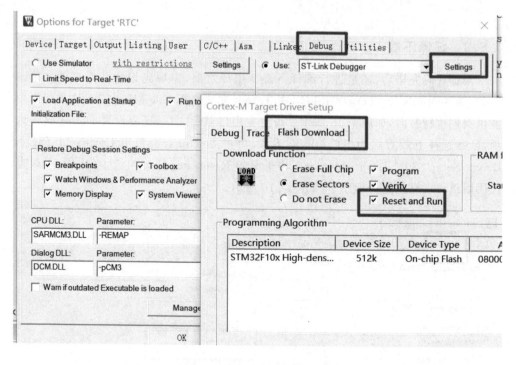

图 7.16 keil 编译配置(二)

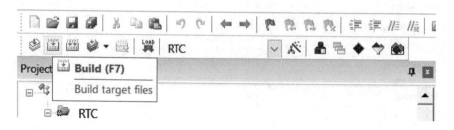

图 7.17 编译代码(一)

图 7.18 编译代码(二)

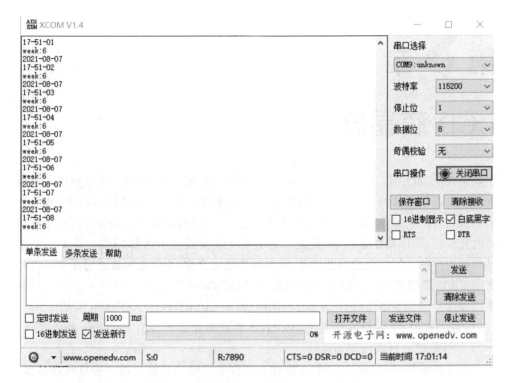

图 7.19　运行结果

为了方便各位读者的使用,笔者直接把生成代码放在下面的百度云链接里,大家有需要的可以自行下载。

链接:https://pan.baidu.com/s/1H1nzyqwHPGo1YdxxIB231A
提取码:9s9x

7.8　思考与练习

1. 复习第 4 章串口、相关 API 函数以及 printf 函数的底层函数的内容。

2. 通过芯片 STM32F103 的 HAL 库 UM1805 手册的第 32 章,复习相关 API 函数。

3. 复习芯片 STM32F103 的 RM0008 手册的第 18 章 RTC 模块,复习相关信息以及相关寄存器的内容。

4. 编写 RTC 时钟中断,通过网络找到 RTC 是如何获取网络时间的,然后将网络时间显示出来。

5. 在网上查找有关 LCD 屏的参考资料,自行了解 LCD 显示驱动器。

第**8**章

LCD 液晶屏

　　早在 19 世纪末,奥地利植物学家就发现了液晶,即液态的晶体,也就是说一种物质同时具备了液体的流动性和类似晶体的某种排列特性。在电场的作用下,液晶分子的排列会产生变化,从而影响到它的光学性质,这种现象叫作电光效应。利用液晶的电光效应,英国科学家在 20 世纪制造了第一块液晶显示器即 LCD。今天的液晶显示器中广泛采用的是定线状液晶,如果从微观去看它,会发现它特像棉花棒。与传统的 CRT(显像管)相比,LCD 不但体积小、厚度薄(目前 14.1 in(1 in＝2.54 cm)的整机厚度可做到只有 5 cm)、重量轻、耗能少($1\sim10\ \mu W/cm^2$)、工作电压低($1.5\sim6\ V$),且无辐射、无闪烁并能直接与 CMOS 集成电路匹配。由于优点众多,LCD 从 1998 年开始进入台式机应用领域。

　　液晶显示屏(LCD)是用于数字型钟表和许多便携式计算机的一种显示器类型。LCD 显示使用了两片极化材料,在它们之间是液体水晶溶液。电流通过该液体时会使水晶重新排列,以使光线无法透过它们。因此,每个水晶就像百叶窗,既能允许光线穿过又能挡住光线。液晶显示器(LCD)目前都朝着轻、薄、短、小的目标发展。传统的显示方式如 CRT 显像管及 LED 显示板等,皆受制于体积过大或耗电量甚巨等因素,无法满足使用者的实际需求。而液晶显示技术的发展正好契合目前信息产品的潮流,其直角显示、低耗电量、小体积、零辐射等优点,都能让使用者享受到最佳的视觉环境。

8.1　液晶屏介绍

　　随着人们生活水平的提高,液晶显示产品越来越多,单纯的显示技术已经无法满足人们的需求,因此液晶屏得到了广泛的应用。目前市面上常见的显示器有:CTR显示器、LCD 显示器、OLED 显示器。下面分析这几种显示器的优缺点。

(1) CRT 显示器(如图 8.1 所示)

　　CRT 显示器是一种使用阴极射线管的显示器。阴极射线管主要由五部分组成,分别是电子枪、偏转线圈、荫罩、荧光粉层及玻璃外壳。它是应用最广泛的显示器之一。CRT 纯平显示器具有可视角度大、无坏点、色彩还原度高、色度均匀、可调节的多分辨率模式、响应时间极短等 LCD 显示器难以超过的优点。但是目前市面上

CRT 显示器还是被淘汰了,主要原因是其体积大、清晰度差(重影、聚焦不实)以及辐射超标(CRT 显示器的光线通过阴极管发出,同时也发出了辐射,这些辐射对人体是有害的,虽然由于众多安全规范标准及严格的 TCO9x 标准的推出,CRT 显示器在辐射方面已经得到了极大的改善,但是仍然有些低档显示器的辐射明显是超标的)。

(2) LCD 显示器(如图 8.2 所示)

LCD 显示器即液晶显示器,优点是机身薄、占地小、辐射小。LCD 液晶显示器的工作原理是,在显示器内部有很多液晶粒子,它们有规律地排列成一定的形状,并且它们每一面的颜色都不同,分为红色、绿色、蓝色。这三原色能还原成任意的其他颜色。当显示器收到计算机发送的数据时,会控制每个液晶粒子转动到不同颜色的面,来组合成不同的颜色和图像。也因为这样,液晶显示器的缺点是色彩不够鲜艳、可视角度不大等。

　　图 8.1　CRT 显示器　　　　　　　　图 8.2　LCD 显示器

(3) OLED 显示器(如图 8.3 所示)

它是一种通过控制半导体发光二极管来显示文字、图形、图像、动画、行情、视频、录像信号等各种信息的显示屏幕。OLED 显示器已广泛应用于大型广场、商业广告、体育场馆、信息传播、新闻发布、证券交易等,可以满足不同环境的需要。

图 8.3　OLED 显示器

市面上常用的显示器中最多的还是 LCD 显示器和 OLED 显示器,下面分析一下它们的优缺点(其实所谓 LCD 的优势就是 OLED 的劣势,LCD 的劣势就是 OLED 的优势)。

- 最主要的区别是它们的发光方式。LCD 发光(或者说显示内容)主要靠的是背光,而 OLED 能实现自发光(也可以理解为每个像素点都可以发光,而 LCD 就算想要显示一个像素点,也要整个背光板都打开才能看见)。
- OLED 可显示纯黑。LCD 有个致命缺陷,液晶层不能完全闭合。LCD 显示黑色的时候,会有部分光穿过颜色层,所以 LCD 黑色实际上是黑白两色混合的灰色。而 OLED 是正宗的黑色。
- OLED 不漏光。LCD 有背光层,LCD 显示器的背光容易从屏幕和边框的缝隙漏出去,会产生漏光现象。
- OLED 厚度小。OLED 薄很多。LCD 由于背光层和液晶层的存在,会比 OLED 厚很多。
- OLED 可弯曲。同样因为背光层和液晶层的存在,LCD 的屏幕不能大幅度弯曲,所以市面上的手机曲面屏,大部分都是 OLED 的。
- OLED 色彩鲜艳。OLED 对比度完胜,对比度越高,图像越清晰醒目,色彩也越鲜明艳丽。
- OLED 可实现单独亮点。OLED 可以做到某些区域单独发光,所以可以拥有锁屏常亮显示时间这些功能。
- OLED 耗电程度低。OLED 是像素点发光,该工作的工作,不该工作的关闭,而 LCD 是全部工作,所以注定 LCD 耗电。
- OLED 屏幕响应时间短。像素点由颜色 1 转变为颜色 2 是要时间的,这个时间称为灰阶响应时间。该时间太长,会导致视觉上出现残影,影响视觉效果,OLED 几乎没有拖延。
- OLED 是有机材料,寿命比 LCD 无机材料短很多。一用四年成为奢望。
- OLED 烧屏。像素点发光,导致屏幕各个像素点老化程度不一样。但只要保证亮度在 60% 以下,手机不长时间显示一个画面,能保证三年以后才会有肉眼可见的烧屏出现。
- OLED 频闪。OLED 在低亮度下会有比较明显的频闪(灯泡一闪一闪的感觉),有些人会有明显的不适应,觉得眼睛难受,头晕。其对眼睛伤害很大,也常被 LCD 党诟病。
- OLED 像素密度点低。在分辨率相同的情况下,OLED 屏幕清晰度会小一点。
- LCD:RGB 像素排列,可以保证子像素全面展示,成像画面自然。
- OLED:两种像素需要借助邻近像素才能成像,成像画面存在彩边锯齿。

根据上面的相关介绍,相信大家也区分开了各种屏幕,本章我们用的就是 LCD 屏,所以后面主要介绍的都是 LCD 屏的内容。当然,如果大家对其他的屏幕感兴趣,也可以到网上查看相关资料,这里对于其他的屏幕就不做过多介绍了。

8.2　TFT – LCD 概念

TFT – LCD 是一种薄膜场效应晶体管液晶显示器,其英文缩写为 Thin Film Transistor – Liquid Crystal Display。TFT – LCD 主要由两部分组成:
- TFT:Thin Film Transistor——薄膜晶体管("真彩");
- LCD:Liquid Crystal Display——液晶显示器。

由于 TFT – LCD 屏具有体积小、解析度高、重量轻、辐射低、功耗低、全彩化、便于携带等优点,在各类显示器材上得到广泛的应用。

TFT – LCD 是目前唯一在亮度、对比度、功耗、寿命、体积和重量等综合性能上全面赶上和超过 CRT 的显示器。它的性能优良,大规模生产特性好,自动化程度高,成本低,发展空间广阔,将迅速成为 21 世纪的主流产品。

8.3　TFT – LCD 特点

- 环保特性好:无辐射,无闪烁,对使用者的健康没有损害。
- 制造技术的自动化程度高,大规模工业化生产特性好,TFT – LCD 产业技术成熟,大规模生产的成品率达到 90% 以上。
- TFT – LCD 易于集成化和更新换代,是大规模半导体集成电路技术和光源技术的完美结合,目前有非晶、多晶和单晶硅 TFT – LCD,将来还会有其他材料的 TFT – LCD。
- 使用特性好,低压应用,低驱动电压,固体化使用,安全性和可靠性提高;平板化,又轻又薄,节省了大量原材料和使用空间;低功耗,它的功耗约为 CRT 的 1/10,反射式 TFT – LCD 的功耗甚至只有 CRT 的 1/100 左右,节省了大量的能源。
- TFT – LCD 显示屏的显示效果非常地逼真,色彩还原度远超其他种类的显示屏,呈现给用户的画面色彩鲜艳,饱和度高,纯白、纯黑画面非常地纯净,是专业人士非常认可的显示屏幕之一。
- 适用温度范围宽,在 $-20 \sim +50$ ℃ 的温度范围内都可以正常使用。经过温度加固处理的 TFT – LCD,低温工作温度可达到 -80 ℃,既可作为移动终端显示、台式终端显示,又可作为大屏幕投影电视,是性能优良的全尺寸视频显示终端。
- 任何产品有好的方面,也会有其不好的方面。而 TFT – LCD 显示屏的缺点就体现在亮度的局限性上,由于其超薄的外形无法实现超高亮度的需求,往往在亮度上会存在一定的限制。

8.4 LCD 控制器

无论什么显示器,其原理都是对数量众多的灯泡进行点亮和熄灭的操作。又由于灯泡的数量过于巨大,不可能用微控制器直接控制,因此需要借助控制器进行控制;对于 LCD 来说,就是借助 LCD 控制器进行控制。

一个完整的显示控制系统由 MCU 单片机、显示控制器以及显示屏组成,如图 8.4 所示。

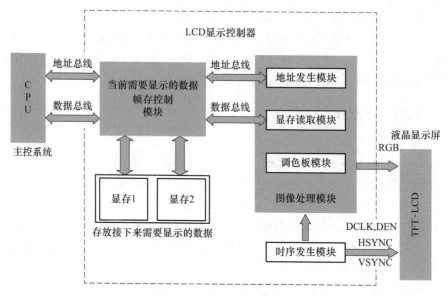

图 8.4　完整的显示控制系统

当主控系统(MCU)给 LCD 显示控制器中的帧存控制模块写入数据时,帧存控制模块实质就是起到显示缓冲的作用。然后帧存控制模块把需要显示的数据通过地址和数据线传送给图形处理模块,图形处理模块把传进来的数据进行处理后,根据时序发生模块发出的脉冲,把要显示的数据以 RGB 格式发给液晶屏去显示。我们可以把图形处理模块看成一个数/模转换模块,把时序发生模块看成一个时序模块。

LCD 控制器其实就是辅助进行 LCD 控制的一个集成电路,例如 ILI9486、ILI9341 等。

使用 LCD 控制器的一般步骤是,先初始化 LCD 控制器,对 LCD 控制器发送数据。数据发送的方式是 8080 并行通信,包括控制接口、数据接口和触摸接口。使用 8080 并行通信需要遵循 8080 的通信时序,例如片选、命令、数据等操作。但是我们这里实际使用时不需要懂 8080 的通信规则,而是使用一个类似翻译工具的功能——FSMC。使用 FSMC 驱动 LCD 显示控制器会大大加快我们的显示速度。

下面主要分成两部分来介绍,第一部分介绍 LCD 屏的相关信息,第二部分介绍 FSMC。

8.5　LCD 屏控制参数

8.5.1　LCD 基本参数介绍

- 帧:显示屏显示一幅完整的画面即为一帧。视频是由一帧一帧连贯的画面组成的,视频之所以看起来流畅,是因为一帧切换到下一帧画面的时间很短。
- 像素:是构成数字图像的最小单位。若把数字图像放大数倍,就会发现数字图像其实是由许多色彩相近的小方格组成的,这些小方格点就是"像素"。
- 分辨率:是屏幕上能显示的像素点的个数。对于显示器分辨率,是指显示器所能显示点数的多少,包括水平分辨率和垂直分辨率。对于 TFT - LCD 显示器来说,像素的数目和分辨率在数值上是相等的,都等于屏幕上横向和纵向点个数的乘积。
- 颜色位深:表示 RGB 颜色的二进制位数,常见的有 16BPP、18BPP、24BPP。

8.5.2　XYD - Coretex_M3 板 TFT - LCD 屏

- TFT - LCD 屏的尺寸:3.5 in(1 in＝2.54 cm)。
- TFT - LCD 屏分辨率:320×480。
- TFT - LCD 屏颜色位深:16BPP(颜色 RGB 的比例:5∶6∶5)。
- TFT - LCD 驱动接口:FSMC 驱动,16 位数据位宽。

8.5.3　LCD 驱动时序

TFT - LCD 屏的读/写时序可以在 LCD 屏数据手册中的第 297 页找到,我们这里看到的读/写时序为 INTEL8080 并行通信的时序,因为 FSMC 本身不是通信方式,只是驱动 LCD 屏的显示,FSMC 用的也是 16 根数据线的并行通信,具体的时序如图 8.5 所示,时间数值如图 8.6 所示。

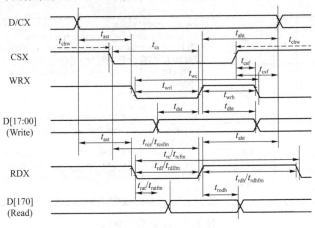

图 8.5　LCD 屏时序图

Signal	Symbol	Parameter	min	max	Unit	Description
DCX	tast	Address setup time	0	—	ns	—
	taht	Address hold time (Write/Read)	0	—	ns	—
CSX	tchw	CSX "H" pulse width	0	—	ns	—
	tcs	Chip Select setup time (Write)	15	—	ns	—
	trcs	Chip Select setup time (Read ID)	45	—	ns	—
	trcsfm	Chip Select setup time (Read FM)	355	—	ns	—
	tcsf	Chip Select Wait time (Write/Read)	0	—	ns	—
WRX	twc	Write cycle	50	—	ns	—
	twrh	Write Control pulse H duration	15	—	ns	—
	twrl	Write Control pulse L duration	15	—	ns	—
RDX (FM)	trcfm	Read Cycle (FM)	450	—	ns	When read from Frame Memory
	trdhfm	Read Control H duration (FM)	90	—	ns	
	trdlfm	Read Control L duration (FM)	355	—	ns	
RDX (ID)	trc	Read cycle (ID)	160	—	ns	When read ID data
	trdh	Read Control pulse H duration	90	—	ns	
	trdl	Read Control pulse L duration	45	—	ns	
DB[17:0], DB[15:0], DB[8:0] DB[7:0]	tdst	Write data setup time	10	—	ns	For maximum CL=30 pF For minimum CL=8 pF
	tdht	Write data hold time	10	—	ns	
	trat	Read access time	—	40	ns	
	tratfm	Read access time	—	340	ns	
	trod	Read output disable time	20	80	ns	

Note: (1) Ta = −30 to 70 ℃, IOVCC=1.65V to 3.6V, VCI=2.5V to 3.6V, AGND=DGND=0V。

图 8.6　引脚时序时间图

想要看明白时序图的第一步就是分清每根线的功能,D/CX 这根线的功能从 ILI9486 驱动手册中可以看到,引脚的功能为数据/命令选择功能,如果此引脚为低电平,则表示发送的是命令;如果此引脚为高电平,则表示发送的是数据。接下来的引脚是 CSX,CS 是 Chip Select 的缩写,顾名思义就是芯片选择的意思。这个引脚是一个片选引脚,用来选中主机是否跟这个从机进行通信,此引脚为低电平表示选中从机进行通信,为高电平则表示未被选中通信。WRX 是一个写使能引脚,表示是否进行写数据或者写命令的使能位,此引脚也是低电平有效。RDX 的功能为读使能引脚,表示读数据的使能位。D[17:0]这几根线的功能是数据线,通信方式不同,最终使用的数据线个数也不一样,总之它的功能就是传输数据。各引脚功能如图 8.7 所示。

CSX	I	MPU	- A chip select signal. 　　Low: the chip is selected and accessible 　　High: the chip is not selected and not accessible ***Fix to IOVCC or DGND level when not in use.***
D/CX	I	MPU	- Parallel interface (D/CX): The signal for command or parameter select. 　　Low: Command. 　　High: Parameter. ***Fix to IOVCC or DGND level when not in use.***
WRX/SCL	I	MPU IOVCC	- 8080 system (WRX): Serves as a write signal and writes data at the rising edge. - 3/4-line serial interface (SCL): The pin used as serial clock pin. ***Fix to IOVCC or DGND level when not in use.***
RDX	I	MPU	- 8080 system (RDX): Serves as a read signal and read data at the rising edge. ***Fix to IOVCC or DGND level when not in use.***

图 8.7　LCD 引脚功能

看时序图的第二步就是画一根竖线，从左到右移动，按照信号线的变化来编写时序代码，例如：想要发送命令，首先数据命令引脚 D/C 先拉低，接着就是 CS 片选线初始电平是高电平，WR 写使能初始电平是高电平，接下来 CS 片选拉低，WR 写使能拉低，然后就可以通过 D[17:0]这几根数据线写命令了。写数据与写命令的时序基本一致，不过写数据函数的 D/C 数据/命令引脚是拉高状态，其余的与发送命令函数都一致。在图 8.6 中还给出了 WR 写使能、RD 读使能的读/写时间，各位读者可以参考一下。

8.5.4 LCD 相关指令

具体的相关指令大家可以看一下 LCD 屏的数据手册，如图 8.8 所示。图 8.8 的指令是笔者随机截图的，可以看到指令都是十六进制格式，而且都是 8 位的数据指令。LCD 屏的相关指令有很多，这么多指令难道都要自己一一设置吗？当然不是，如果全部都需要自己编写，那么厂家初始化驱动将没有任何意义。所以说 LCD 屏虽有很多参数，但是我们不用全部都去使用，只需要使用几个重要的参数即可。下面介绍需要用到的几个重要的指令。

8.2.16. Display Inversion OFF (20h)..
8.2.17. Display Inversion ON (21h) ....
8.2.18. Display OFF (28h) ....
8.2.19. Display ON (29h) ....
8.2.20. Column Address Set (2Ah)..
8.2.21. Page Address Set (2Bh) ....
8.2.22. Memory Write (2Ch) ....
8.2.23. Memory Read (2Eh) ....
8.2.24. Partial Area (30h)...
8.2.25. Vertical Scrolling Definition (33h) ....

图 8.8 LCD 相关指令

1. 0x2A 指令——列地址

该指令是列地址设置指令，按照之前设置好的扫描方向，设置列（*X* 轴）坐标。如图 8.9 所示可以看到我们发送指令的格式。首先发送指令 0x2A，接下来是 4 个参数；而且也可以看到，发送参数时也是 8 位数据 8 位数据地发送，但我们是用 16 根数据线的，通过图 8.9 可以看到，我们只用了低 8 位数据线，还有 8 位空闲不使用（X 代表的是随机，可以是 0，也可以是 1）。

8.2.20. Column Address Set (2Ah)

2Ah	CASET (Column Address Set)												
	D/CX	RDX	WRX	D[15:8]	D7	D6	D5	D4	D3	D2	D1	D0	HEX
Command	0	1	↑	XXXXXXXX	0	0	1	0	1	0	1	0	2Ah
1st Parameter	1	1	↑	XXXXXXXX	SC[15:8]								XX
2nd Parameter	1	1	↑	XXXXXXXX	SC[7:0]								XX
3rd Parameter	1	1	↑	XXXXXXXX	EC[15:8]								XX
4th Parameter	1	1	↑	XXXXXXXX	EC[7:0]								XX

图 8.9　0x2A 指令介绍

通过图 8.9 可以知道,我们发送 4 个参数,这 4 个参数最重要的就是 SC 和 EC,其实这个 SC 和 EC 指的就是列地址的起始值和结束值,它们之间的关系是 $0 \leqslant SC \leqslant EC \leqslant 320$。要显示一个字符,这个字符是有一个宽度的,那么这个宽度的左边和右边的坐标实际上就是 SC 和 EC。

2. 0x2B 指令

前面的指令是设置列地址(X 轴)的指令,0x2B 指令就是和前面指令配合使用的,是用来设置页地址的指令,也就是 Y 轴指令。具体指令格式如图 8.10 所示。

8.2.21. Page Address Set (2Bh)

2Bh	PASET (Page Address Set)												
	D/CX	RDX	WRX	D[15:8]	D7	D6	D5	D4	D3	D2	D1	D0	HEX
Command	0	1	↑	XXXXXXXX	0	0	1	0	1	0	1	1	2Bh
1st Parameter	1	1	↑	XXXXXXXX	SP[15:8]								XX
2nd Parameter	1	1	↑	XXXXXXXX	SP[7:0]								XX
3rd Parameter	1	1	↑	XXXXXXXX	EP[15:8]								XX
4th Parameter	1	1	↑	XXXXXXXX	EP[7:0]								XX

图 8.10　0x2B 指令介绍

由图 8.10 可以发现,设置 Y 轴指令也是先发送指令 0x2B,然后发送 4 个参数,这 4 个参数也是都 8 位数据 8 位数据地发送。设置 Y 轴时,重要的数据是 SP 与 EP,发送数据的格式与发送列地址的指令非常类似,具体参考图 8.11、图 8.12,可以看到 SP 与 EP 实际上指的就是我们要显示的字符的高度的起始地址与结束地址。

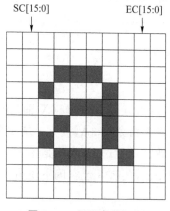

图 8.11　显示参数(一)

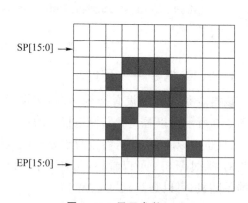

图 8.12　显示参数(二)

提示:如果我们要显示一个像素点,配合列地址、行地址指令,设置的列地址起始和结束地址相同,页地址的起始和结束地址也相同,则为一个像素点。

3. 0x2C 指令

此指令是设置 GRAM(其实就是显存,提前设置颜色,加快显示速度)指令,发送 0x2C 指令后,直接往 LCD 的 GRAM 中写入颜色数值即可。通过图 8.13 可以看到,发送完 0x2C 指令后,后面的参数可以 16 位数据 16 位数据地发送了,这个颜色设置指令是唯一一个可以直接发送 16 位数据的指令;而且这个指令支持连续写,在发送颜色数值之后,GRAM 的地址会根据我们设置好的扫描方向(在后面会讲到设置扫描方向的指令)开始进行递增,例如:我们设置的扫描方向是从左到右、从上到下,根据设置好的起始坐标(SC 和 SP),每写入一个颜色值,GRAM 的地址就自动递增(SC++);如果碰到 EC,也就是结束的位置,会自动重新跳转到下一行(SP++)的 SC,直到 EC 已经变为 EP 则自动结束,其间无需再次设置坐标(会自动进行偏移),这样大大提高了写入的速度。

2Ch						RAMWR (Memory Write)						
	D/CX	RDX	WRX	D[15:8]	D7	D6	D5	D4	D3	D2	D1	D0	HEX
Command	0	1	↑	XXXXXXXX	0	0	1	0	1	1	0	0	2Ch
1st Parameter	1	1	↑	D1[15:0]									XX
:	1	1	↑	Dx[15:0]									XX
Nth Parameter	1	1	↑	Dn[15:0]									XX

图 8.13　0x2C 指令介绍

4. 0x36 指令

此指令是存储器访问控制指令,控制 LCD 显示控制器的读/写方向(扫描方向),就是在连续写 GRAM 的时候,可以控制 GRAM 的指针的增长方向,如图 8.14、图 8.15 所示。

36h						MADCTL (Memory Access Control)						
	D/CX	RDX	WRX	D[15:8]	D7	D6	D5	D4	D3	D2	D1	D0	HEX
Command	0	1	↑	XXXXXXXX	0	0	1	1	0	1	1	0	36h
Parameter	1	1	↑	XXXXXXXX	MY	MX	MV	ML	BGR	MH	X	X	XX

图 8.14　0x36 指令介绍

控制位			效果
MY	MX	MV	LCD扫描方向(GRAM 自增方式)
0	0	0	从左到右,从上到下
1	0	0	从左到右,从下到上
0	1	0	从右到左,从上到下
1	1	0	从右到左,从下到上
0	0	1	从上到下,从左到右
0	1	1	从上到下,从右到左
1	0	1	从下到上,从左到右
1	1	1	从下到上,从右到左

图 8.15　LCD 屏显示方向

5. 0xD3 指令

此指令为读 ID 指令,用于读取 LCD 控制器的器件 ID 指令。通过图 8.16 可以看到,在发送指令 0xD3 之后,会读取到 4 个参数,读到的 4 个参数都是 8 位的,而且第一个参数是随机值,所以可以不用管它;第二个参数是 0x00,也可以不用管;第三个参数是 0x94;第四个参数是 0x86,所以第三个、第四个参数才是我们所需要的。在接收到第三个、第四个参数时,需要将这两个数值合成一个 16 位数据,将第三个参数左移 8 位,或由第四个参数就可以得到我们的 ID 号 0x9486,这在 LCD 文件中就可以看到,如图 8.17 所示。

D3h					RDID4 (Read ID4)								
	D/CX	RDX	WRX	D[15:8]	D7	D6	D5	D4	D3	D2	D1	D0	HEX
Command	0	1	↑	XXXXXXXX	1	1	0	1	0	0	1	1	D3h
1st Parameter	1	↑	1	XXXXXXXX	X	X	X	X	X	X	X	X	XX
2nd Parameter	1	↑	1	XXXXXXXX	0	0	0	0	0	0	0	0	00h
3rd Parameter	1	↑	1	XXXXXXXX	1	0	0	1	0	1	0	0	94h
4th Parameter	1	↑	1	XXXXXXXX	1	0	0	0	0	1	1	0	86h

图 8.16　0xD3 指令

```
149  void LCD_Init(void)
150 ⊟{
151
152      HAL_Delay(120);
153      LCD_CTRL_CMD(0xD3);
154      _lcddev.id =LCD_RD_DATA();   //dummy read
155      _lcddev.id =LCD_RD_DATA();   //读到0X00
156      _lcddev.id =LCD_RD_DATA();        //读取93
157      _lcddev.id <<=8;
158      _lcddev.id |=LCD_RD_DATA();       //读取41
159      printf("ID:%x\r\n",_lcddev.id );
```

图 8.17　读取 LCD 控制器型号

对于 LCD 屏的相关指令就介绍这么多了,其他还有很多的指令模式,读者如果有兴趣,可以查阅 LCD 屏的数据手册。

LCD 屏支持多种通信方式,根据 IM0、IM1、IM2 的不同来决定我们用什么通信方式,如图 8.18 所示。

通过图 8.18 可以看到,LCD 屏支持的通信方式有多种,这里用的是 INTEL8080 并行通信,但是一般情况在 LCD 屏的原理图中硬件工程师不会绘制这 3 根线(IM0、IM1、IM2),都是直接给我们 16 根数据线进行通信,所以我们也就默认它的通信方式是 INTEL8080 的 16 根数据通信总线格式。虽然这里用的是 16 根数据线的并行通信,但是对于 LCD 屏来说速度还是太慢了,毕竟一个 LCD 屏的像素点实在是太多了,所以这里引进一个新的概念——FSMC。FSMC 是一个可变静态存储控制器的简称,其主要功能就是扩展内存以及提供外界模块所需的驱动时序。使用 FSMC 对于 LCD 屏来说大大提高了速度,这里就不再过多说明,在后面会详细说明。

| IM2,IM1,IM0 | I | MPU IOVCC/DGND | - Select the interface mode | | | | |

IM2	IM1	IM0	Interface	Data Pin in Use
0	0	0	8080 18-bit bus interface	DB[17:0]
0	0	1	8080 9-bit bus interface	DB[8:0]
0	1	0	8080 16-bit bus interface	DB[15:0]
0	1	1	8080 8-bit bus interface	DB[7:0]
1	0	0	MDDI	MDDI_DATA_P MDDI_DATA_N MDDI_STB_P MDDI_STB_N
1	0	1	3-line SPI	SDA
1	1	0	MIPI DSI	MIPI_DATA_P, MIPI_DATA_N MIPI_CLOCK_P MIPI_CLOCK_N
1	1	1	4-line SPI	SDA

图 8.18 LCD 通信方式选择

8.6 FSMC 介绍

8.6.1 FSMC 概念

FSMC(Flexible Static Memory Controller,可变静态存储控制器)是 STM32 系列采用的一种新型的存储器扩展技术。在外部存储器扩展方面具有独特的优势,可根据系统的应用需要,方便地进行不同类型大容量静态存储器的扩展。

其实 STM32 的 FSMC 就是一个万能的总线控制器,不仅可以控制 SRAM、NOR Flash、NAND Flash、PC Card,还能控制 LCD、TFT。FSMC 的好处就是一旦设置好之后,WR(写)、RD(读)、DB0～DB15 这些控制线和数据线,都是 FSMC 自动控制的。

8.6.2 FSMC 特点

- 支持 8 位或 16 位数据总线,支持多种静态存储器类型。STM32 通过 FSMC 可以与 SRAM、ROM、PSRAM、NOR Flash 和 NAND Flash 存储器的引脚直接相连。

- 支持丰富的存储操作方法。FSMC 不仅支持多种数据宽度的异步读/写操作,而且支持对 NOR/PSRAM/NAND 存储器的同步突发访问方式。

- 支持同时扩展多种存储器。

- FSMC 的映射地址空间中,不同的 BANK 是独立的,可用于扩展不同类型的存储器。当系统中扩展和使用多个外部存储器时,FSMC 会通过总线悬空延迟时间参数的设置,防止各存储器对总线的访问冲突。

- 支持更为广泛的存储器型号。通过对 FSMC 的时间参数设置,扩大了系统中可用存储器的速度范围,为用户提供了灵活的存储芯片选择空间。
- 支持代码从 FSMC 扩展的外部存储器中直接运行,而不需要首先调入内部 SRAM。
- 将 32 位的 AHB 访问请求,转换到连续的 16 位或 8 位的对外部 16 位或 8 位器件的访问。

8.6.3 FSMC 接口介绍

通过如图 8.19 所示的 FSMC 内部框图可以看到,STM32 的 FSMC 接口支持包括 SRAM、NAND Flash、NOR Flash 和 PSRAM 等存储器。

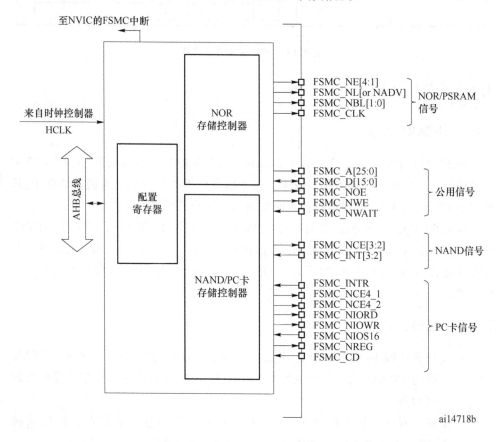

图 8.19 FSMC 内部框图

注:FSMC 接口驱动 LCD 时,是将 LCD 当作一个外部的 SRAM 来驱动的;唯一不同就是,TFTLCD 有 RS(数据/命令)信号,没有地址信号。

这里主要是看图 8.19 中的 NOR/PSRAM 信号以及公用信号,它们主要的引脚有:

- FSMC_NE[4:1]:这个引脚的主要功能就是片选,表示我们用的是 FSMC 的第一块的第几个区。
- FSMC_A[25:0]:这是 FSMC 的 26 根地址线。
- FSMC_D[15:0]:这是 FSMC 的数据线,最多支持 16 根数据线。
- FSMC_NOE :此引脚的功能是读使能。
- FSMC_NWE:此引脚是写使能。

下面分析 FSMC 的存储块。

8.6.4　地址映像

从 FSMC 的角度看,可以把外部存储器划分为固定大小为 256 MB 的 4 个存储块,如图 8.20 所示。

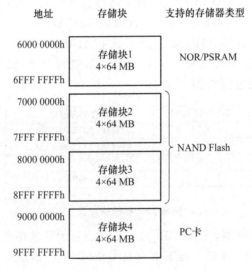

图 8.20　FSMC 内部块

- 存储块 1 用于访问最多 4 个 NOR Flash 或 PSRAM 存储设备。这个存储区被划分为 4 个 NOR/PSRAM 区并有 4 个专用的片选。
- 存储块 2 和 3 用于访问 NAND Flash 设备,每个存储块连接一个 NAND Flash。
- 存储块 4 用于访问 PC 卡设备。

其中存储块 1 可以分成 4 个区进行访问,具体情况如图 8.21 所示。

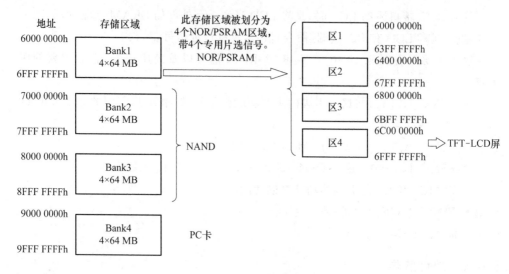

图 8.21　FSMC 块 1 分区图

STM32 的 FSMC 存储块 1（Bank1）用于驱动 NOR Flash/SRAM/PSRAM，被分为 4 个区，每个区管理 64 MB 空间，每个区都有独立的寄存器对所连接的存储器进行配置。Bank1 的 256 MB 空间由 28 根地址线（HADDR[27:0]）寻址。

这里 HADDR 是内部 AHB 地址总线，其中，HADDR[25:0]来自外部存储器地址 FSMC_A[25:0]，而 HADDR[26:27]对 4 个区进行寻址，如图 8.22 所示。（27、26 位的变化也可以通过图 8.21 看到。）

HADDR[27:26]	选择的存储块
00	存储块1 NOR/PSRAM 1
01	存储块1 NOR/PSRAM 2
10	存储块1 NOR/PSRAM 3
11	存储块1 NOR/PSRAM 4

图 8.22　存储块片选

如上所述可以了解到，HADDR[31:28]位表示的是选中哪一块，HADDR[26:27]位表示的是选中哪一个区。接下来的 HADDR[25:0]地址线（可以看一下上面介绍的 FSMC 的引脚，FSMC 的地址线正好是 26 根）就是根据外部设备决定的，当然外部设备的数据宽度不同，对于地址线也是有一定影响的，具体如表 8.1 所列。

表 8.1　数据宽度

数据宽度/位	连到存储器的地址线	最大访问存储器空间
8	HADDR[25:0]与 FSMC_A[25:0]对应相连	64 MB×8 = 512 Mbit
16	HADDR[25:1]与 FSMC_A[24:0]对应相连，HADDR[0]未接	64 MB/2×16 = 512 Mbit

如果是 8 位数据宽度,则是 HADDR[24:0]地址线与 FSMC 的 FSMC_A[25:0]一一对应相连;如果是 16 位数据宽度,则是 HADDR[25:1]与 PSMC 的 FSMC_A[24:0]相连,HADDR[0]地址线是空的状态。当然,如果看不明白也没有关系,接下来我们分别介绍一下。

图 8.23 介绍的就是 8 位数据宽度的情况,AHB 总线的高 6 位是不需要我们管的,高 6 位表示的是选择哪一块的哪一个区。接下来的 26 根地址线,用到的就是 HADDR[25:0]。26 根地址线与 FSMC 模块的 FSMC_A[25:0]一一对应。

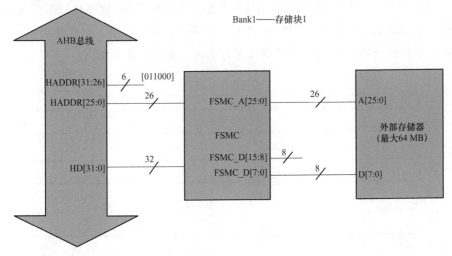

图 8.23　8 bit 数据传输

图 8.24 表示发送的数据位就是 16 位数据宽度,AHB 总线也是一样的。高 6 位表示的是哪一块的哪一个区,但是接下来的 26 根地址线分成了两部分,HADDR[25:1]与 FSMC_A[24:0]相对应,然而 HADDR[0]悬空且 FSMC_A[25]也是悬空状态。

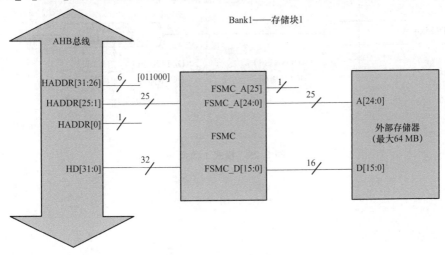

图 8.24　16 bit 数据传输

8.6.5 FSMC 时序

本章我们用的是异步突发访问方式(对于同步异步可以理解为有没有时钟线,有就是同步,没有就是异步),那么在 STM32 的 FSMC 模块中,支持异步突发访问的有模式 1、模式 2、模式 A、模式 B、模式 C 以及模式 D 等时序模式,如图 8.25~图 8.33 所示。驱动 SRAM 时一般使用的就是模式 1 和模式 A(也可以理解为这两种模式相当于是万能类型)。本次驱动 LCD(将 LCD 当成 SRAM 来用)使用的是模式 A,也就是图 8.27 和图 8.28,在 STM32F103 中文参考手册的第 332 页。具体使用哪一个时序图,主要是看 FSMC 与我们所要驱动芯片的时序相类似即可使用。

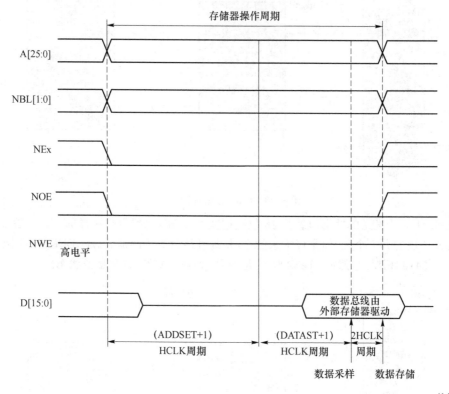

图 8.25 模式 1 读操作

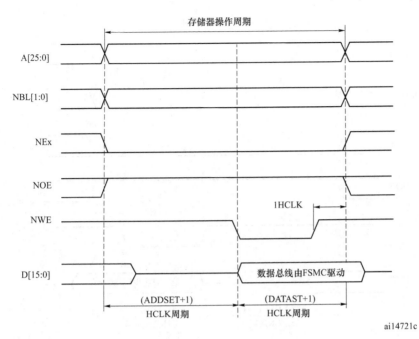

图 8.26　模式 1 写操作

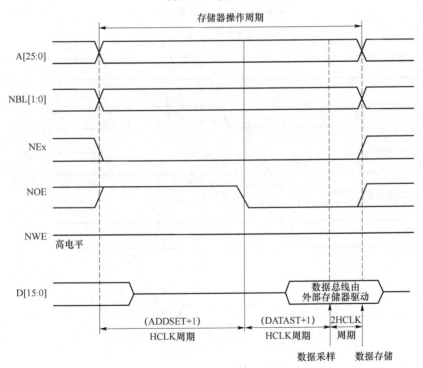

图 8.27　模式 A 读操作

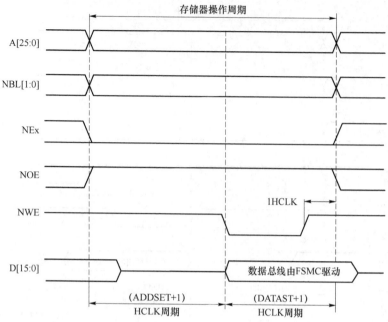

图 8.28　模式 A 写操作

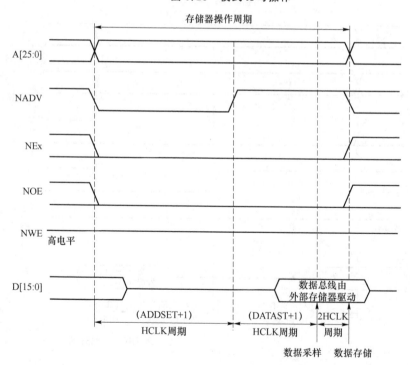

图 8.29　模式 2/模式 B 读操作

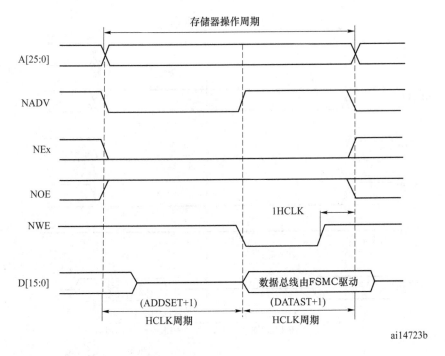

图 8.30 模式 2 写操作

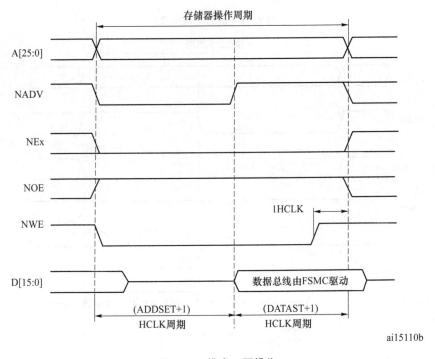

图 8.31 模式 B 写操作

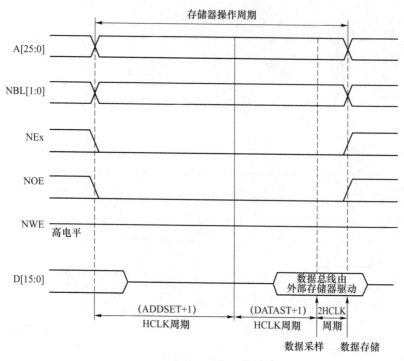

ai14720c

图 8.32　模式 C 读操作

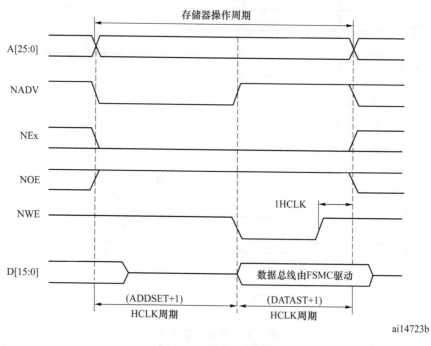

ai14723b

图 8.33　模式 C 写操作

8.7　LCD 硬件设计

8.7.1　LCD 原理图

通过上面对于 LCD 屏的控制器参数相关指令以及 FSMC 的介绍,相信读者已经对 LCD 屏有了简单的认识。下面介绍 LCD 屏的相关硬件原理图的设计。本例程所使用的是 STM32F103ZET6 的 XYD_M3 大板。其 LCD 屏的原理图如图 8.34 所示。

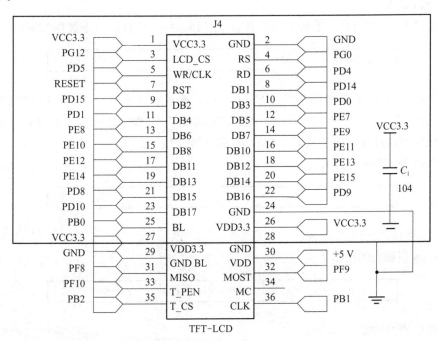

图 8.34　LCD 屏原理图

注:图 8.34 中的大方框是 LCD 屏,在框外面的则是触摸屏。触摸屏的具体内容在后续章节详细介绍,目前只需要看 LCD 即可。

8.7.2　LCD 引脚分析

从原理图 8.34 中可以看到的最明显的就是 GPIO 口了,这里用的是 FSMC 驱动的 LCD 屏,FSMC 的相关引脚功能这里没有详细介绍,可以在 STM32F103 的数据手册中查找。

打开 STM32F103 的数据手册,看 Table 5 表格(在第 31 页)。

图 8.34 中,Pin1 是 VCC3.3,Pin2 是 GND,这两个引脚就不多说了。接下来看

功能引脚。

Pin3 是 PG12:

Pin3 引脚中写的是 LCD_CS。接触过屏幕的读者知道,这是一个片选引脚,主要功能是选中此模块工作的一个使能引脚。

PG12	I/O	FT	PG12	FSMC_NE4

可以看到,PG12 的复用功能是 FSMC_NE4,表示这也是一个片选功能,不过它表示选择的是 FSMC 的块 1 的区 4。

Pin4 是 RS:

通过 LCD 屏的数据手册可以看到,这个引脚是一个数据/命令选择引脚。

PG0	I/O	FT	PG0	FSMC_A10

可以看到,PG0 的复用功能是 FSMC_A10,表示这根线是 FSMC 的第 10 根地址线,也就是说我们的数据/命令选择引脚使用的是第 10 根地址线。目前仅仅是通过这根线还不能计算出我们所需要的地址,那么继续往下看。

Pin5 引脚(WR/CLK):

PD5	I/O	FT	PD5	FSMC_NWE

此引脚的功能是写使能。

Pin6 引脚(RD):

PD4	I/O	FT	PD4	FSMC_NOE

此引脚的功能是读使能。

Pin7 引脚(RST):

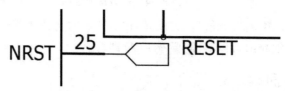

此复位引脚通过 GPIO 口的连接可以看到,它实际上与我们主控芯片的复位引脚是连接在一起的,也就是说如果按下复位引脚,同时也会对 LCD 屏进行复位。

Pin8~Pin23(DB1~DB17):

这里是 16 根数据线,如图 8.35 所示。

PD14	I/O	FT	PD14	FSMC_D0
PD15	I/O	FT	PD15	FSMC_D1
PD0	I/O	FT	OSC_IN[10]	FSMS_D2[11]
PD1	I/O	FT	OSC_OUT[10]	FSMC_D3[11]
PE7	I/O	FT	PE7	FSMC_D4
PE8	I/O	FT	PE8	FSMC_D5
PE9	I/O	FT	PE9	FSMC_D5
PE10	I/O	FT	PE10	FSMC_D7
PE11	I/O	FT	PE11	FSMC_D8
PE12	I/O	FT	PE12	FSMC_D9
PE13	I/O	FT	PE13	FSMC_D10
PE14	I/O	FT	PE14	FSMC_D11
PE15	I/O	FT	PE15	FSMC_D12
PD8	I/O	FT	PD8	FSMC_D13
PD9	I/O	FT	PD9	FSMC_D14
PD10	I/O	FT	PD10	FSMC_D15

图 8.35　LCD 屏引脚复用功能

这里是按照顺序找的 GPIO 引脚,可以看到它们正好是 FSMC 的数据线 0~15,也就是说,我们用的 FSMC 的数据线是 16 位的。

在讲 FSMC 概念的时候也说过,其实 STM32 的 FSMC 就是一个万能的总线控制器,不仅可以控制 SRAM、NOR Flash、NAND Flash、PC Card,还能控制 LCD、TFT。FSMC 的好处就是一旦设置好之后,WR(写)、RD(读)、DB0~DB15 这些控制线和数据线,都是 FSMC 自动控制的;也就是说配置完成 FSMC 的引脚,只需要将 GPIO 配置为 FSMC 的复用功能之后,它会自己对控制线以及数据线进行相关操作(注意,数据以及地址的建立时间是需要我们给出的,具体是多少,直接查看 LCD 的数据手册即可。这些时间没有确切的数值,找相近的数值即可。)

根据目前掌握的信息(LCD 使用的是 FSMC 的块 1 的区 4,它是 16 位数据线),可以计算数据总线地址以及命令总线地址。

如果在 AHB 系统总线上发送一个 32 位地址数据,那么在 32 位地址的最高4位来选择你要操作的那一块,第 26、27 位的数据就在片选接口(FSMC_NEx)对应的片选线上发送一个低电平信号,第 26 位就从 FSMC 控制器的地址接口(FSMC_A)中发送出去,见图 8.36、表 8.2。由于 STM32 芯片的 HADDR 总线的字节存储宽度为 1 字节(1 个地址中的存储数据宽度为 1 字节),如果外设的地址存储宽度为 1 字节,那么 HADDR 的地址和外设地址是一一对应的,但是如果外设的地址存储宽度为 2 字节(1 个地址中的存储数据宽度为 2 字节),那么 HADDR 的地址只使用到[25:1]位,并自动向外设地址的 0 字节对齐,见图 8.37、图 8.38。最终得到的发送数据地址为 0x6C000800,发送命令地址为 0x6C000000。

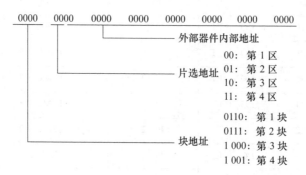

图 8.36   32 位地址划分

表 8.2   FSMC 块 1 分区地址

Bank1 所选区	片选信号线	地址范围	HADDR	
			[27:26]	[25:0]
第 1 区	FSMC_NE1	0x6000 0000～0x63FF FFFF	00	FSMC_A[25:0]
第 2 区	FSMC_NE2	0x6400 0000～0x67FF FFFF	01	
第 3 区	FSMC_NE3	0x6800 0000～0x6BFF FFFF	10	
第 4 区	FSMC_NE4	0x6C00 0000～0x6FFF FFFF	11	

存储器宽度/位	向存储器发出的数据地址	最大存储器容量
8	HADDR[25:0]	64 MB×8＝512 Mbit
16	HADDR[25:1]>>1	64 MB/2×16＝512 Mbit

注:如果外部存储器的宽度为16位,FSMC将使用内部的HADDR[25:1]地址来作为对外部存储器的寻址地址FSMC_A[24:00]。
无论外部存储器的宽度为16位还是8位,FSMC_A[0]都应该连接到外部存储器地址A[0]。

图 8.37   数据传输宽度

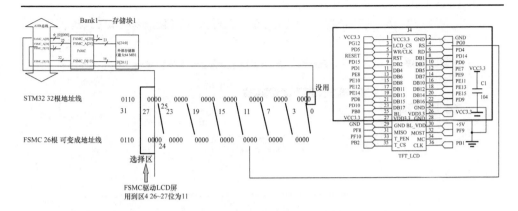

图 8.38　FSMC 与 STM32 地址线

Pin25 引脚主要的功能是背光。

在介绍 LCD 屏时说过，想要在 LCD 屏上显示任何的内容，都必须要保障 LCD 屏幕是亮的。Pin25 引脚的功能就是开启背光。注意，如果 LCD 的初始化全部配置完毕，但是此引脚却没有开启，则 LCD 屏还是不亮的。

8.8　新建例程

使用开发工具 STM32CubeMX 重新生成例程，通过新建例程来实现在 LCD 屏上打印字符串功能。前面几步的配置这里就简单说一下，具体的详细配置参考 GPIO 口章节的配置。

① 新建文件夹：用来存储生成的项目工程文件等。

② 新建 STM32CubeMX 工程。

③ 选择单片机 STM32F103ZET6（这里直接单击之前收藏的单片机即可立刻找到）。

④ 配置 GPIO 关键引脚 PB0。通过原理图可以知道 PB0 是背光引脚，背光引脚其实就是一个普通的能够拉高拉低的 GPIO 引脚，所以这里直接将它配置为通用推挽输出即可。背光引脚是高电平有效，所以如果想要让 LCD 屏亮，则必须设置背光为高电平。如图 8.39 所示，配置步骤如下：

- GPIO output level：配置初始电平（高电平有效，所以初始电平配置为低电平）。
- GPIO mode：GPIO 工作模式为推挽输出。
- GPIO Pull-up/Pull-down：配置上下拉，这里不需要上下拉电阻，直接设置为无需上下拉。
- Maximum output speed：GPIO 口通信速度，这里设置为高速（速度随机，没有具体要求）。

- User Label：用户标识，背光 BL。

图 8.39　GPIO 口配置

⑤ 配置时钟，这里选择使能外部高速时钟。单击 System Core 的 RCC，设置 HSE 选择外部高速时钟，如图 8.40 所示。

图 8.40　时钟源配置

⑥ 设置串口。因 LCD 屏显示控制器型号不同,厂家初始化代码也是不同的,所以需要先获取 LCD 显示控制器的信号,在串口打印出来。设置串口时,在图 8.41 左边选择 Connectivity,然后找到 USART1(因为这块板子经过 USB 转串口芯片的是串口 1,所以选择串口 1。大家在自己设置时,需要注意一下,根据实际情况设置串口),在 Mode 中选择 Asynchronous 异步通信(这里之所以选择异步,在前面串口章节有介绍),如图 8.41 所示。

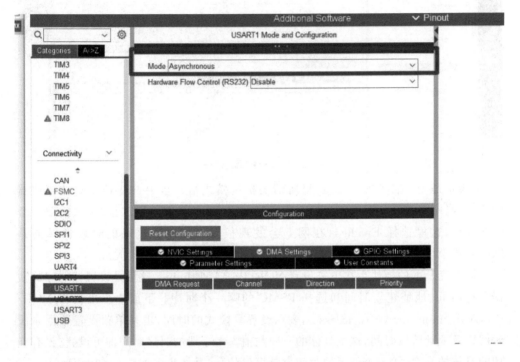

图 8.41　串口配置

⑦ 设置 FSMC。首先在 Connectivity 选择 FSMC,前面说过将驱动 FSMC 当作 SRAM,所以这里选择 NOR Flash /PSRAM/SRAM/ROM/LCD 1,然后选择区 4(由 LCD 原理图的片选引脚可以知道)。选择存储器类型 Memory type 选择 LCD Interface,选择地址线。通过原理图可以知道,RS(数据/命令选择)引脚连接的是 FSMC 的 A10,所以这里也选择 A10。选择是 Data 数据线,这里是 16 根数据线,所以这里也选择 16 bit,如图 8.42 所示。

⑧ 设置完 FSMC 的地址线以及数据线后,在 Configuration 中设置具体的数据/地址阶段的持续时间:首先是 NOR/PSRAM control 中的 Memory type 设置存储器模式,跟上面保持一致,选择 LCD Interface;接下来选择 Bank,选择用 SMC 的哪个位置,我们用的是块 1 的区 4,选择 Bank 1 NOR/PSRAM 14;接下来是 Write operation,这里表示设置写模式,肯定是要使能的,所以选择 ENABLE;Extended

图 8.42　FSMC 配置(一)

mode 表示是否开启扩展模式,这里所谓的扩展模式指的是用 FSMC 驱动的存储器的读/写时序是否是相同的,如果读/写时序相同,则选择 Disadled,读/写只需要一个时序即可,这里选择 Enadled(在网上会发现很多人在设置这里的时候选择的是Disabled,其实也是一样的,LCD 的读/写时序本身就很像,区别不大)。

　　设置完上面的模块后接下来设置 NOR/PSRAM timing,这里是设置读时序的数据保持时间、地址建立时间和选择 FSMC 的哪一个时序。下面一个模块为 NOR/PSRAM timing for write accesses,表示设置写模式的时序,也是单独设置数据阶段时间以及地址阶段时间,这里具体的时间数值参考手册的时序时间即可设置(没有确切的具体的答案,找一个相近的时间也是可以的)。具体步骤如图 8.43 所示。

　　⑨ 设置上面的步骤之后就到了时钟的配置了。设置时钟使用的是外部高速时钟,这在第⑤步的时候已经设置过了,所以这里在 PLL Source Mux(锁相环时钟源)设置的时候选择 HSE,在 PLL Mul(锁相环倍频器)设置倍频系数为 9,在 SystemClock Mux(系统时钟源)中选择 PLLCLK(锁相环时钟),正好可以获取到我们的系统时钟 72 MHz,只不过改完之后会发现 APB1 Prescaler 处会变成紫色(有错误),是因为 APB1 的最大时钟频率是 36 MHz,所以需要修改 APB1 Prescaler(APB1 时钟分频系数)为 2 分频即可,如图 8.44 所示。

　　⑩设置上面的步骤之后就可以准备生成代码了(在生成之前再查看一下前面的设置是否有问题),在 Project 中设置工程的名称及保存路径(注意:保存路径绝对不能出现中文)。接下来设置 Toolchain /IDE,选择 MDK - ARM。然后设置 CodeGenerator,具体设置的选择在前面章节有介绍,可以去那里看一下。

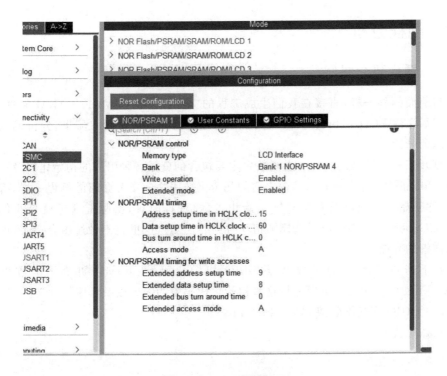

图 8.43 FSMC 配置(二)

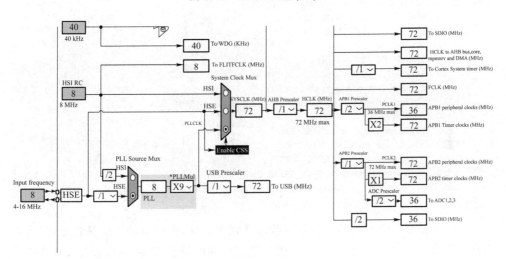

图 8.44 时钟配置

⑪ 全部设置完成后,单击右上角 GENERATE CODE 生成即可。

8.9 例程分析

8.9.1 源代码介绍

与前面例程一样,直接在我们生成工程的文件夹中找到 MDK - ARM 文件夹,打开工程文件 LCD.uvprojx。打开工程后还是主要先找主函数在哪里,分析函数先从主函数开始。

打开工程之后,看到 main 主函数中主要包含的就是各种引脚的初始化以及一个空的 while 循环。在 main 主函数之前的几个函数跟之前章节介绍的例程一样,都是 HAL 库初始化函数以及系统时钟初始化函数(选择时钟,实际上这里就是我们在 STM32CubeMX 软件里设置选择锁相环时钟的代码),这里就不做过多介绍了,前几章有详细的介绍。

接下来可以看到的函数就是 GPIO 初始化函数、FSMC 初始化函数以及 USART1 初始化函数。下面分析这些初始化代码中的内容以及具体的意义。

(1) GOIO 初始化函数 MX_GPIO_Init

初始化代码如下:

```
void MX_GPIO_Init(void)
{
  GPIO_InitTypeDef GPIO_InitStruct = {0};
  __HAL_RCC_GPIOB_CLK_ENABLE();
  __HAL_RCC_GPIOG_CLK_ENABLE();
  __HAL_RCC_GPIOE_CLK_ENABLE();
  __HAL_RCC_GPIOD_CLK_ENABLE();
  __HAL_RCC_GPIOA_CLK_ENABLE();
  /* Configure GPIO pin Output Level */
  HAL_GPIO_WritePin(LCD_BL_GPIO_Port, LCD_BL_Pin, GPIO_PIN_RESET);
  /* Configure GPIO pin : PtPin */
  GPIO_InitStruct.Pin = LCD_BL_Pin;
  GPIO_InitStruct.Mode = GPIO_MODE_OUTPUT_PP;
  GPIO_InitStruct.Pull = GPIO_NOPULL;
  GPIO_InitStruct.Speed = GPIO_SPEED_FREQ_HIGH;
  HAL_GPIO_Init(LCD_BL_GPIO_Port, &GPIO_InitStruct);
}
```

上面就是 GPIO 引脚的初始化函数以及相关意义,此引脚的功能是背光,只需要能够打开背光以及关闭背光即可,这里与我们前面的设置保持一致,直接设置为推挽输出。由于背光引脚的有效电平为高电平,所以这里初始化为低电平,默认先关闭背光,然后再在合适的时候开启背光即可。至于 GPIO 口的输出速度目前这里没有具体的要求,所以输出速度哪个都是可以的。

(2) FSMC 初始化

初始化代码如下:

```
SRAM_HandleTypeDef hsram1;
/* FSMC initialization function */
void MX_FSMC_Init(void)
{
  FSMC_NORSRAM_TimingTypeDef Timing = {0};
  FSMC_NORSRAM_TimingTypeDef ExtTiming = {0};
  hsram1.Instance = FSMC_NORSRAM_DEVICE;
  hsram1.Extended = FSMC_NORSRAM_EXTENDED_DEVICE;
  /* hsram1.Init */
  hsram1.Init.NSBank = FSMC_NORSRAM_BANK4;
  hsram1.Init.DataAddressMux = FSMC_DATA_ADDRESS_MUX_DISABLE;
  hsram1.Init.MemoryType = FSMC_MEMORY_TYPE_SRAM;
  hsram1.Init.MemoryDataWidth = FSMC_NORSRAM_MEM_BUS_WIDTH_16;
  hsram1.Init.BurstAccessMode = FSMC_BURST_ACCESS_MODE_DISABLE;
  hsram1.Init.WaitSignalPolarity = FSMC_WAIT_SIGNAL_POLARITY_LOW;
  hsram1.Init.WrapMode = FSMC_WRAP_MODE_DISABLE;
  hsram1.Init.WaitSignalActive = FSMC_WAIT_TIMING_BEFORE_WS;
  hsram1.Init.WriteOperation = FSMC_WRITE_OPERATION_ENABLE;
  hsram1.Init.WaitSignal = FSMC_WAIT_SIGNAL_DISABLE;
  hsram1.Init.ExtendedMode = FSMC_EXTENDED_MODE_ENABLE;
  hsram1.Init.AsynchronousWait = FSMC_ASYNCHRONOUS_WAIT_DISABLE;
  hsram1.Init.WriteBurst = FSMC_WRITE_BURST_DISABLE;
  /* Timing */
  Timing.AddressSetupTime = 15;
  Timing.AddressHoldTime = 15;
  Timing.DataSetupTime = 60;
  Timing.BusTurnAroundDuration = 0;
  Timing.CLKDivision = 16;
  Timing.DataLatency = 17;
  Timing.AccessMode = FSMC_ACCESS_MODE_A;
  /* ExtTiming */
  ExtTiming.AddressSetupTime = 9;
  ExtTiming.AddressHoldTime = 15;
  ExtTiming.DataSetupTime = 8;
  ExtTiming.BusTurnAroundDuration = 0;
  ExtTiming.CLKDivision = 16;
  ExtTiming.DataLatency = 17;
  ExtTiming.AccessMode = FSMC_ACCESS_MODE_A;
  if (HAL_SRAM_Init(&hsram1, &Timing, &ExtTiming) != HAL_OK)
  {
    Error_Handler();
  }
  __HAL_AFIO_FSMCNADV_DISCONNECTED();
}
```

通过上面的 FSMC 的初始化可以看到,这里面最重要的就是 HAL_SRAM_Init 这个函数。这个函数的主要功能就是初始化 FSMC,此函数的原型如下:

HAL_StatusTypeDef HAL_SRAM_Init（SRAM_HandleTypeDef * hsram, FSMC_NORSRAM_TimingTypeDef * Timing, FSMC_NORSRAM_TimingTypeDef * ExtTiming）

函数功能：对 SRAM 初始化设备。

函数参数：

- hsram：指向 SRAM_HandleTypeDef 的指针；
- Timing：指向 FSMC_NORSRAM_TimingTypeDef 的指针；
- ExtTiming：指向 FSMC_NORSRAM_TimingTypeDef 的指针。

函数返回值：初始化是否成功。0：成功。

通过 FSMC 的初始化代码可以看到它有三个参数，且这三个参数还都是结构体类型的，而且第二个参数与第三个参数的结构体类型一致，第一个参数实际上就是对 FSMC 进行一些一般的配置，与我们在 STM32CubeMX 软件上配置的一样；至于第二个参数和第三个参数，其实就是前面我们说过，FSMC 可以驱动外界时序是因为 FSMC 的时序与外界使用的芯片的时序有相似的地方。我们只需要注意设置时序中的地址保持时间与数据保持时间即可。如果外界驱动的芯片读/写时序不一致，则读/写的地址与数据时间分开编写，就是参数二和参数三；如果读/写时序一致，则参数二和参数三的值一样，可以只设置一个，另一个参数直接传递即可。

(3) USART1 初始化

初始化代码如下：

```
UART_HandleTypeDef huart1;
void MX_USART1_UART_Init(void)
{
  huart1.Instance = USART1;
  huart1.Init.BaudRate = 115200;
  huart1.Init.WordLength = UART_WORDLENGTH_8B;
  huart1.Init.StopBits = UART_STOPBITS_1;
  huart1.Init.Parity = UART_PARITY_NONE;
  huart1.Init.Mode = UART_MODE_TX_RX;
  huart1.Init.HwFlowCtl = UART_HWCONTROL_NONE;
  huart1.Init.OverSampling = UART_OVERSAMPLING_16;
  if (HAL_UART_Init(&huart1) != HAL_OK)
  {
    Error_Handler();
  }
}
```

上面就是串口的初始化代码，与我们之前介绍串口章节中的一样，具体内容请参考串口章节，这里就不再做过多介绍了。

还有我们需要添加的文件 LCD 中的代码，这里大概分析一下。首先 LCD 的初始化代码如下：

```
void LCD_Init(void)
{
  HAL_Delay(120);
  LCD_CTRL_CMD(0xD3);
  _lcddev.id = LCD_RD_DATA();// dummy read
  _lcddev.id = LCD_RD_DATA();// 读到 0X00
  _lcddev.id = LCD_RD_DATA();// 读取 93
  _lcddev.id << = 8;
  _lcddev.id | = LCD_RD_DATA();// 读取 41
  printf("ID: % x\r\n",_lcddev.id );
  if(_lcddev.id == 0X9341)
  {
      LCD_Width = 240;
      LCD_High = 320;
    // ************* Start Initial Sequence **********//
      LCD_CTRL_CMD(0xCF);
      LCD_CTRL_DATA (0x00);
      LCD_CTRL_DATA (0x83);
      LCD_CTRL_DATA (0X30);
      LCD_CTRL_CMD(0xED);
      LCD_CTRL_DATA (0x64);
      LCD_CTRL_DATA (0x03);
      LCD_CTRL_DATA (0X12);
      LCD_CTRL_DATA (0X81);
      LCD_CTRL_CMD(0xE8);
      LCD_CTRL_DATA (0x85);
      LCD_CTRL_DATA (0x01);
      LCD_CTRL_DATA (0x79);
      LCD_CTRL_CMD(0xCB);
      LCD_CTRL_DATA (0x39);
      LCD_CTRL_DATA (0x2C);
      LCD_CTRL_DATA (0x00);
      LCD_CTRL_DATA (0x34);
      LCD_CTRL_DATA (0x02);
      LCD_CTRL_CMD(0xF7);
      LCD_CTRL_DATA (0x20);
      LCD_CTRL_CMD(0xEA);
      LCD_CTRL_DATA (0x00);
      LCD_CTRL_DATA (0x00);
      LCD_CTRL_CMD(0xC0);              // Power control
      LCD_CTRL_DATA (0x1D);            // VRH[5:0]
      LCD_CTRL_CMD(0xC1);              // Power control
      LCD_CTRL_DATA (0x11);            // SAP[2:0];BT[3:0]
      LCD_CTRL_CMD(0xC5);              // VCM control
      LCD_CTRL_DATA (0x33);
      LCD_CTRL_DATA (0x34);
      LCD_CTRL_CMD(0xC7); // VCM control2
```

```
        LCD_CTRL_DATA (0Xbe);
        LCD_CTRL_CMD(0x36);                     // Memory Access Control
        LCD_CTRL_DATA (0x08);
        LCD_CTRL_CMD(0xB1);
        LCD_CTRL_DATA (0x00);
        LCD_CTRL_DATA (0x1B);
        LCD_CTRL_CMD(0xB6);                     // Display Function Control
        LCD_CTRL_DATA (0x0A);
        LCD_CTRL_DATA (0xA2);
        LCD_CTRL_CMD(0xF2);                     // 3Gamma Function Disable
        LCD_CTRL_DATA (0x00);
        LCD_CTRL_CMD(0x26);                     // Gamma curve selected
        LCD_CTRL_DATA (0x01);
        LCD_CTRL_CMD(0xE0);                     // Set Gamma
        LCD_CTRL_DATA (0x0F);
        LCD_CTRL_DATA (0x23);
        LCD_CTRL_DATA (0x1F);
        LCD_CTRL_DATA (0x09);
        LCD_CTRL_DATA (0x0f);
        LCD_CTRL_DATA (0x08);
        LCD_CTRL_DATA (0x4B);
        LCD_CTRL_DATA (0Xf2);
        LCD_CTRL_DATA (0x38);
        LCD_CTRL_DATA (0x09);
        LCD_CTRL_DATA (0x13);
        LCD_CTRL_DATA (0x03);
        LCD_CTRL_DATA (0x12);
        LCD_CTRL_DATA (0x07);
        LCD_CTRL_DATA (0x04);
        LCD_CTRL_CMD(0XE1);                     // Set Gamma
        LCD_CTRL_DATA (0x00);
        LCD_CTRL_DATA (0x1d);
        LCD_CTRL_DATA (0x20);
        LCD_CTRL_DATA (0x02);
        LCD_CTRL_DATA (0x11);
        LCD_CTRL_DATA (0x07);
        LCD_CTRL_DATA (0x34);
        LCD_CTRL_DATA (0x81);
        LCD_CTRL_DATA (0x46);
        LCD_CTRL_DATA (0x06);
        LCD_CTRL_DATA (0x0e);
        LCD_CTRL_DATA (0x0c);
        LCD_CTRL_DATA (0x32);
        LCD_CTRL_DATA (0x38);
        LCD_CTRL_DATA (0x0F);
    }
    else
    {
        LCD_Width = 320;
```

```
LCD_High = 480;
HAL_Delay(120);
// ************* Start Initial Sequence ********** //
LCD_CTRL_CMD(0XF2);
LCD_CTRL_DATA(0x18);
LCD_CTRL_DATA(0xA3);
LCD_CTRL_DATA(0x12);
LCD_CTRL_DATA(0x02);
LCD_CTRL_DATA(0XB2);
LCD_CTRL_DATA(0x12);
LCD_CTRL_DATA(0xFF);
LCD_CTRL_DATA(0x10);
LCD_CTRL_DATA(0x00);
LCD_CTRL_CMD(0XF8);
LCD_CTRL_DATA(0x21);
LCD_CTRL_DATA(0x04);
LCD_CTRL_CMD(0XF9);
LCD_CTRL_DATA(0x00);
LCD_CTRL_DATA(0x08);
LCD_CTRL_CMD(0x3A);
LCD_CTRL_DATA(0x05);                // 设置 16 位 BPP
LCD_CTRL_CMD(0xB4);
LCD_CTRL_DATA(0x01);               // 0x00
LCD_CTRL_CMD(0xB6);
LCD_CTRL_DATA(0x02);
LCD_CTRL_DATA(0x22);
LCD_CTRL_CMD(0xC1);
LCD_CTRL_DATA(0x41);
LCD_CTRL_CMD(0xC5);
LCD_CTRL_DATA(0x00);
LCD_CTRL_DATA(0x07);               // 0X18
LCD_CTRL_CMD(0xE0);
LCD_CTRL_DATA(0x0F);
LCD_CTRL_DATA(0x1F);
LCD_CTRL_DATA(0x1C);
LCD_CTRL_DATA(0x0C);
LCD_CTRL_DATA(0x0F);
LCD_CTRL_DATA(0x08);
LCD_CTRL_DATA(0x48);
LCD_CTRL_DATA(0x98);
LCD_CTRL_DATA(0x37);
LCD_CTRL_DATA(0x0A);
LCD_CTRL_DATA(0x13);
LCD_CTRL_DATA(0x04);
LCD_CTRL_DATA(0x11);
LCD_CTRL_DATA(0x0D);
LCD_CTRL_DATA(0x00);
LCD_CTRL_CMD(0xE1);
LCD_CTRL_DATA(0x0F);
```

```
            LCD_CTRL_DATA(0x32);
            LCD_CTRL_DATA(0x2E);
            LCD_CTRL_DATA(0x0B);
            LCD_CTRL_DATA(0x0D);
            LCD_CTRL_DATA(0x05);
            LCD_CTRL_DATA(0x47);
            LCD_CTRL_DATA(0x75);
            LCD_CTRL_DATA(0x37);
            LCD_CTRL_DATA(0x06);
            LCD_CTRL_DATA(0x10);
            LCD_CTRL_DATA(0x03);
            LCD_CTRL_DATA(0x24);
            LCD_CTRL_DATA(0x20);
            LCD_CTRL_DATA(0x00);
        }
        LCD_CTRL_CMD(0x11);                                      // Sleep out
        HAL_Delay(120);
        LCD_CTRL_CMD(0x29);                                      // Display on
        /* 由用户按实际情况添加 */
        LCD_CTRL_CMD(0X3A);                                      // 设定 LCD 颜色位深
        LCD_CTRL_DATA(0X55);                                     // LCD 颜色位深为 16BPP
        LCD_CTRL_CMD(0X36);                                      // 设置 LCD 扫描方向
        LCD_CTRL_DATA(0X08);            // 扫描方向为从上到下,从左到右
        LCD_Clear(0,LCD_Width - 1,0,LCD_High - 1,WHITE);        // 把 LCD 清成白屏
        HAL_GPIO_WritePin(GPIOB,GPIO_PIN_0,GPIO_PIN_SET);       // 开启背光
    }
```

关于 LCD 屏的初始化代码这里添加了一些内容。首先就是读取使用的 LCD 屏的驱动型号,因为对于不同的 LCD 屏,使用的驱动代码也是不一样的(LCD 的驱动代码是厂家提供的)。通过读取数据读取到本次使用的 LCD 屏的驱动代码之后,根据不同的 LCD 屏使用不同的驱动代码。对于驱动代码来说,有些内容我们想要自己进行修改,不想直接用出厂的配置,则可以在后面自行添加。首先发送相关指令,然后修改成我们想要使用的配置,配置完毕后使用清屏函数对 LCD 屏进行清屏。还有最后一步,这一步是最重要的,就是开启背光。如果前面都配置完毕,但是背光引脚没有开启,则 LCD 屏是不会驱动的。接下来就是一些 LCD 屏的显示函数了。

```
void LCD_DrawLine(uint16_t x1, uint16_t y1, uint16_t x2, uint16_t y2, uint16_t pcolor)
{
    uint16_t i;
    int xerr = 0,yerr = 0;
    int delta_x,delta_y,distance;        // delta_x、delta_y 坐标增量变量
    int incx,incy;                        // 方向标志位
    int uRow,uCol;
    delta_x = x2 - x1;                    // 计算坐标增量(计算终点和起点之间的距离)
    delta_y = y2 - y1;
```

```
    uRow = x1;
    uCol = y1;
    if(delta_x > 0)                                // 设置单步方向,向下画线
      incx = 1;
    else if(delta_x == 0)
      incx = 0;                                    // 竖线
    else
    {incx = -1;                                    // 设置单步方向,向上画线
      delta_x = -delta_x;                          // 数据取反
    }
    if(delta_y > 0)                                // 设置单步方向,向前画线
      incy = 1;
    else if(delta_y == 0)
      incy = 0;                                    // 水平线
    else
    {incy = -1;                                    // 设置单步方向,向后画线
      delta_y = -delta_y;                          // 数据取反
    }
    if( delta_x > delta_y)
      distance = delta_x;                          // 选取基本增量坐标轴(选取从哪一个点开始画)
    else  distance = delta_y;

    for(i = 0;i <= distance+1; i++ )               // 画线输出
    {
      LCD_Draw_Point(uRow,uCol,pcolor);            // 画点
      xerr += delta_x ;                            // 计算画点数
      yerr += delta_y ;
      if(xerr > distance)                          // x 轴画一点结束
      { xerr -= distance;
        uRow += incx;                              // 控制方向
      }
      if(yerr > distance)
      { yerr -= distance;
        uCol += incy;
    } } }
void Draw_Circle(uint16_t x,uint16_t y,uint16_t r,uint16_t pcolor)
{
  int a,b;
  int di;
  a = 0;
  b = r;
  di = 3 - (r << 1);                               // 判断下个点位置的标志
  while(a <= b)
  { LCD_Draw_Point(x+a,y-b,pcolor);                // 5
    LCD_Draw_Point(x+b,y-a,pcolor);                // 0
    LCD_Draw_Point(x+b,y+a,pcolor);                // 4
    LCD_Draw_Point(x+a,y+b,pcolor);                // 6
    LCD_Draw_Point(x-a,y+b,pcolor);                // 1
    LCD_Draw_Point(x-b,y+a,pcolor);
```

```
        LCD_Draw_Point(x－a,y－b,pcolor);                    // 2
        LCD_Draw_Point(x－b,y－a,pcolor);                    // 7
        a++;
        // 使用 Bresenham 算法画圆
        if(di＜0) di += 4 * a + 6;
        else
        {di += 10 + 4 * (a－b);
           b－－;} }}
void LCD_Dis_8x16Ascill(uint16_t Xpos, uint16_t Ypos, char str, uint16_t Pcolor)
{
   char buff[16] = {0};                              // 存放显示字符的字模
   uint16_t x,y;
   str = str － 32;
   memcpy(buff,&ascill[str * 16],16);
   for(y = 0; y ＜ 16; y++)
   {
      for(x = 0; x ＜ 8; x++)
      {   if(buff[y] & (0x80 ＞＞ x))
            LCD_Draw_Point(Xpos + x,Ypos + y,Pcolor);
      }}}
void LCD_Dis_8x16string(uint16_t xpos,uint16_t ypos,const char * str,uint16_t
pcolor)
{
   while( * str!='\0')
   {LCD_Dis_8x16Ascill(xpos,ypos, * str,pcolor);
      xpos = xpos + 8;                               // 偏移要显示的 x 坐标
      str++;                                         // 偏移字符的地址
   }}
void TP_draw_adjust_point(uint16_t x,uint16_t y,uint16_t color)
{
   uint8_t i;
   /* 设置十字的中心坐标 */
   LCD_Draw_Point(x,y,color);
   /* 十字长度大小为 10 */
   for(i=1; i＜10; i++)
   {
      LCD_Draw_Point(x－i,y,color);
      LCD_Draw_Point(x   ,y－i,color);
      LCD_Draw_Point(x+i,y,color);
      LCD_Draw_Point(x   ,y+i,color);
   }
}
```

8.9.2　添加代码

代码分析完毕后就到了添加代码的环节,毕竟利用 STM32CubeMX 生成的工程只能说是把大多数的代码都自动生成了,但是还有一部分是不能生成的,需要我们进行手动添加,尤其是 LCD 屏的驱动函数,因为这一部分函数根据不同的 LCD 屏的型号,驱动代码也是有所变化的,所以 STM32CubeMX 软件不提供这里的驱动函数。

　　① 首当其冲需要添加的就是 printf 函数的重定义,因为在单片机中是不能直接使用 printf 函数的,所以需要重写。具体代码的意义在前面串口章节有相关的介绍。

　　编写 printf 函数的重定义函数这里是放在 main.c 的包含头文件的下面。注意,在重新编写 printf 函数时,一定要添加 printf 函数的头文件,不然是会出错的。重新编写 printf 函数后,在后续中使用 printf 函数时就与在 C 语言中的用法一样了。

```
# include "main.h"
# include "usart.h"
# include "gpio.h"
# include "fsmc.h"
# include "stdio.h"
int fputc(int data,FILE * file)
{uint8_t temp = data;
  HAL_UART_Transmit (&huart1,&temp ,1,2);
  return data;}
```

　　② 添加 LCD 的驱动文件以及打印函数。这部分的代码大家可以下载一下,笔者已经将它们放在百度网盘里面了,大家可以下载。链接如下:

链接:https:// pan. baidu. com/s/1iCW19dFlSWwadnWSEMDzYQ
提取码:na3g

　　③ 下载完成后可以看到如图 8.45 所示的文件。

LCD_ili.c	2021/8/10 15:33	c_file	22 KB
LCD_ili.h	2021/8/10 15:38	C/C++ Header	2 KB

图 8.45　添加的文件(一)

　　④ 在获取到上面两个文件后,将它们复制到我们的文件夹中,将 LCD_ili.c 放到 src 中,将 LCD_ili.h 放到 Inc 中(放到这两个文件夹下,所需进行的操作是最少的),然后就可以看到如图 8.46 和图 8.47 所示的界面。

　　⑤ 添加进工程中的步骤为:首先在工程里面找到类似“品”字形的图案,单击会出现一个 Manage Project Intms 选项框,然后在分组(Groups)中选择 User(用户),添加文件(Add Files)找到 Src,找到刚刚添加的 LCD_ili.c,双击添加进工程中(添加文件进工程只要添加.c 文件即可)。记得添加完成后一定要单击 OK 按钮,否则是不能添加成功的,如图 8.48 所示。

名称	修改日期	类型	大小
fsmc.c	2021/8/10 9:47	c_file	7 KB
gpio.c	2021/8/10 11:07	c_file	3 KB
LCD_ili.c	2021/8/10 15:33	c_file	22 KB
main.c	2021/8/10 15:33	c_file	6 KB
stm32f1xx_hal_msp.c	2021/8/10 9:47	c_file	3 KB
stm32f1xx_it.c	2021/8/10 9:47	c_file	6 KB
system_stm32f1xx.c	2021/8/5 14:20	c_file	15 KB
usart.c	2021/8/10 9:47	c_file	3 KB

图 8.46 添加的文件(二)

此电脑 › 新加卷 (E:) › STM32CubeMX_Project › LCD › LCD › Inc

名称	修改日期	类型	大小
font.h	2016/5/31 22:50	C/C++ Header	66 KB
fsmc.h	2021/8/10 9:47	C/C++ Header	2 KB
gpio.h	2021/8/10 9:47	C/C++ Header	2 KB
LCD_ili.h	2021/8/10 15:38	C/C++ Header	2 KB
main.h	2021/8/10 11:07	C/C++ Header	3 KB
stm32f1xx_hal_conf.h	2021/8/10 9:47	C/C++ Header	16 KB
stm32f1xx_it.h	2021/8/10 9:47	C/C++ Header	3 KB
usart.h	2021/8/10 9:47	C/C++ Header	2 KB

图 8.47 添加的文件(三)

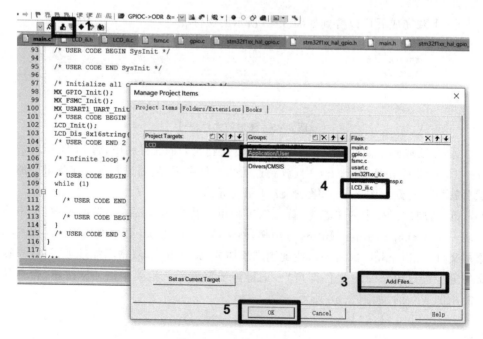

图 8.48 添加到工程(一)

⑥ 如图 8.49 所示,在左边的文件中,可以看到 LCD_ili.c,则表示添加成功。

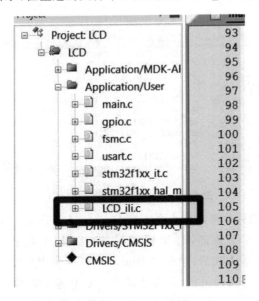

图 8.49　添加到工程(二)

⑦ LCD 屏的驱动文件添加成功以后,只需要调用 LCD 屏的驱动函数,然后打印即可。在 main 主函数中的 USE CODE DEGIN 2 和 USE CODE END 2 之间添加即可。如下代码表示添加 LCD 屏的驱动文件,然后调用显示字符串函数在横坐标为10、纵坐标为 20 的位置上显示一串红色的 hello world 字符串。

```c
int main(void)
{
  HAL_Init();

  SystemClock_Config();
  MX_GPIO_Init();
  MX_FSMC_Init();
  MX_USART1_UART_Init();
  LCD_Init();
  LCD_Dis_8x16string(10,20,"hello world",0xf800);
  while (1)
  {}}
```

上述代码添加之后,就可以进行后面的编译下载了。

8.9.3　编译下载

在编译前,要看好下载方式以及配置。

① 如图 8.50 所示,单击魔术棒或者在左上角的 Project 单击 Options for Target,开始进行配置。

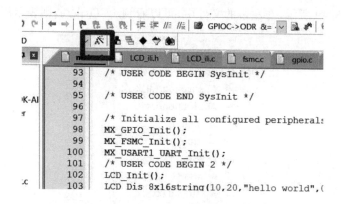

图 8.50　Keil 编译下载配置(一)

② 单击完魔术棒后会弹出一个文本框 Options for Target 'LCD',在这里面选择 Debug,先在 Use 选择下载器,这里用的是 ST-Link 下载器,所以选择 ST-Link Debugger。选择完下载方式后,单击 Setting(注:这一步很重要,如果这里不设置,那么下载完成后是没有任何效果的,需要手动按下复位键才能实现效果),如图 8.51 所示。选择 Flash Download,将里面的 Reset and Run 选项选中,如图 8.52 所示。

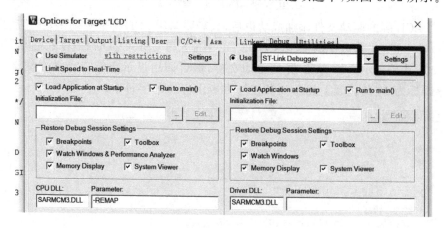

图 8.51　Keil 编译下载配置(二)

③ 设置完下载方式以及 Reset and Run 后,接下来进行编译(单击图 8.53 中方框内的图标即可,这里框选了两个图标,单击哪一个都可以),只要编译结果是 0 个错误(0 Error(s)),则证明工程没有问题(后面的 Warning(s)警告有多少都没有关系,这里不用管它)。

④ 编译结果没有问题,只需要下载到开发板上即可。

⑤ 将 LCD 屏插到 XYD - M3 大板上,连接 ST-Link 下载器,在 PC 上打开串口调试助手,选择使用的串口编号,波特率设置为 115 200,数据位为 8 位,奇偶校验位为无,停止位为 1 位,单击打开串口。打开串口后运行代码或者按下复位键,就可以看到

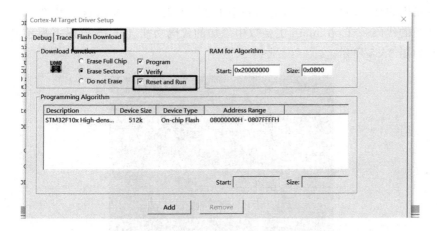

图 8.52　Keil 编译下载配置(三)

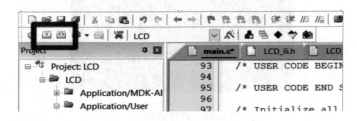

图 8.53　Keil 编译下载配置(四)

串口调试助手中打印了当前使用的 LCD 屏驱动器的型号为 9486,如图 8.54 所示。

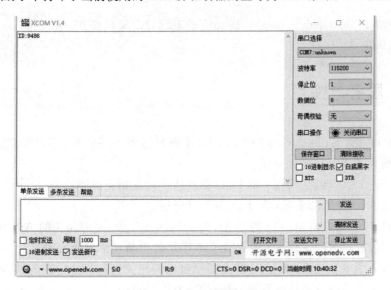

图 8.54　运行结果(一)

这是因为在 LCD 屏的初始化代码中加入了读取 LCD 驱动器型号的指令,与前面所介绍的代码一样,在 main 主函数中添加的代码功能会在 LCD 屏上显示出 hello world,如图 8.55 所示。

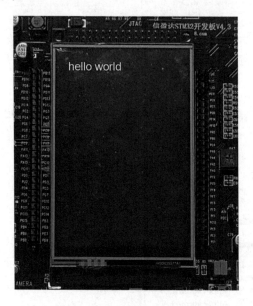

图 8.55　运行结果(二)

LCD 屏需要添加的代码以及通过 STM32CubeMX 自动生成的代码,笔者都放在百度网盘中,有需要的可以自行下载。链接如下:

链接:https://pan.baidu.com/s/19qMYgVbEn1JCJS8HX7W1jw
提取码:fsdk

8.10　思考与练习

1. 通过芯片 STM32F103 的 RM0008 手册的第 21 章 FSMC,学习相应的寄存器内容、功能模式以及框图的介绍。

2. 通过 LCD 驱动手册,了解 LCD 驱动指令以及相关引脚功能。

3. 通过 LCD 驱动手册,学习 LCD 驱动时序。

4. 通过芯片 STM32F103 的 HAL 库 UM1805 手册,复习相关的 API 函数。

5. 复习芯片 STM32F103 的 RM0008 手册的中断异常向量表内容。

6. 做一个卡片界面,在 LCD 屏上显示自己的相关信息,比如:姓名、电话等。

7. 通过网络查找触摸屏资料,对触摸屏有个简单的了解。

第 9 章

触摸屏

当年,Sam Hurst 在肯尼迪大学当教师,因为每天要处理大量的图形数据而不胜其烦,就开始琢磨怎样提高工作效率,用最简单的方法搞定这些该死的图形。他把自己的三间地下室改造成了车间,一间用来加工木材,一间用来制造电子元件,一间用来装配这些零件,并最终制造出了最早的触摸屏。这种最早的触摸屏被命名为"AccuTouch",由于是手工组装,一天只生产几台。1973 年,这项技术被美国《工业研究》杂志评选为当年 100 项最重要的新技术产品之一。不久,Sam Hurst 成立了自己的公司,并和西门子公司合作,不断完善这项技术。这个时期的触摸屏技术主要被美国军方采用,直到 1982 年,Sam Hurst 的公司在美国一次科技展会上展出了 33 台安装了触摸屏的电视机,平民百姓才第一次亲手"摸"到神奇的触摸屏。

9.1 触摸屏介绍

随着多媒体信息查询的与日俱增,人们越来越多地谈到触摸屏,因为触摸屏不仅适用于中国多媒体信息查询的国情,而且触摸屏具有坚固耐用、反应速度快、节省空间、易于交流等许多优点。利用这种技术,用户只要用手指轻轻地碰计算机显示屏上的图符或文字,就能实现对主机的操作,从而使人机交互更为直截了当,这种技术大大方便了那些不懂计算机操作的用户。触摸屏作为一种最新的计算机输入设备,它是目前最简单、方便、自然的一种人机交互方式。它赋予了多媒体以崭新的面貌,是极富吸引力的全新多媒体交互设备。触摸屏在我国的应用范围非常广泛,主要是公共信息的查询,如电信局、税务局、银行、电力等部门的业务查询;城市街头的信息查询;此外,还应用于办公、工业控制、军事指挥、电子游戏、点歌点菜、多媒体教学、房地产预售等。将来,触摸屏还要走入家庭。随着使用计算机作为信息来源的与日俱增,触摸屏以其易于使用、坚固耐用、反应速度快、节省空间等优点,使得系统设计师们越来越多地感到触摸屏的确具有相当大的优越性。

9.2 触摸屏分类

触摸屏的主要三大种类是:电阻技术触摸屏、电容技术触摸屏、表面声波技术触摸屏。每一类触摸屏都有其各自的优缺点,要了解哪种触摸屏适用于哪种场合,关键就在于要懂得每一类触摸屏技术的工作原理和特点。

1. 电阻技术触摸屏

电阻触摸屏的主要部分是一块与显示器表面非常配合的电阻薄膜屏,这是一种多层的复合薄膜。它以一层玻璃或硬塑料平板作为基层,表面涂有一层透明氧化金属(ITO 氧化铟,透明的导电电阻)导电层,上面再盖一层经外表面硬化处理、光滑防摩擦的塑料层;它的内表面也涂有一层 ITO 涂层,有许多细小的(小于(1/1 000)in)的透明隔离点把两层导电层隔开绝缘。当手指触摸屏幕时,两层导电层在触摸点位置就有了接触,控制器侦测到这一接触并计算出(X,Y)的位置,再根据模拟鼠标的方式运作,如图 9.1 所示。

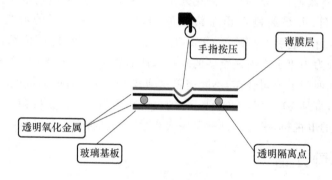

图 9.1 电阻屏原理

2. 电容技术触摸屏

与电阻式触摸屏不同,电容式触摸屏不需要通过压力使触点变形。它的基本原理是利用充电时间检测电容的大小,若手指触摸屏幕,会影响触摸点附近两个电极之间的耦合,从而改变两个电极之间的电容量;若检测到某电容的电容量发生了改变,即可获知该电容处有触摸动作,从而通过检测出电容值的变化来获知触摸信号。

电容屏要实现多点触控,靠的就是增加互电容的电极,简单地说,就是将屏幕分块,在每一个区域里设置一组互电容模块,都是独立工作,所以电容屏就可以独立检测到各区域的触控情况,进行处理后,简单地实现多点触控。电容触摸屏的优势主要体现在人机界面良好的互动感,当用户触摸电容屏时,由于人体电场,用户手指和工作面形成一个耦合电容,因为工作面上接有高频信号,于是手指吸收走一个很小的电流,这个电流分别从屏的四个角上的电极中流出,且理论上流经四个电极的电流与手指到四角的距离成比例,控制器通过对四个电流比例的精密计算,得出位置。其可以达到 99% 的精确度,具备小于 3 ms 的响应速度,如图 9.2 所示。

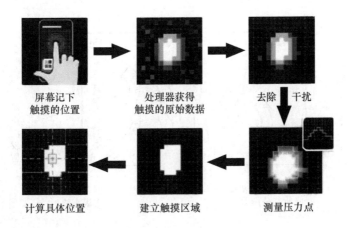

屏幕记下　　　　处理器获得　　　　去除　　干扰
触摸的位置　　　触摸的原始数据

计算具体位置　　建立触摸区域　　　测量压力点

图 9.2　电容屏原理

3．表面声波技术触摸屏

表面声波是超声波的一种，是在介质(例如剥离或金属等刚性材料)表面浅层传播的机械能量波。通过楔形三角基座可以做到定向、小角度的表面声波能量发射。表面声波触摸屏是由触摸屏、声波发生器、反射器和声波接收器组成的。其中声波发生器能发送一种高频声波并跨越屏幕表面，当手指触摸到屏幕时，触摸点上的声波就会被阻止，由此确定坐标位置。

表面声波触摸屏的触摸屏部分可以是一块平面、球面或者是柱面的玻璃平板，安装在 CRT、LED、LCD 或是等离子显示器屏幕的前面。这块玻璃平板只是一块纯粹的强化玻璃，区别于其他触摸屏之处是没有任何贴膜和覆盖层。

表面声波触摸屏不受温度、湿度等环境因素的影响，解析度极高，有极好的防刮性，寿命长(5 000 万次无故障)，透光率高，能保持清晰透亮的图像品质，没有漂移，只需安装时进行一次校准，有第三轴(压力轴)回应，最适合公共场所使用。不过表面声波触摸屏的缺点是，触摸屏表面的灰尘和水滴也会阻挡表面声波的传递，虽然控制器能分辨出来，但是当尘土堆积到一定的程度时，信号衰减得非常厉害，会使表面声波触摸屏变得卡顿或者不工作，如图 9.3 所示。

表面声波触摸屏最好之处是其压力轴响应，用户的压力越大，接收信号波形上的衰减缺口也就越宽、越深。目前在所有触摸屏中，只有声波触摸屏具有感知触摸压力这个性能，有了这个性能，每个触摸点的状态就不再是简单的是否按下了，而是多了感知压力的大小，这个功能现在在我们的生活中非常常见，如在视频 APP 中，长按屏幕就可以实现加速播放的效果；而且表面声波触摸屏非常地聪明，它会自己区分什么是尘土、水滴、手指，以及有多少个点在触摸。

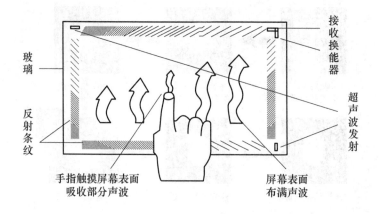

接收换能器

玻璃

反射条纹

超声波发射

手指触摸屏幕表面吸收部分声波

屏幕表面布满声波

图 9.3　表面声波屏原理

9.3　触摸屏控制器

　　为了操作上的方便,人们用触摸屏来代替鼠标或键盘。工作时,必须首先用手指或其他物体触摸安装在显示器前端的触摸屏,然后系统根据手指触摸的图标或菜单位置来定位选择信息输入。触摸屏由触摸检测部件和触摸屏控制器组成;触摸检测部件安装在显示器屏幕前面,用于检测用户触摸位置,接收后送触摸屏控制器;而触摸屏控制器的主要作用是从触摸点检测装置上接收触摸信息,并将它转换成触点坐标,再送给 CPU,它同时能接收 CPU 发来的命令并加以执行。有的主控芯片内部集成了触摸屏控制器;有的主控芯片内部则没有集成触摸屏控制器。没集成触摸屏控制器的,需要使用外置触摸屏控制器。STM32 属于后者,内部没有集成触摸屏控制器。我们所使用的触摸屏控制器型号为 XPT2046,具体触摸屏控制器原理图如图 9.4 所示。

　　由图 9.4 可以看到,XPT2046 左右两边提供接口,左边是 YN、XN、YP、XP 引脚,这主要是连接触摸检测器件的;右边会发现有很多的 I/O 口,这才是连接单片机的,这些引脚功能下面会有详细的介绍。这里先看一下触摸屏控制器与单片机之间是怎么通信的。通过引脚可以看到这里是一个标准的 SPI 通信,有 DIN 输入线、DOUT 输出线、CS 片选线以及 DCLK 时钟线;但是这里用的不是硬件 SPI,用的是软件模拟 SPI,主要原因是引脚的分配。如果用硬件 SP,那么对引脚就有要求,必须是满足 SPI 复用功能的引脚。这里用软件模拟 SPI 少占了引脚,而且也能实现功能。

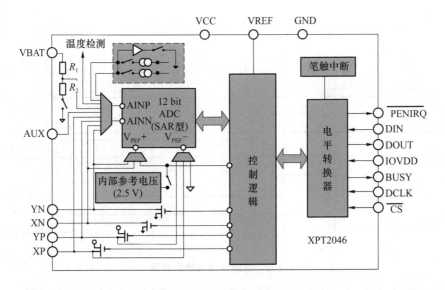

图 9.4　触摸屏控制器原理

通过图 9.4 可见，XPT2046 内部包含了一个多路选择器，能够测量电池电压、AUX 电压、芯片温度。一个 12 位的 ADC 用于对选择的模拟输入通道进行模/数转换，得到数字量，然后送入控制逻辑电路，供主控 CPU 进行读取；同时，具体选择哪个通道进行转换，也是由主控 CPU 发送命令给控制逻辑来设置的。XPT2046 支持笔触中断，即当触摸屏检测到被触摸按下时，可以立即产生笔触中断，通知主控制器开始转换并读取数据。在转换过程中，通过 busy 信号指示当前忙状态，以避免主控制器发出新的命令而中断之前的命令。

9.4　触摸屏时序

要想正确地读到 X、Y 坐标，需要按照芯片规定的控制协议进行数据的读/写。XPT2046 实现一次 X、Y 坐标的读取需要完成两次转换，单一一次转换只能得到单一 X 或 Y 的坐标，因此，必须通过两次控制才能得到结果。至于每一次转换的对象为 X 还是 Y 坐标，由控制器发出的控制字决定。这个控制字通过触摸屏控制器的时序就可以知道。如图 9.5 所示是触摸屏控制器的时序图。

通过图 9.5 可知，我们不仅能够知道测量指令，还可以读取 XPT2046 的数据。接下来分析这一时序图。

这是 8 位总线接口，无 DCLK 时钟延迟，24 时钟周期转换时序。

XPT2046 完成一个完整的转换需要 24 个串行时钟，也就是需要 3 个字节的 SPI 时钟。对照图 9.5，XPT2046 前 8 个串行时钟，是接收 1 个字节的转换指令（这

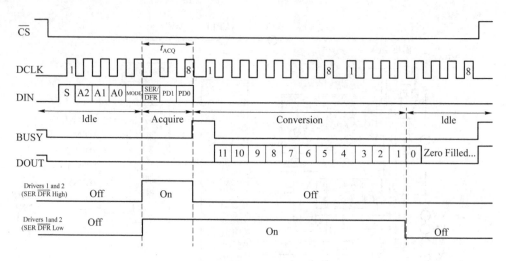

图 9.5　触摸屏控制器时序图

个转换指令需要我们自己去找）。接收到转换指令之后，使用 1 个串行时钟的时间来完成数据转换（当然在编写程序的时候，为了得到精确的数据，可以适当地延时一下），然后返回 12 个字节长度（12 个字节长度也计时 12 个串行时钟。之所以是12 个字节长度，是因为触摸屏控制器内部的 ADC 是 12 位转换精度的）的转换结果。最后3 个串行时钟返回 3 个无效数据。其实到最后接收数据时，只接收 12 位数据直接结束即可。

　　下面来看一下获取 X、Y 轴坐标的指令是怎么来的。通过图 9.5 可看到 DIN 这根数据线发送 8 位的数据，其实我们要找的指令就是通过这里查到的。下面分析每一位都是什么意思以及我们应该选择什么。

- 起始位——第一位，即 S 位。控制字的首位必须是 1，即 S＝1。在 XPT2046 的 DIN 引脚检测到起始位前，所有的输入将被忽略。

- 地址——接下来的 3 位（A2、A1 和 A0），选择多路选择器的现行通道（如图 9.6、图 9.7 所示），触摸屏驱动和参考源输入。

- MODE——模式选择位，用于设置 ADC 的分辨率。MODE＝0，下一次的转换将是 12 位模式；MODE＝1，下一次的转换将是 8 位模式，这里设置 ADC 的转换精度为 12 位。

- SER/$\overline{\text{DFR}}$——SER/$\overline{\text{DFR}}$ 位控制参考源模式，选择单端模式（SER/$\overline{\text{DFR}}$＝1），或者差分模式（SER/$\overline{\text{DFR}}$＝0）。在 X 坐标、Y 坐标和触摸压力测量中，为达到最佳性能，首选差分工作模式。至于单端模式还是差分模式，具体可以参考图 9.6 和图 9.7 进行选择。

- PD1～PD0——低功率模式选择位，若为 11，器件总处于供电状态；若为 00，则器件在变换之间处于低功率模式。

A2	A1	A0	V_{BAT}	AUX_{IN}	TEMP	YN	XP	YP	Y-位置	X-位置	Z₁-位置	Z₂-位置	X-驱动	Y-驱动
0	0	0			+IN (TEMP0)								Off	Off
0	0	1					+IN		测量				Off	On
0	1	0	+IN										Off	Off
0	1	1					+IN				测量		XN,On	YP,On
1	0	0				+IN						测量	XN,On	YP,On
1	0	1						+IN		测量			On	Off
1	1	0		+IN									Off	Off
1	1	1			+IN (TEMP1)								Off	Off

图 9.6　单端模式

A2	A1	A0	+REF	−REF	YN	XP	YP	Y-位置	X-位置	Z₁-位置	Z₂-位置	驱动
0	0	1	YP	YN		+IN		测量				YP,YN
0	1	1	YP	XN		+IN				测量		YP,XN
1	0	0	YP	XN	+IN						测量	YP,XN
1	0	1	XP	XN			+IN		测量			XP,XN

图 9.7　差分模式

通过上面对每一位的详细介绍可知,测量 X 轴的指令是 0xD0,测量 Y 轴的指令是 0x90。

9.5　触摸屏硬件设计

9.5.1　触摸屏原理图

触摸屏的硬件连接如图 9.8 所示,只需看大框里面的引脚即可,其他引脚属于 LCD 屏的引脚。

9.5.2　触摸屏引脚分析

在介绍 LCD 屏引脚时说过,LCD 屏与触摸屏的硬件是连接在一起的,所以触摸屏的实际引脚就只有 8 个;当然,想要实现触摸屏的功能,LCD 屏的引脚也是需要配置的,具体的配置可以参考 LCD 液晶屏一章,这里只介绍触摸屏的引脚功能。触摸屏的引脚是一个标准的全双工 SPI 通信,但是触摸屏驱动 XTP2046 不支持硬件 SPI,所以这里只能是用软件模拟 SPI,也就是说通过软件配置手动地拉高拉低数据

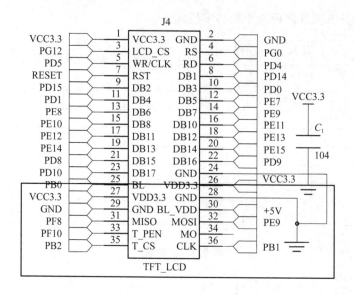

图 9.8　触摸屏原理图

线、片选线以及时钟线,模仿 SPI 通信的工作。

触摸屏的相关引脚如下:

- VCC3.3:接电源。

- GND:接地。

- MISO:SPI 的输入数据线,这里不能使用硬件 SPI,只能使用软件模拟 SPI,所以这里直接配置为输入即可。

- MOSI:SPI 的输出数据线,这里不能使用硬件 SPI,只能使用软件模拟 SPI,所以这里直接配置为推挽输出即可。

- MO:悬空。

- T_CS:片选引脚,顾名思义就是芯片选择引脚,表示正在跟某个芯片进行通信。此引脚只能是主机控制。现在单片机作为主机,所以直接配置为通用推挽输出即可。根据触摸屏的时序图可以知道,片选线的初始电平是高电平,这里既然模拟 SPI 了,所以初始电平也要设置为高电平。配置时,此片选引脚配置为通用推挽输出,上拉电阻使能(也可以不使能,本身这里就是一个弱上拉),初始电平为高电平模式。

- CLK:时钟引脚。时钟线也是只能由主机控制,这里直接设置为通用推挽输出即可。不需要上拉、下拉电阻,根据触摸屏时序,初始电平设置为低电平。

- T_PEN:有效电平为低电平。此引脚比较特殊,叫作"笔触中断"引脚,从机永远不会主动给主机发消息,然而这里触摸屏按下的时间是随机的,所以此引脚就是解决从机永远不能主动发消息的问题,一旦外界有触摸点按下了,那么此引脚立即切换成低电平,主机发现此引脚变成低电平后,立即发送指令让触摸屏控制器 XPT2046 去测量按下的触摸点的横纵坐标。所以此引脚在主机中的主要作用是监测,配置为输入,上拉电阻使能。

T_PEN 引脚配置时最好配置为上拉电阻使能,因为此引脚不像 T_CS 片选引脚,T_CS 片选引脚决定的是主机是否和从机进行通信,是输出,我们可以自己决定它的初始电平是什么。但是现在的引脚是 T_PEN 笔触中断引脚,主机主要是用来监测的,是输入,输入是不配置初始电平的,所以为了防止出现 BUG,这里还是配置为上拉输入。

9.6 新建例程

下面创建触摸屏的工程。创建触摸屏的工程不需从头开始,因为触摸屏是在 LCD 屏的基础上运行的,所以这次的新建工程比较简单,就是将 LCD 屏的 STM32CubeMX 复制过来,然后在里面修改添加即可。如果各位读者想要自己重新创建,可以参考 LCD 液晶屏章节重新进行创建,后面添加触摸屏的引脚即可。

通过 STM32CubeMX 软件,这里只是添加了触摸屏的硬件初始化配置,具体的触摸屏的校准以及通信函数需要我们自行编写代码。这里已经将需要添加的代码放在百度网盘中,与最终的示例代码放在了一起。

① 我们这个触摸屏用的通信方式是软件模拟 SPI,所以这里只需要初始化相关的 GPIO 口即可。需要初始化的有:MISO/MOSI/T_PEN/T_CS/CLK,其中 MISO 以及 T_PEN 引脚,配置为输入模式,MOSI、SCLK 以及 CS 引脚配置为推挽输出即可。配置完成后单击生成工程即可。具体配置步骤与之前的 LED 配置一样,先找到需要使用的引脚,然后设置为输入或者输出,配置完成后点击左边的 System Core 找到 GPIO 口,一个引脚一个引脚地配置。GPIO output Level 为引脚电平,设置引脚初始电平状态。GPIO mode 为 GPIO 模式,选择推挽/开漏输出。GPIO Pull-up/Pull-down 为是否需要上下拉,选项有上拉、下拉和无上下拉。Maximum output speed 为引脚速度,由我们自己决定低速/中速/高速。User Label 用户标签这一栏其实就是给引脚设置名称,根据不同的芯片引脚功能,命名也有所改变。设置完毕后,可以看一下芯片的变化,能够直接看到的就是,会在 GPIO 引脚的旁边写着我们刚刚设置的别名,证明这个引脚就是我们刚刚设置过的那个 GPIO 口,如图 9.9 和图 9.10 所示。

② 配置完 I/O 口后,就准备生成工程文件了。单击 Project Manager,选择我们的工程文件所想要保存的路径(路径不能有中文)以及工程文件的名称等,最终生成代码。

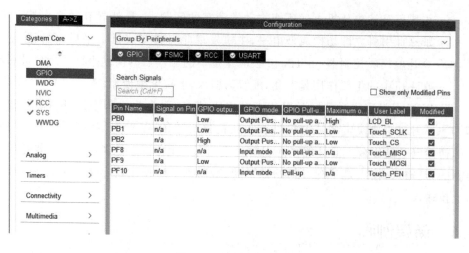

图 9.9　引脚配置(一)

图 9.10　引脚配置(二)

9.7 例程分析

9.7.1 源代码介绍

打开 Touch 的工程之后，首先打开 main 主函数：

```
int main(void)
{
  HAL_Init();
  SystemClock_Config();
  MX_GPIO_Init();
  MX_FSMC_Init();
  MX_USART1_UART_Init();
  while (1);
}
```

可以看到 main 主函数里面的函数。第一个函数是 MX_GPIO_Init，是对相关的 GPIO 口进行初始化，具体的内容如下：

```
void MX_GPIO_Init(void)
{
  GPIO_InitTypeDef GPIO_InitStruct = {0};
  __HAL_RCC_GPIOF_CLK_ENABLE();
  __HAL_RCC_GPIOB_CLK_ENABLE();
  __HAL_RCC_GPIOG_CLK_ENABLE();
  __HAL_RCC_GPIOE_CLK_ENABLE();
  __HAL_RCC_GPIOD_CLK_ENABLE();
  __HAL_RCC_GPIOA_CLK_ENABLE();
  HAL_GPIO_WritePin(Touch_MOSI_GPIO_Port, Touch_MOSI_Pin, GPIO_PIN_RESET);
  HAL_GPIO_WritePin(GPIOB, LCD_BL_Pin|Touch_SCLK_Pin, GPIO_PIN_RESET);
  HAL_GPIO_WritePin(Touch_CS_GPIO_Port, Touch_CS_Pin, GPIO_PIN_SET);
  GPIO_InitStruct.Pin = Touch_MISO_Pin;
  GPIO_InitStruct.Mode = GPIO_MODE_INPUT;
  GPIO_InitStruct.Pull = GPIO_NOPULL;
  HAL_GPIO_Init(Touch_MISO_GPIO_Port, &GPIO_InitStruct);
  GPIO_InitStruct.Pin = Touch_MOSI_Pin;
  GPIO_InitStruct.Mode = GPIO_MODE_OUTPUT_PP;
  GPIO_InitStruct.Pull = GPIO_NOPULL;
  GPIO_InitStruct.Speed = GPIO_SPEED_FREQ_LOW;
  HAL_GPIO_Init(Touch_MOSI_GPIO_Port, &GPIO_InitStruct);
  GPIO_InitStruct.Pin = Touch_PEN_Pin;
  GPIO_InitStruct.Mode = GPIO_MODE_INPUT;
  GPIO_InitStruct.Pull = GPIO_PULLUP;
  HAL_GPIO_Init(Touch_PEN_GPIO_Port, &GPIO_InitStruct);
  GPIO_InitStruct.Pin = LCD_BL_Pin;
```

```
GPIO_InitStruct.Mode = GPIO_MODE_OUTPUT_PP;
GPIO_InitStruct.Pull = GPIO_NOPULL;
GPIO_InitStruct.Speed = GPIO_SPEED_FREQ_HIGH;
HAL_GPIO_Init(LCD_BL_GPIO_Port, &GPIO_InitStruct);
GPIO_InitStruct.Pin = Touch_SCLK_Pin|Touch_CS_Pin;
GPIO_InitStruct.Mode = GPIO_MODE_OUTPUT_PP;
GPIO_InitStruct.Pull = GPIO_NOPULL;
GPIO_InitStruct.Speed = GPIO_SPEED_FREQ_LOW;
HAL_GPIO_Init(GPIOB, &GPIO_InitStruct);
}
```

可以看到，这个 GPIO 初始化函数主要是对 LCD 的 GPIO 口以及触摸屏的 I/O 口进行的相关初始化，具体表示的功能大家可以参考第 3 章。剩下的 main 主函数中的其他两个函数已经在 LCD 液晶屏以及串口通信 USART 章节分析过了，所以这里也是不做过多说明。

由于触摸屏的主要实现还是需要 LCD 屏的参与，所以添加代码不仅需要添加触摸屏的相关函数，还需要添加 LCD 屏的代码，当然这个 touch 的代码笔者也是已经封装好了，大家可以直接使用，LCD 屏需要添加的代码与 Touch 需要添加的代码放在了一起，都在百度网盘中可以找到。本次工程需要添加的代码主要就是触摸屏的相关驱动函数。接下来分析一下 Touch 相关代码：

```
TOUCH_ADJ_TYPEDEF touch_adj;
/********************* 触摸屏校准函数 *********************/
void Touch_Adj_Init(void)
{
  float f1,f2;
  TOUCH_XY_TYPEDEF touch[4];
RE_ADJUST:
  // 第一个点
  TP_draw_adjust_point(20, 20, 0xf800);
  while( Touch_PEN_GPIO_Pin_Read );              /* 等待触摸屏被按下 */
  Delay_us(10);
  touch[0] = Touch_Get_XY( );
  while(! (Touch_PEN_GPIO_Pin_Read));            /* 等待释放触摸屏 */
  TP_draw_adjust_point(20 ,20,0xDC7D);           // 清除第一个十字
  printf("%d,%d\r\n",touch[0].x ,touch[0].y );
  // 第二个点
  TP_draw_adjust_point((320 - 20),20, 0xf800);   // 画一个十字
  while( Touch_PEN_GPIO_Pin_Read );              /* 等待触摸屏被按下 */
  Delay_us(10);                                  // 延时去抖
  touch[1] = Touch_Get_XY( );                    // 读取触摸屏的 X、Y 轴值
  while(! (Touch_PEN_GPIO_Pin_Read));            /* 等待释放触摸屏 */
  TP_draw_adjust_point((320 - 20), 20, 0xDC7D);  // 清除第二个十字
  printf("%d,%d\r\n",touch[1].x ,touch[1].y );
  // 第三个点
  TP_draw_adjust_point(20, (480 - 20), 0xf800);  // 画一个十字
```

```
while( Touch_PEN_GPIO_Pin_Read);                          /* 等待触摸屏被按下 */
Delay_us(10);                                             // 延时去抖
touch[2] = Touch_Get_XY( );                               // 读取触摸屏的 X、Y 轴值
while(! (Touch_PEN_GPIO_Pin_Read));                       /* 等待释放触摸屏 */
TP_draw_adjust_point(20,(480 - 20), 0xDC7D);              // 清除第三个十字
printf(" %d, %d\r\n",touch[2].x ,touch[2].y );            // 第四个点
TP_draw_adjust_point((320 - 20), (480 - 20), 0xf800);     // 画一个十字
while( Touch_PEN_GPIO_Pin_Read );                         /* 等待触摸屏被按下 */
Delay_us(10);                                             // 延时去抖
touch[3] = Touch_Get_XY( );                               // 读取触摸屏的 X、Y 轴值
while(! (Touch_PEN_GPIO_Pin_Read));                       /* 等待释放触摸屏 */
TP_draw_adjust_point((320 - 20), (480 - 20), 0xDC7D);     // 清除第四个十字
printf(" %d, %d\r\n",touch[3].x ,touch[3].y );
// 第 1、2 点间的距离的平方
f1 = (touch[1].x - touch[0].x) * (touch[1].x - touch[0].x) +
  (touch[1].y - touch[0].y) * (touch[1].y - touch[0].y);
// 第 3、4 点间的距离的平方
f2 = (touch[3].x - touch[2].x) * (touch[3].x - touch[2].x) +
  (touch[3].y - touch[2].y) * (touch[3].y - touch[2].y);
if(f1 / f2 > 1.1 || f1 / f2 < 0.9)
    goto RE_ADJUST;
// 第 1、3 点间的距离的平方
f1 = (touch[2].x - touch[0].x) * (touch[2].x - touch[0].x) +
  (touch[2].y - touch[0].y) * (touch[2].y - touch[0].y);
// 第 2、4 点间的距离的平方
f2 = (touch[3].x - touch[1].x) * (touch[3].x - touch[1].x) +
  (touch[3].y - touch[1].y) * (touch[3].y - touch[1].y);
if(f1 / f2 > 1.1 || f1 / f2 < 0.9)
  goto RE_ADJUST;
// 求 x 方向的比例系数和偏移量
touch_adj.kx = (float)((320 - 20) - 20)/(touch[3].x - touch[0].x);  // kx = (X2 -
X1)/(x2 - x1)
touch_adj.offset_x = 20 - touch_adj.kx * touch[0].x;   // x0ff = X1 - kx * x1;
// 求 y 方向的比例系数和偏移量
touch_adj.ky = (float)((480 - 20) - 20) / (touch[3].y - touch[0].y);
touch_adj.offset_y = 20 - touch_adj.ky * touch[0].y;}
```

对于触摸屏代码来说，最核心的就是触摸屏的校准函数了。上面就是我们使用的触摸屏校准函数，本次触摸屏校准使用的是 4 点校准，也就是说主要就是在 LCD 屏的四个角分别显示"十"字，通过按下不同的"十"字的中心获取按下的触摸值，然后将值保存在 touch 这个数组中，通过跳转可以看到 touch 这个数组的类型为 TOUCH_XY_TYPEDEF，这个类型是一个结构体类型：

```
/* 触摸屏坐标值 */
typedef struct
{uint16_t x;
    uint16_t y;
}TOUCH_XY_TYPEDEF;
```

通过跳转可以看到此结构体类型只是保存 X 轴以及 Y 轴坐标的，按下四个"十"

字之后,这按下的四个点的坐标就已经保存在这个结构体数组里面了。接下来就是判断按下的触摸点是否准确。判断第 1 个点和第 2 个点之间的距离与第 3 个点和第 4 个点之间的距离是否相等(也就是判断 1、2 点与 3、4 点的横坐标是否相同),如果不相等,则证明刚刚校准的点有问题,需要重新校准,则直接跳转到校准函数的开始位置;如果相等,则继续判断判断第 1 个点和第 3 个点之间的距离与第 2 个点和第 4 个点之间的距离是否相等(也就是判断 1、3 点与 2、4 点的纵坐标是否相同),如果也不相等,则证明刚刚校准的点同样有问题,需要重新校准,则同样会直接跳转到校准函数的开始位置,如图 9.11 所示。

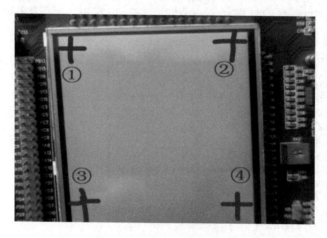

图 9.11 触摸屏校准位置

想要校准就要获取按下的按键值,获取按键值函数如下:

```
/******************* 触摸屏获取坐标参数函数 *******************/
TOUCH_XY_TYPEDEF Touch_Get_XY(void)
{
    TOUCH_XY_TYPEDEF touch;
    uint16_t buff[10],temp;
    uint8_t i,j;
    /* 获取 X 轴坐标 A/D 值 */
    for(i = 0; i < 10; i++)
    {
        buff[i] = Touch_Get_ADC(0xD0);
        printf("%d\r\n",buff[i]);
    }
    /* 数据排序 */
    for(i = 0; i < 10; i++)
        for(j = i + 1; j < 9; j++)
            if(buff[i] < buff[j]){
                temp = buff[i];
                buff[i] = buff[j];
                buff[j] = temp;}
```

```
temp = 0;
for(i = 1; i < 9; i++)
temp += buff[i];
touch.x = temp / 8;       /* 求平均数 */
/* 获取 Y 轴坐标 A/D 值 */
for(i = 0; i < 10; i++)
buff[i] = Touch_Get_ADC(0x90);
/* 数据排序 */
for(i = 0; i < 10; i++)
for(j = i + 1; j < 9; j++){
    if(buff[i] < buff[j])
    {temp = buff[i];
        buff[i] = buff[j];
        buff[j] = temp;}}
temp = 0;
for(i = 1; i < 9; i++)
temp += buff[i];
touch.y = temp / 8;
return touch;
}
```

通过获取触摸屏坐标函数获取到函数。通过上面的代码可以看到,如果想要获取触摸屏坐标函数,需要发送相关指令。0X90 以及 0xD0 这两个指令在 9.4 节介绍过,这里就不多说了。

如果前面的校准没有问题,则进入后面的求比例系数以及偏移量的步骤。这一步主要就是为了获取触摸屏对应的 LCD 屏坐标,公式为 $Y = KX + B$。

我们需要做的是求出相对应的比例系数 K,以及偏移量 B,就可以根据这个比例系数和偏移量计算出触摸屏对应的 LCD 屏坐标了。计算出对应的 X 轴以及 Y 轴的比例系数和偏移量之后,将它存放到结构体 TOUCH_ADJ_TYPEDEF 中。结构体的主要成员如下:

```
typedef struct
{
    float kx;                // 比例系数
    float ky;
    uint16_t offset_x;       // 偏移量
    uint16_t offset_y;
}TOUCH_ADJ_TYPEDEF;
```

之后直接通过公式 $Y=KX+B$ 求出对应的 LCD 屏坐标,就可以直接使用这个触摸屏了。

```
/*************** 触摸屏坐标转换成 LCD 坐标函数 *******************
Lcd 坐标 = f(比例系数) * Toch 坐标 + offset(偏移量);
**********************************************************/
TOUCH_XY_TYPEDEF Get_Touch_Lcd(void)
{
    TOUCH_XY_TYPEDEF touch;
    touch = Touch_Get_XY( );              // 获取触摸屏 A/D 转换值
    // y = kx + b;
    touch.x = touch_adj.kx * touch.x + touch_adj.offset_x;  // X0 = kx * x + xoff
    touch.y = (touch_adj.ky * touch.y + touch_adj.offset_y);
    return touch;
}
```

9.7.2　添加代码

前面已经分析过触摸屏的相关代码了,接下来看一下怎么将代码文件添加到工程里。首先从百度网盘中下载笔者发送给大家的 touch 文件,添加步骤可以参考 LCD 屏添加 LCD 文件的步骤,添加成功之后需要在 main 主函数添加相关代码。由于我们在 LCD 屏添加了打印函数,所以还是需要修改一下 printf 函数的底层函数 fputc 以及 LCD 和 TOUCH 的相关头文件。

```
# include "stdio.h"
# include "LCD_ili.h"
# include "touch.h"
int fputc(int data,FILE * file)
{
    uint8_t temp = data;
    HAL_UART_Transmit (&huart1,&temp ,1,2);
    return data;
}
```

添加成功后就要在 main 主函数中添加 LCD 屏的初始化函数以及 Touch 的校准函数。对于 Touch 的 GPIO 口初始化,STM32CubeMX 已经自动生成在 MX_GPIO_Init 中了,所以只需添加校准函数以及显示函数即可。

```
int main(void)
{
    HAL_Init();
    SystemClock_Config();
    MX_GPIO_Init();
    MX_FSMC_Init();
    MX_USART1_UART_Init();
```

```
    LCD_Init();
    Touch_Adj_Init();
    LCD_Dis_8x16string(100,200,"hello world",0XF800);
  while(1)
  {
  }
}
```

9.7.3 编译下载

接下来需要做的就是进行代码的编译下载。在编译前要选择使用的下载方式，具体如图 9.12 所示。

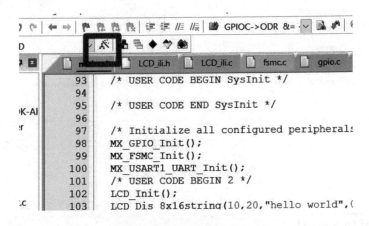

图 9.12 Keil 编译配置(一)

① 首先单击魔术棒或者在左上角的"Project"下单击 Options for Target，开始进行配置。

② 单击魔术棒后会弹出一个文本框：Options for Target 'Touch'，在这里面选择 Debug，先在 Use 选择下载器，这里用的是 ST-LINK 下载器，所以选择 ST-Link Debugger，然后单击 Settings(注：这一步很重要，如果这里不设置，那么下载完成后是没有任何效果的，需要手动按下复位键才能实现效果)，如图 9.13 所示。选择 Flash Download，将里面的 Reset and Run 选项选中，如图 9.14 所示。

③ 设置完下载方式以及 Reset and Run 后，接下来进行编译(单击图 9.15 方框内的图标即可，这里笔者框选了两个图标，表示点击哪一个都可以)，只要编译结果是 0 个错误(0 Error(s))，则证明工程没有问题(后面的 Warning(s)警告有多少都没有关系，这里不用管它)。

④ 若编译结果没有问题，只需要下载到开发板上即可。

⑤ 接下来将我们的 LCD 屏插到 XYD-M3 大板上，然后连接 ST-Link 下载器，在 PC 上打开串口调试助手，选择使用的串口编号，波特率设置为 115 200，数据位为

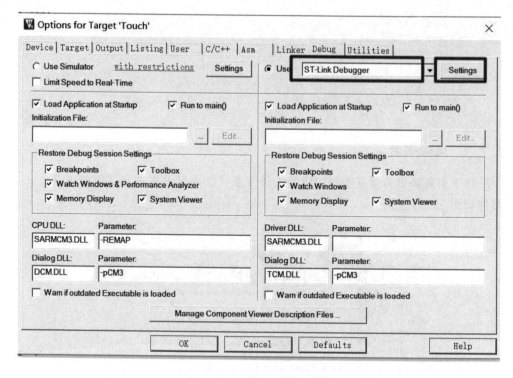

图 9.13　keil 编译配置(二)

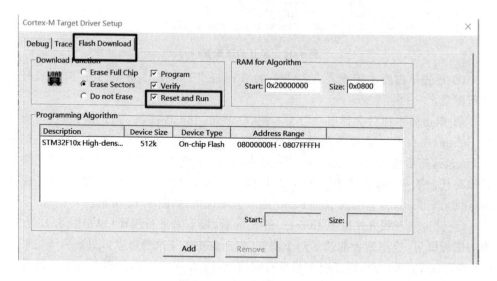

图 9.14　keil 编译配置(三)

8 位,奇偶校验位为无,停止位为 1 位。单击打开串口。打开串口后运行代码或者按下复位键,就可以看到串口调试助手中打印了当前使用的 LCD 屏驱动器的型号为 9486,如图 9.16 所示。

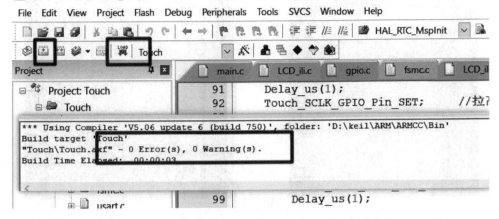

图 9.15　编译代码

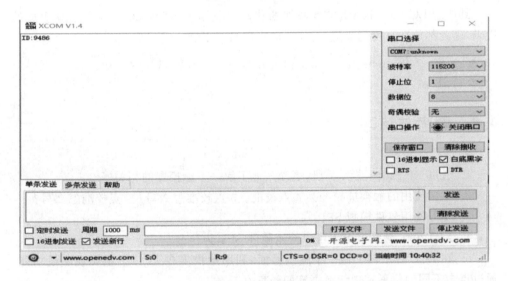

图 9.16　运行结果(一)

　　这是因为在 LCD 屏的初始化代码中加入了读取 LCD 驱动器型号的指令,所以会在串口调试助手上显示 LCD 屏的驱动器型号。在串口调试助手上显示完驱动器型号之后,会发现 LCD 屏左上角有一个红色的"十"字,这就是我们需要的校准点。单击"十"字,然后会在右上角出现另一个,依次校准,一共有 4 个校准点,全部校准完毕会在屏幕上显示"hello world"。如果中途校准失败,则会一直进行校准,直到校准成功才会退出校准函数,如图 9.17、图 9.18 所示。

图 9.17 运行结果(二)

图 9.18 运行结果(三)

具体的 LCD 屏、Touch 需要添加的代码以及通过 STM32CubeMX 自动生成的代码,笔者都放在百度网盘里,有需要的可以自行下载。链接如下:

链接:https:// pan. baidu. com/s/1VqcpcOOFPvXppF3rWPDbVw
提取码:27x8

9.8 思考与练习

1. 通过 XPT2040 芯片手册,更深入地了解一下触摸屏的相关概念。

2. 本次使用的触摸屏校准为 4 点校准。3 点校准怎么写? 5 点校准怎么写?

3. 学习使用软件模拟 SPI。

4. XPT2046 触摸屏可不可以使用硬件 SPI,为什么?

5. 在 LCD 显示屏上做一个画图界面,利用触摸屏在 LCD 屏上实现画线功能,通过点击不同的位置实现切换画笔的颜色。

6. 查找 RM0008 手册的第 11 章,提前预习 ADC,了解 ADC 的工作原理。

第 10 章

ADC

ADC 是指将连续变化的模拟信号转换为离散的数字信号的器件。真实世界的模拟信号,例如温度、压力、声音或者图像等,需要转换成更容易存储、处理和发射的数字形式。模/数转换器可以实现这个功能,在各种不同的产品中都可以找到它的身影。

典型的模/数转换器将模拟信号转换为一定比例电压值的数字信号。然而,有一些模/数转换器并非纯的电子设备,例如旋转编码器也可以被视为模/数转换器。

模拟信号在时域上是连续的,因此可以将它转换为时间上连续的一系列数字信号。这样就要求定义一个参数来表示新的数字信号采样自模拟信号的速率。这个速率称为转换器的采样率或采样频率。

可以采集连续变化、带宽受限的信号,通过插值将转换后的离散信号还原为原始信号。这一过程的精确度受量化误差的限制。然而,仅当采样率比信号频率的 2 倍还高的情况下,才可能达到对原始信号的忠实还原,这一规律在采样定理中有所体现。

由于实际使用的模/数转换器不能进行完全实时的转换,所以对输入信号进行一次转换的过程中必须通过一些外加方法使之保持恒定。

在计算机的世界里,只有数字量 0 和 1,那么各位读者有没有考虑过,如果不是数字量该怎么表示呢? 在接下来的介绍中,会为大家一一解惑。

模拟量:在时间上和数值上都是连续的物理量称为模拟量。把表示模拟量的信号叫模拟信号。把工作在模拟信号下的电子电路叫模拟电路。

数字量:在时间上和数值上都是离散的物理量称为数字量。把表示数字量的信号叫数字信号。把工作在数字信号下的电子电路叫数字电路。模拟信号与数字信号如图 10.1 所示。

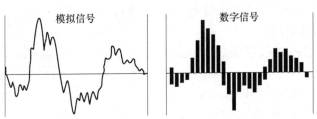

图 10.1　模拟信号与数字信号

10.1　ADC 模块概述

　　STM32F103ZET6 芯片的 ADC 模块是一种逐次逼近型模/数转换器,转换精度为 12 位转换。它有多达 18 个通道,可测量 16 个外部转换通道和 2 个内部转换通道。其中 ADC_IN[0:15] 是 16 个外部转换通道,这 16 个外部转换通道直接与外界的 GPIO 口相连,可以对外部的输入信号进行 A/D 转换。另外 2 个内部转换通道,分别与芯片内部的温度传感器以及内部参考电压引脚相连。各通道的 A/D 转换可以实现单次、连续、扫描或间断模式执行。ADC 的结果可以以左对齐或右对齐的方式存储在 16 位数据寄存器中。

　　ADC 模块通常是将信号采样并保持以后,再进行量化和编码,这两个过程是在转化的同时实现的。

　　ADC 模块还具有模拟看门狗的特性,允许应用程序检测输入电压是否超出用户定义的高/低阈值。

　　ADC 的输入时钟由 PCLK2 经分频产生,最高不得超过 14 MHz。具体的分频方式直接通过时钟控制器 RCC 来进行。

10.2　ADC 特性

- 12 位分辨率;
- 转换结束、注入转换结束和发生模拟看门狗事件时产生中断;
- 单次和连续转换模式;
- 从通道 0 到通道 n 的自动扫描模式;
- 自校准;
- 带内嵌数据一致性的数据对齐;
- 采样间隔可以按通道分别编程;
- 规则转换和注入转换均有外部触发选项;
- 间断模式;
- 双重模式(带 2 个或 2 个以上 ADC 器件);
- ADC 转换时间:
  - STM32F103xx 增强型产品:时钟为 56 MHz 时为 1 μs,时钟为 72 MHz 时为 1.17 μs;
- ADC 供电要求:2.4～3.6 V;
- ADC 输入范围:$V_{REF-} \leqslant V_{IN} \leqslant V_{REF+}$;
- 规则通道转换期间有 DMA 请求产生。

10.3　ADC 内部结构

10.3.1　ADC 框图

ADC 模块的内部框图如图 10.2 所示。STM32F1 系列微控制器的 ADC 模块有 18 个模拟量输入通道,其中 16 个通道是外部通道,还有 2 个是内部通道。通过 ADC 的内部框图可以看到,ADCx_IN[0:15]这 16 个就是外部转换通道。这些外部通道与 GPIO 口相连,可以实现对外部输入的信号进行 A/D 转换。另外的 2 个内部转换是片内的温度传感器,与内部参考电压引脚相连,各通道的 A/D 转换可以以单次、连续、扫描和间断的模式进行转换。

ADC 转换器又分为模拟转换和规则转换。对于规则转换通道来说,最多允许的转换个数为 16 个通道,通过 ADC_SQRx 寄存器设置转换的通道顺序,然后 ADC 开始进行转换。转换结果以左对齐或者右对齐的方式存放在规则通道数据寄存器中,CPU 检测到 EOC 标志位置位则将数据读出或者产生中断。对于注入通道来说,最多允许的转换个数为 4 个,转换结束后的数据存储在注入通道数据寄存器中,对应的 EOC 标志或者 JEOC 标志会置位,可以读出数据寄存器中的内容或者进入中断。

需要注意:对于规则转换和注入转换结束数据的存放,规则转换数据寄存器只有 1 个,一旦检测到规则转换结束则需要赶紧将数据读出去,否则这些数据会被后面的数据所覆盖。但是注入通道的数据寄存器有 4 个,当检测到注入转换结束后,可以不用立即读出数据。

ADC 模块具有可编程的软件或硬件启动方式,当 A/D 转换由硬件触发时,来自 TIM1、TIM2、TIM3、TIM4,以及外部中断 15、外部中断 11 的事件均可以触发 A/D 转换,模拟看门狗、注入转换结束以及转换结束事件发生后,均可以产生相对应的中断,转换的结果可以通过 DMA 进行数据传输。

10.3.2　ADC 校准

ADC 模块自身带有校准功能,用于消除内部电容器组而造成的 A/D 转换的偏移误差。在校准器中,每个电容器都会被寄存一个误差修正码,这个误差修正码在校准结束后是存储在 ADC 的数据寄存器中的,它可用于消除后面每个电容器产生的误差。通过设置 ADC_CR2 寄存器的 CAL 位启动 A/D 校准。在执行 A/D 校准之前可以先对 A/D 的校准寄存器进行复位校准,在 ADC_CR2 寄存器的 RSTCAL 位进行校准。ADC 的校准时序如图 10.3 所示。

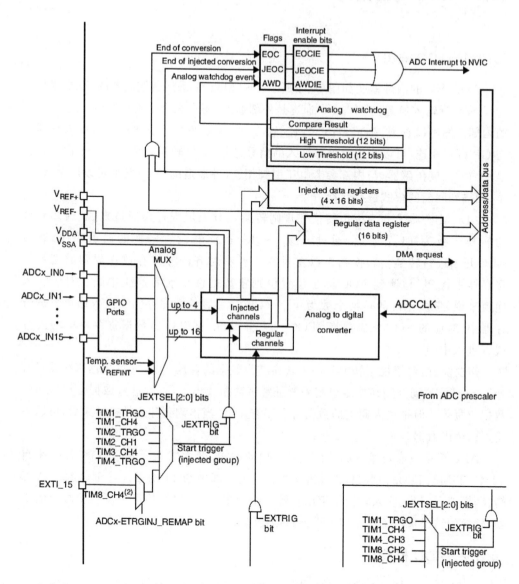

图 10.2 ADC 内部框图

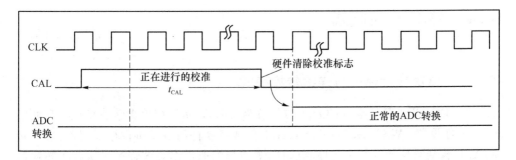

图 10.3 校准时序图

校准代码如下：

```
ADC1 ->CR2 | = 1<<3;          // 设置初始化校准寄存器
while(ADC1 ->CR2 & 1<<3);     // 轮询等待复位校准完成
ADC1 ->CR2 | = 1<<2;          // 设置 A/D 校准
while(ADC1 ->CR2 & 1<<2);     // 轮询等待 A/D 校准完成
```

10.3.3 ADC 时序

当 STM32F1 系列微控制器上电复位后，ADC 模块是被禁止的，模块处于断电状态，软件通过设置 ADC_CR2 寄存器的 ADON 位就可以给 ADC 上电，ADC 模块就会从断电状态下唤醒。这时，ADC 模块需要一个稳定时间（tSTAB）以等待模块上电完成，在此期间 ADX 的转换精度无法保证。当软件设置 ADC_CR2 寄存器的 ADON 位为 0 时，就可以停止转换，使 ADC 模块处于断电模式，这时 ADC 几乎不耗电。

ADC 在开始工作前需要一个稳定时间（tSTAB），在开始转换后的 14 个周期时，EOC 标志位就会被设置，16 位的 ADC 数据寄存器就包含了 ADC 的转换结果，如图 10.4 所示。

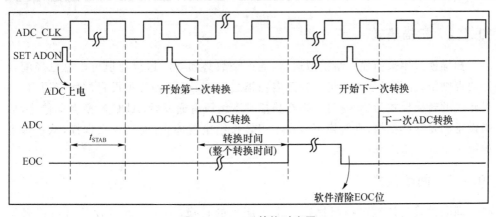

图 10.4 ADC 转换时序图

10.4　ADC 转换模式

10.4.1　单次转换模式与连续转换模式

当 ADC_CR2 寄存器的 CONT 位设置为 0 时,表示启用单次转换模式。在此模式下,软件设置 SWSTART/JSWSTART 位或者硬件的触发事件可以启动 A/D 转换,ADC 模块会依次执行一次序列转换,被选择的通道都会被转换一次。当转换序列中的通道转换完毕后,都会产生一个 EOC 标志,如果 EOCIE 位被设置则会产生中断。转换结束后,ADC 模块停止工作,直到下次触发转换寄存器。

当 ADC_CR2 寄存器的 CONT 位设置为 1 时,表示启用连续转换。在此模式下,软件设置 SWSTART/JSWSTART 位或者硬件的触发事件可以启动 A/D 转换,ADC 模块会依次执行一次序列转换,被选择的通道都会被转换一次。当转换序列中的一个通道转换完毕后,ADC 模块会自动开始执行相同的序列转换。

ADC 转换方式如表 10.1 所列。

表 10.1　ADC 转换方式

类　别	含　义	规则分组	注入分组
单次转换	在单次转换模式下,ADC 只执行一次转换后就停止	转换结束后数据存储在 ADC_DR 寄存器中;EOC 标志被设置为 1	每次转换结束后,对应通道的转换结果存储在对应的 ADC_JDRx 寄存器中;EOC/JEOC 标志被设置为 1
连续转换	在连续转换模式下,前面的 A/D 转换结束后就自动切换到下一个通道继续转换		

10.4.2　扫描模式

扫描模式用来扫描一组模拟通道,通道个数必须≥2,这组通道可以是已经配置好的规则组,也可以是注入组。当开启扫描之后,ADC 将扫描被设置的所有通道,如果此时的转换模式为单次扫描,则在扫描完本组所有通道后,ADC 转换自动停止,如果设置的是连续扫描,则转换不会在本组转换结束就停止,而是再次选择,从选择组的第一个通道重新开始转换。

10.4.3　间断模式

间断模式就是对选择组执行一个短序列的转换,一个外部触发信号可以触发

n 个转换,直到此序列转换完成为止。例如:

需要转换的通道为 0、1、2、3、6、7、9、10。若 $n=3$,则

第一次触发:转换的序列为 0、1、2;

第二次触发:转换的序列为 3、6、7;

第三次触发:转换的序列为 9、10,并产生 EOC 事件;

第四次触发:转换的序列为 0、1、2。

注意:在间断模式下,当间断模式转换一个规则组时,转换序列结束后不自动从头开始,当所有通道都被转换完成后,下一次触发启动第一组的转换。例如上面的通道,虽然是每次触发 3 个通道转换,但是在第三次触发时不足 3 个通道,则有几个转换几个,然后在第 4 次触发时直接从头开始。还需要注意,要避免同时为规则组和注入组设置间断模式,间断模式在同一时刻只能作用于一组。

10.5　ADC 工作管理配置

10.5.1　规则通道管理

对于规则通道的转换,其设置就比较简单了。在 ADC_SQRx 寄存器的 L[3:0] 位设置转换通道个数,设置完毕后,在 ADC_SQRx 寄存器的 SQx[4:0] 位设置对应的通道编号即可。

例如:设置规则通道个数为 3 个,通道编号为:通道 5、通道 12、通道 3,则设置 L[3:0] 位为 0010,设置 ADC_SQR3 寄存器的 SQ1[4:0] 位为 0101,设置 ADC_SQR3 寄存器的 SQ2[4:0] 位为 1100,设置 ADC_SQR3 寄存器的 SQ3[4:0] 位为 0011。

10.5.2　注入通道管理

注入通道的转换主要分为两种模式:触发注入和自动注入。

1. 触发注入

如果启动的是触发注入,则需要执行下面几步:

① 利用外部触发或者通过软件触发来启动通道的转换。

② 如果在规则通道转换期间产生了注入触发,则 ADC 的转换会被复位,优先转换注入通道,注入通道转换完毕再重新转换规则通道。

2. 自动注入

如果启动自动注入,则在规则转换结束之后注入通道被自动转换。如果除了设置自动注入外还设置了扫描模式,则规则通道至注入通道的转换序列被连续执行。

注意:在自动注入模式里,必须禁止注入通道的外部触发,自动注入模式和间断模式不能同时使用。

在设置注入通道时需要注意注入通道序列的长度,如果转换的注入通道的个数

为 4 个,则转换通道的顺序根据 ADC_JSQR 寄存器的 JSQx[0:4]来进行选择;如果
注入通道转换的序列长度小于 4,则按照 4 - JL 的顺序开始转换。

例如:

设置转换的个数为 4 个,通道编号为:通道 2、通道 3、通道 1、通道 7,则 ADC_
JSQR 寄存器设置为:11 0111 0001 0011 0010。

设置转换的个数为 3 个,通道编号为:通道 2、通道 3、通道 1,则 ADC_JSQR 寄
存器设置为:10 0001 0011 0010 0000。

10.5.3 数据对齐

由于 STM32F103 的 ADC 是一个 12 位的 ADC,所以 ADC 的结果数据只有
12 位,然而 ADC 的数据寄存器是一个 16 位的数据寄存器,则就需要我们来设置
ADC 的结果存放在 ADC 的数据寄存器的方式是左对齐还是右对齐了。每次转换结
束后,即 EOC 事件产生,转换的结果就会被放到 ADC 的数据寄存器中,转换的结果
在 ADC_CFGR1 寄存器的 ALIGH 位设置,如果设置为 1 则为左对齐,设置为 0 则为
右对齐,如图 10.5 所示。

注入组通道转换的数据值已经减去了在 ADC_JOFRx 寄存器中定义的偏移量,
因此结果可以是一个负值。SEXT 位是扩展的符号值。

规则通道则不需要减去偏移值,因此只有 12 位是有效的。

注入组

SEXT	SEXT	SEXT	SEXT	D11	D10	D9	D8	D7	D6	D5	D4	D3	D2	D1	D0

规则组

0	0	0	0	D11	D10	D9	D8	D7	D6	D5	D4	D3	D2	D1	D0

数据左对齐

注入组

SEXT	D11	D10	D9	D8	D7	D6	D5	D4	D3	D2	D1	D0	0	0	0

规则组

D11	D10	D9	D8	D7	D6	D5	D4	D3	D2	D1	D0	0	0	0	0

图 10.5 数据存储方式

10.5.4 通道采样

ADC 转换的整个过程为:采样,保存,量化,编码,所以在启动时,ADC 模块为了
保证转换精度,转换采样时间必须足够长,以便于转换完成;当转换完成后,中断和状
态寄存器对应的标志位就会置 1,表示采样结束。

ADC 转换的采样时间是可以进行编程的,可以根据不同通道转换的需要来对通

道转换时间进行单独设置。采样时间以 ADC 的时钟周期为单位,通过设置 ADC_SMPRx 寄存器进行配置,总的计算公式如下:

$$T_{conv} = 采样时间 + 12.5 \ 周期$$

例如:当 ADCCLK＝14 MHz,采样时间为 1.5 周期时,有

$$T_{conv} = 1.5 \ 周期 + 12.5 \ 周期 = 14 \ 周期 = 1 \ \mu s$$

10.6 新建例程

① 与之前一样,打开 STM32CubeMX 软件,然后创建工程,这里不需要再重新搜索芯片型号,直接单击型号,找到之前收藏的芯片型号 STM32F103ZET6 即可。然后双击该型号即可进入设置引脚界面,如图 10.6 所示。

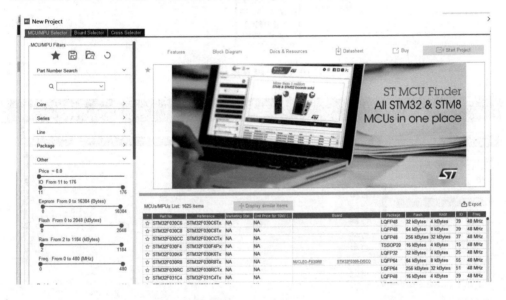

图 10.6 型号选择

② 配置 GPIO 口。在配置 GPIO 口之前,先分析一下需要用到哪些外设。本次的例程,首先需要用到的外设有 USART,这是用来表示程序的运行状态、打印程序最终的运行结果的。其次是引脚 PA3,设置串口时直接在左边选择 Connectivity,找到 USART1 选择异步模式,则可以看到芯片的 PA9 和 PA10 引脚被设置为串口 1 了。当然这里也需要设置 RCC 时钟,因为要利用串口实现打印功能,如果时钟不对则打印会出现乱码。具体设置 RCC 时钟以及设置串口的方法请参考前面的串口章节。设置 PA3 为 ADC 功能,左击,选择要使用的 ADC 以及通道编号,这里设置的为 ADC1_IN3,如图 10.7 所示。打开左边的 Analog 可以看到如图 10.8 所示的内容。

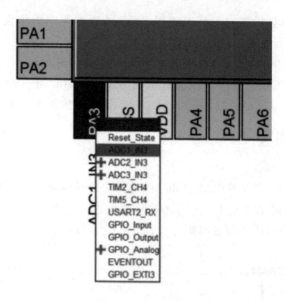

图 10.7 引脚复用功能选择

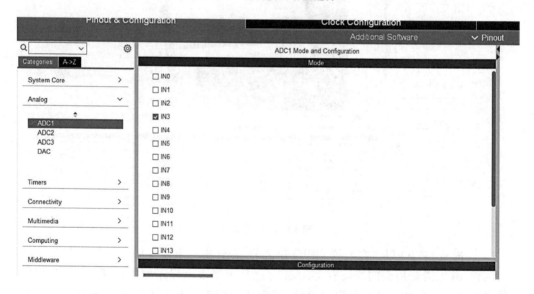

图 10.8 ADC 通道选择

③ ADC 设置。首先配置它的转换通道的个数。在 ADC_Regular_ConversionMode 中的 Number of Conversion 为 1。然后设置数据对齐方式,在 ADC_Settings 中的 Data Alignment 选择数据对齐方式为右对齐(Right alignment)。Scan Conversion Mode 这一栏的目的是选择是否为扫描模式,可以选择 Disabled。如果想要使用它的扫描模式,需要有个前提条件,就是需要用到 DMA 搬运数据。ADC 的扫描是与 DMA 联合使用的。Continuous Conversion Mode 是选择是否需要连续转化的,这里

可以设置为 Disabled,不使用连续转换。Discontinuous Conversion Mode 选择是否设置为间断模式,这里设置为 Disabled。Enable Regular Conversions 规则转换使能Enable。Number Of Conversion 选择不连续模式的通道个数为 1,然后设置External Trigger Conversion Source(外部触发源)为 Regular Conversion launched by software,表示由软件触发转换。具体配置如图 10.9 所示。

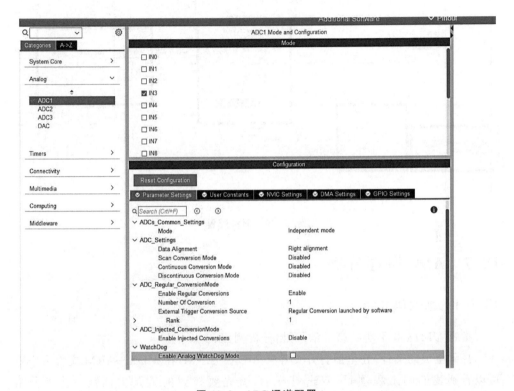

图 10.9 ADC 通道配置

④ 设置 MCU 时钟树。由于 ADC 模块规定其时钟频率不能超过 14 MHz,所以选择 PLLCL 作为我们的时钟源。设置 PLL 倍频器为 9 倍频,最后获取到的 HCLK 值为 72 MHz。之后我们需要修改分频值,因为 APB1 总线的最大频率为 36 MHz,所以需要修改 APB1 的分频值为 2,则 APB1 总线的频率最终为 36 MHz。接下来主要看的是 ADC 的频率是不是小于或等于 14 MHz,这里设置的 A/D 分频值为 6,则 ADC 的频率为 12 MHz。最终配置如图 10.10 所示。

⑤ 生成 C 代码工程。选择 Project Manager,设置工程名称为 STM32F10X_ADC,设置工程保存路径 E:\STM32CubeMX_Project,选择开发工具为 MDK_ARM V5。单击下面一栏 Code Generator,第一步选择 Copy only the necessary library files,只复制我们需要的.c 和.h 文件;第二步选择 Generate peripheral initialization as a pair of '. c/. h'files per peripheral, 表示每个模块单独生成一个. c 和. h 文件。单击右上角的 GENERATE CODE, 生成工程代码。

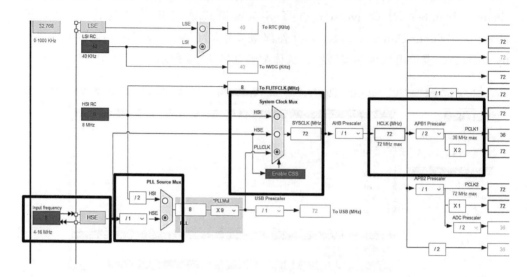

图 10.10　时钟配置

10.7　ADC 例程分析

10.7.1　源代码介绍

参考 UM1850 手册的第 7 章, 开始分析例程。

找到生成的文件, 在里面打开文件夹 MDX - ARM, 在 MDX - ARM 文件夹中就可以看到我们的工程项目, 双击打开后, 首先要找到的就是主函数。选择分组 Application/User, 直接打开 main. c 找到主函数。

观察主函数, 可以看到里面的内容与之前的都是一样的。首先就是对 HAL 库进行的初始化函数。接下来就是 SysClk 系统时钟的初始化, 也就是在 STM32CubeMX 软件中设置的相关时钟源选择以及时钟倍频; 再下面的函数 MX_GPIO_Init 是 GPIO 引脚初始化, 通过跳转可以看到这个函数中只包含了一个函数, 就是开启时钟功能函数__HAL_RCC_GPIOA_CLK_ENABLE, 因为我们没有单独地设置相关的 GPIO 引脚, 整个例程使用了 USART 以及 ADC, 没有 GPIO, 所以这里没有引脚的初始化。接下来就是 MX_ADC1_Init 函数, 这个函数是 ADC 的初始化函数, 选择其转换方式以及数据保存方式等, 具体代码如下:

```
ADC_HandleTypeDef hadc1;
/* ADC1 init function */
void MX_ADC1_Init(void)
{
  ADC_ChannelConfTypeDef sConfig = {0};
  hadc1.Instance = ADC1;
  hadc1.Init.ScanConvMode = ADC_SCAN_DISABLE;
  hadc1.Init.ContinuousConvMode = ENABLE;
  hadc1.Init.DiscontinuousConvMode = DISABLE;
  hadc1.Init.ExternalTrigConv = ADC_SOFTWARE_START;
  hadc1.Init.DataAlign = ADC_DATAALIGN_RIGHT;
  hadc1.Init.NbrOfConversion = 1;
  if (HAL_ADC_Init(&hadc1) != HAL_OK)
  {Error_Handler(); }
  sConfig.Channel = ADC_CHANNEL_3;
  sConfig.Rank = ADC_REGULAR_RANK_1;
  sConfig.SamplingTime = ADC_SAMPLETIME_1CYCLE_5;
  if (HAL_ADC_ConfigChannel(&hadc1, &sConfig) != HAL_OK)
  {
    Error_Handler();
  }
}
```

上面的代码主要是对两个结构体变量进行相关赋值。首先第一个结构体变量是 hadc1,主要是给 HAL_ADC_Init 函数进行赋值,接下来看一下这个函数的介绍。

函数原型:HAL_StatusTypeDef HAL_ADC_Init(ADC_HandleTypeDef * hadc)

函数功能:初始化 ADC 模块。

函数参数:指向 ADC_HandleTypeDef 结构的指针。

函数返回值:HAL 库的状态,为 0 则表示初始化成功。

```
typedef struct __ADC_HandleTypeDef
{
  ADC_TypeDef          * Instance;      /*! < Register base address */
  ADC_InitTypeDef      Init;            /*! < ADC required parameters */
  DMA_HandleTypeDef    * DMA_Handle;    /*! < Pointer DMA Handler */
  HAL_LockTypeDef      Lock;            /*! < ADC locking object */
  __IO uint32_t        State;           /*! < ADC communication state (bitmap of ADC states) */
  __IO uint32_t        ErrorCode;       /*! < ADC Error code */
}ADC_HandleTypeDef;
```

对于上面的结构体 ADC_HandleTypeDef,它最重要的成员就是 Init,此成员的功能就是对 ADC 模块进行相关初始化,这个成员的类型也是一个结构体类型:

```
    typedef struct
{
    uint32_t DataAlign;
    uint32_t ScanConvMode;
    FunctionalState ContinuousConvMode;
    uint32_t NbrOfConversion;
    FunctionalState  DiscontinuousConvMode;
    uint32_t NbrOfDiscConversion;
    uint32_t ExternalTrigConv;
}ADC_InitTypeDef;
```

DataAlign：

选择数据的对齐方式，选择左对齐或者右对齐将 12 位的数据存储在 ADC 的数据寄存器中，如表 10.2 所列。

表 10.2　DataAlign

ADC_DATAALIGN_LEFT	数据左对齐
ADC_DATAALIGN_RIGHT	数据右对齐

ScanConvMode：设置是否需要设置为连续模式，可以配置为 ENABLE 或者 DISABLE。

ContinuousConvMode：选择触发转换的方式，可以选择为软件启动或者外部触发启动，可以配置为 ENABLE 或者 DISABLE。

NbrOfConversion：设置通道个数。

ExternalTrigConv：选择用于触发转换启动的外部事件。如果设置为 ADC_SOFTWARE_START，则禁用外部触发器选择软件触发。如果设置为外部触发源，则触发位于事件上升沿。

将上面的结构体成员进行赋值之后，将结构体变量赋值给 HAL_ADC_Init 函数，判断其返回值是否为 0，如果为 0 则表示初始化成功，否则初始化失败，执行错误代码函数 Error_Handler。可以在 Error_Handler 函数中进行调试，判断初始化是否成功。

需要注意的是，这里只有 ADC 的初始化函数，却没有 ADC 引脚的初始化。其实 ADC 引脚的初始化函数就在 HAL_ADC_Init 初始化函数的后面，也就是函数 HAL_ADC_MspInit，这个函数中的代码其实就是 ADC 引脚的 GPIO 初始化。具体内容如下：

```
void HAL_ADC_MspInit(ADC_HandleTypeDef * adcHandle)
{
  GPIO_InitTypeDef GPIO_InitStruct = {0};
  if(adcHandle ->Instance == ADC1)
  {
    __HAL_RCC_ADC1_CLK_ENABLE();
    __HAL_RCC_GPIOA_CLK_ENABLE();
    GPIO_InitStruct.Pin = GPIO_PIN_3;
    GPIO_InitStruct.Mode = GPIO_MODE_ANALOG;
    HAL_GPIO_Init(GPIOA, &GPIO_InitStruct);
  }
}
```

　　ADC 初始化函数的第二个结构体最终赋值的函数为 HAL_ADC_
ConfigChannel,表示对我们所使用的这个 ADC 通道的初始化,配置它的通道编号为
3ADC_CHANNEL_3,配置它的通道个数为 1 个 ADC_REGULAR_RANK_1,配置
ADC 的采样周期为 ADC_SAMPLETIME_1CYCLE_5。

　　对于 ADC 的初始化就分析到这里。通过观察 main 主函数发现,接下来的函数
就是 MX_USART1_UART_Init,即串口 1 的初始化代码。对于串口 1 的初始化代
码分析,在前面串口章节有介绍,请参考串口一章。具体的串口 1 初始化代码如下:

```
void MX_USART1_UART_Init(void)
{
  huart1.Instance = USART1;
  huart1.Init.BaudRate = 115200;
  huart1.Init.WordLength = UART_WORDLENGTH_8B;
  huart1.Init.StopBits = UART_STOPBITS_1;
  huart1.Init.Parity = UART_PARITY_NONE;
  huart1.Init.Mode = UART_MODE_TX_RX;
  huart1.Init.HwFlowCtl = UART_HWCONTROL_NONE;
  huart1.Init.OverSampling = UART_OVERSAMPLING_16;
  if (HAL_UART_Init(&huart1) != HAL_OK)
  {
    Error_Handler();
  }
}
void HAL_UART_MspInit(UART_HandleTypeDef * uartHandle)
{
  GPIO_InitTypeDef GPIO_InitStruct = {0};
  if(uartHandle ->Instance == USART1)
  {
    __HAL_RCC_USART1_CLK_ENABLE();
    __HAL_RCC_GPIOA_CLK_ENABLE();
    GPIO_InitStruct.Pin = GPIO_PIN_9;
    GPIO_InitStruct.Mode = GPIO_MODE_AF_PP;
    GPIO_InitStruct.Speed = GPIO_SPEED_FREQ_HIGH;
    HAL_GPIO_Init(GPIOA, &GPIO_InitStruct);
```

```
    GPIO_InitStruct.Pin = GPIO_PIN_10;
    GPIO_InitStruct.Mode = GPIO_MODE_INPUT;
    GPIO_InitStruct.Pull = GPIO_NOPULL;
    HAL_GPIO_Init(GPIOA, &GPIO_InitStruct);
  }
}
```

10.7.2 添加代码

执行我们想要的效果,光是使用 STM32CubeMX 软件生成的代码还是不够的,还需要我们添加一些代码,主要是在 main 主函数中添加。添加完之后的 main 主函数如下:

```
# include "stdio.h"
int fputc(int data,FILE * file)
{
    uint8_t temp = data;
    HAL_UART_Transmit (&huart1,&temp ,1,2);
    return data;
}
    uint16_t ADC_Val = 0;
int main(void)
{
  HAL_Init();
  SystemClock_Config();
  MX_GPIO_Init();
  MX_ADC1_Init();
    HAL_ADCEx_Calibration_Start (&hadc1 );    // ADC 校准
  MX_USART1_UART_Init();
  while (1)
  {
    HAL_ADC_Start(&hadc1);                     // 启动 ADC 转换
    HAL_ADC_PollForConversion(&hadc1, 50);
                              // 等待转换完成,50 为最大等待时间,单位为 ms
    if(HAL_IS_BIT_SET(HAL_ADC_GetState(&hadc1), HAL_ADC_STATE_REG_EOC))
    {ADC_Val = HAL_ADC_GetValue(&hadc1);       // 获取 A/D 值
        printf("数字量为 : % d \r\n",ADC_Val);
        printf("MQ2 : % .2lf \r\n",(double)ADC_Val * (2000 - 100.0)/4096.0 + 100);}
    HAL_Delay(1000);                           // 延时 1s
  }}
```

添加代码时,首先是添加 printf 函数的底层函数,因为后面要在串口助手上进行打印,则这个是必不可少的;还在 main 主函数的外面定义了一个全局变量 ADC_Val,这是因为下面会通过 A/D 转换之后的数字量求出当前的模拟量的值,那么这个值就保存在这个变量中。

在 main 主函数中首先添加的就是 ADC 的校准函数。A/D 转换之前最好先进

行校准。直接调用 ADC 校准函数 HAL_ADCEx_Calibration_Start,它的参数是
ADC 初始化函数时看到的结构体变量,直接使用即可。在 ADC 初始化时已经对这
个结构体变量进行了全局声明。

　　在 main 主函数的 while 循环中首先添加的就是启动 ADC 转换函数,因为在初
始化时已经配置 ADC 的启动方式为软件启动,所以这里直接调用 HAL 库函数
HAL_ADC_Start 即可启动 ADC 转换。启动 ADC 转换后调用 HAL_ADC_
PollForConversion 函数,等待 ADC 转换完成。第二个参数表示的是等待的时间,这
里设置为 50,表示最大等待时间为 50 ms。接下来就是 if 语句,开始判断是否转换完
成,如果完成,调用 HAL 库函数 HAL_ADC_GetValue 直接获取 ADC 的数字量,获取到之
后,可以直接打印;也可以根据这个数字量求出其相对应的模拟量的值,通过 MQ-2 手册
可以知道测试甲烷气体的范围为 2 000～100,那么根据这个参考值可以得出公式:

$$(2\,000-100.0)\times 数字量/4\,096+100$$

　　其中数字量的值为通过 A/D 转换后获取到的值,4 096 是因为我们用的 ADC 是
一个 12 位的 ADC,2^{12} 等于 4 096,最终还要加上 100 就是因为传感器的测量范围是
从 100 开始的。

　　注意:从公式中可以看到,在计算时给数值加上了“.0”,这是因为整型和整型的
计算结果只能是整型,但是最后计算的结果可以存在小数。当然,这个“.0”也可以在
2 000 或者 4 096 的后面添加。这里用的转换类型为自动转换,还有一种转换类型为
强制转换,有兴趣的可以“百度”一下。

10.7.3　编译下载

　　添加代码成功后,接下来编译下载以及安装外界模块。首先找到一个 MQ-2
气体检测传感器,如图 10.11 所示,然后将它的信号引脚安装在 PA3 引脚处,再连接
电源和地,如图 10.12 所示。

图 10.11　MQ-2 传感器

图 10.12　传感器连接图

接下来要做的就是进行代码的编译下载。在编译前要选择使用的下载方式,具体如图 10.13 所示。

① 单击魔术棒或者在左上角的"Project"下单击 Options for Target,开始进行配置。

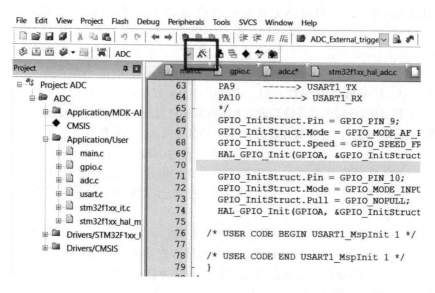

图 10.13　编译配置(一)

② 单击魔术棒后会弹出一个文本框:Options for Target 'ADC',在这里面选择 Debug,先在 Use 选择下载器,这里用的是 ST-Link 下载器,所以这里选择 ST-Link Debugger。然后单击 Settings(注:这一步很重要,如果这里不设置,那么下载完成后是没有任何效果的,需要手动按下复位键才能实现效果),如图 10.14 所示,选择 Flash Download,将里面的 Reset and Run 项选中,如图 10.15 所示。

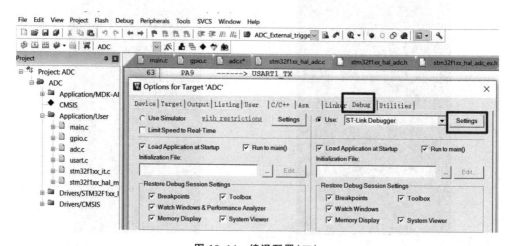

图 10.14　编译配置(二)

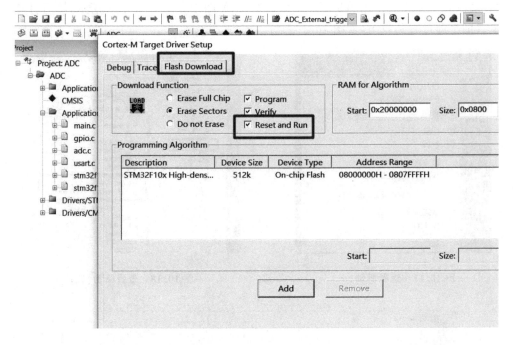

图 10.15 编译配置(三)

③ 设置完下载方式以及 Reset and Run 后,接下来进行编译(单击图 10.16 中方框内的图标即可,这里框选了两个图标,表示单击哪一个都可以),只要编译结果是 0 个错误(0 Error(s)),则证明工程没有问题。(后面的 Warning(s)警告有多少都没有关系,这里不用管它。)

④ 下载到开发板上。

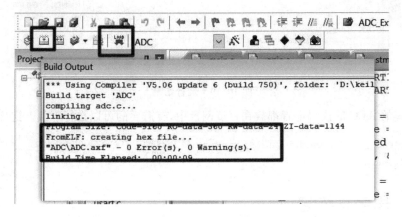

图 10.16 编译运行

下载完程序代码后打开串口助手。打开串口助手之前可以先打开"此电脑"找到

"管理",看一下我们使用的是哪一个串口端口,如图 10.17、图 10.18 所示,然后打开串口助手即可看到效果,如图 10.19 所示。

图 10.17　查看驱动(一)

图 10.18　查看驱动(二)

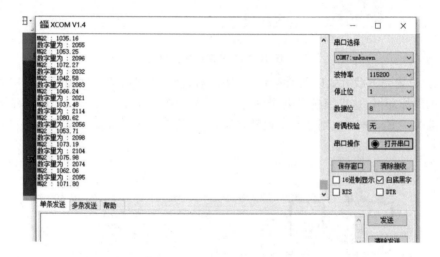

图 10.19　运行结果

具体的 ADC 的代码笔者都放在百度网盘中,有需要的可以自行下载。链接如下:

链接:https:// pan. baidu. com/s/17vvDqu4LGHECJZV6syM4Jw

提取码:dn8h

10.8　思考与练习

1. 通过 RM0008 芯片手册复习 ADC 的相关概念。

2. 本次只是开启了一个 ADC 转换,可以配置一下,获取内部转换温湿度以及参考电压的转换值。

3. 参考 UM1850 手册,学习更多的 ADC 相关 HAL 库函数。

4. 查找 RM0008 手册的第 11 章,提前预习 DMA,了解 DMA 的工作原理。

第 11 章

DMA

CPU 的总线上同时会挂着多个存储器，想要将存储器 1 的内容复制到存储器 2，如果不用 DMA，就得靠 CPU 直接去操作了。操作过程大致是：CPU 准备好存储器 1 的地址和控制信号，读取存储器 1 的内容，存放到 CPU 内部寄存器中；再准备好存储器 2 的地址和控制信号，将寄存器中的内容写入到存储器 2。

如果是单个数据的操作，这个过程都是必需的，效率问题也不明显；但如果一次要复制大量数据（比如一帧图像数据、一批语音数据等），那么靠 CPU 这样循环一个数据一个数据地操作，不仅速度慢（由于架构设计的原因，一般 CPU 访问外部总线的速度都不是很高），还会导致 CPU 和总线一直被占用，效率就非常低了。如果在 CPU 内部做一个硬件控制器，专门负责这种数据搬移操作（自动产生存储器的地址和控制信号，自动实现读/写时序），不仅速度可以提高很多，CPU 还可以在此期间做其他的事情，这样效率就会高很多了。

DMA（Direct Memory Access）即直接存储器访问，是一种不经过 CPU 而直接进行数据传输的功能，这样能为 CPU 节省大量的时间。在 DMA 模式下，CPU 主要向 DMA 控制器下达指令：从哪里搬运到哪里，每次搬运多少个，一共搬运多少次，每次搬运完成后地址是否需要偏移等，DMA 就会自动完成数据的传输。本章将从 STM32F10X 微控制器的 DMA 控制器的特性、结构以及处理过程方面进行详细介绍，最终实现存储器到外设的数据传输。

11.1 DMA 概述

STM32F1 系列微控制器包含了 2 个 DMA 模块，共计 12 个通道。其中 DMA1 有 7 个通道，通道编号为 1～7；DMA2 有 5 个通道，通道编号为 1～5。每个通道相应地管理一个或多个外设对存储器的访问请求，DMA 控制器和 Cortex_M3 内核共享系统数据总线（这也就是为什么 DMA 搬运速度快的原因）。当 CPU 和 DMA 同时访问相同的目标（存储器或者外设）时，DMA 请求会暂停 CPU 访问系统总线若干周期，但是为了保证 CPU 的正常工作，总线仲裁器会执行循环调度，以保证 CPU 至少可以得到一般的系统总线带宽。

DMA 控制器用于提供外设到存储器、存储器到外设或者存储器到存储器之间的高速数据传输，不支持外设到外设的数据传输。DMA 适用于搬运大量数据的场合,使用 DMA 搬运数据既能保证搬运数据的准确性,又可以大幅度减小快速设备的读/写操作对 CPU 的干扰。

DMA 特性如下:

- 每个通道都直接连接专用的硬件 DMA 请求,每个通道都支持软件触发。
- 在同一个 DMA 模块上,多个请求间的优先权可以通过软件编程设置(共有 4 级:很高、高、中等和低),优先权设置相等时由硬件决定(请求 0 优先于请求 1,以此类推)。
- 独立数据源和目标数据区的传输宽度:字节、半字、全字。
- 支持循环模式,以便用于数据长度固定并且周期操作的场合(例如 ADC 的连续扫描模式)。
- 每个通道都有 3 个事件标志(DMA 半传输、DMA 传输完成和 DMA 传输出错),这 3 个事件标志逻辑或成为一个单独的中断请求。
- 支持存储器和存储器、外设和存储器、存储器和外设之间的传输。
- Flash、SRAM,外设的 SRAM、APB1、APB2 和 AHB 均可作为访问的源和目标。
- 可编程的数据传输数目:最大为 65 535。

11.2　DMA 的处理过程

11.2.1　DMA 传输数据

DMA 的传输由 DMA 控制器控制,在发生一个事件后,外设会向 DMA 控制器发送一个 DMA 请求信号,如果这个请求的优先级目前为最高优先级,则 DMA 控制器开始访问该外设,并立即向该外设发送一个应答信号。当外设从 DMA 控制器获取到应答信号时,会立即释放 DMA 请求,一旦外设释放了 DMA 请求,则 DMA 也同时会撤销应答信号,每次 DMA 传输需要三个步骤:

① DMA 控制器从外设或者存储器中读取数据,该地址保存在外设地址寄存器 DMA_CPARx 或存储器地址寄存器 DMA_CMARx 中,外设地址寄存器或存储器地址寄存器均可作为源。

② DMA 控制器将读取到的数据存储到外设地址寄存器 DMA_CPARx 或存储器地址寄存器 DMA_CMARx 中,外设地址寄存器或存储器地址寄存器均可作为目标。

③ DMA 将对 DMA_CNDTRx 寄存器中的数据执行递减 1 操作,DMA_CNDTRx 寄存器中保存着未完成的 DMA 操作数。

11.2.2　仲裁器和优先级

当多个通道同时产生 DMA 请求时,优先响应哪一个通道就根据优先级来决定。对于 DMA 来说,其内部带有仲裁器来判断通道的优先级。通道的优先级管理可以分为软件优先级和硬件优先级两个部分:

① 软件优先级:用户自行设置,每个通道都有 4 个优先级:最高、高、中、低。每个通道都可以通过 DMA_CCRx 寄存器的 PL[1:0]位对其进行配置。

② 硬件优先级:通过软件优先级可以看到设置优先级只能有 4 种,那么当多个通道同时发出 DMA 请求时就一定会有软件优先级相同的现象出现,这个时候就需要依靠硬件优先级来区分了。当多个通道同时发出 DMA 请求时,如果优先级相同,则会根据通道编号来确认优先级的高低,较低编号的通道优先级高于较高编号的通道,例如:通道 2 优先级高于通道 4。

11.2.3　循环模式

循环模式主要用于处理"连续并且循环"的数据(一般与的 ADC 连续扫描连用),如果启用了循环模式,则当数据的数目也就是 DMA_CNDTRx 寄存器中的数值递减到 0 时,会自动恢复成设置通道时的初始数值,然后重新进行下一轮的 DMA 传输。如果没有启用循环模式,则 DMA 搬运数目递减到 0,结束 DMA 的搬运。

11.2.4　存储器到存储器

存储器到存储器搬运数据指的是 DMA 通道在没有外设的情况下运行。在这种模式下,使用哪一个 DMA 通道都可以,通过配置 DMA_CCRx 寄存器的 MEM2MEM 位,可以设置为存储器到存储器模式。一旦使能了 DMA_CCRx 寄存器 IDEEN 位后,DMA 通道开启,直接进行 DMA 数据传输,直到 DMA_CNDTRx 寄存器中的数值变为 0 时结束。需要注意的是,由于受到存储器容量的限制,所以存储器到存储器模式不能与循环模式连用。

11.2.5　指针增量

DMA 中的指针其实指的是外设和存储器的地址,因为指针的本质就是地址,所以"指针增量"指的是启动 DMA 搬运之后,外设和存储器的"地址值"在每次传输后可以有选择地完成地址自动增加的"数值",通过设置 DMA_CCRx 寄存器的 MINC 和 PINC 位来控制,通过这两位来有选择地对存储器以及外设完成地址的自增。

指针增量模式的增量值取决于我们在 DMA_CCRx 寄存的 PSIZE[1:0] 和 MSIZE[1:0] 所选择的数据宽度,可以设置为 8 bit、16 bit、32 bit。所以当我们设置为指针增量时,指针(地址)具体增加的位数根据所选择的数据宽度的变化而变化。

关于指针增量,这里需要注意,外设到存储器:外设不增量,存储器增量;存储器到外设:存储器增量,外设不增量。存储器到存储器:存储器 1 增量,存储器 2 增量。通过前面的介绍可以看到存储器都是增量,但是外设不会增量,这是因为每个模块的数据寄存器的大小都是固定的,如果寄存器地址发生了偏移,则有可能会占用别的寄存器的地址而发生故障。

11.3　DMA 通道

STM32F1 芯片一共有 2 个 DMA,共计 12 个通道,其中 DMA1 有 7 个通道,

DMA2 有 5 个通道,但是在同一时刻只能有 1 个 DMA 请求进入 DMA 控制器。

　　对于 DMA1 来说,外设 TIM1、TIM2、TIM3、TIM4、ADC1、SPI1、SPI/I2S2、I2C1、I2C2 和 USART1、USART2、USART3 产生的请求经过逻辑运算进入 DMA 控制器,DMA 控制器根据仲裁器以及通道编号选择优先级最高的通道开始进行搬运数据。DMA1 通道映射如图 11.1 所示,汇总表如表 11.1 所列。

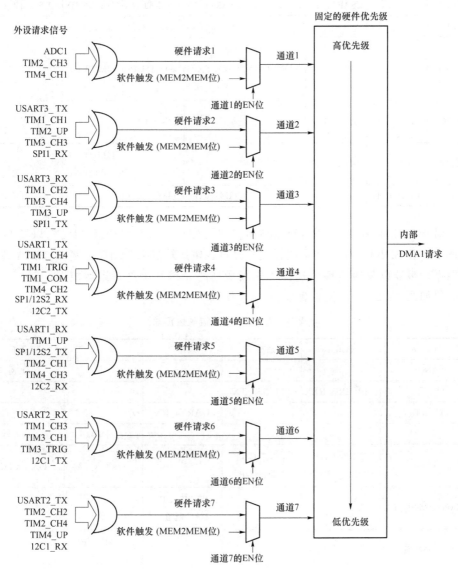

图 11.1　DMA1 通道映射

表 11.1　DMA1 通道映射汇总

外　设	通道 1	通道 2	通道 3	通道 4	通道 5	通道 6	通道 7
ADC1	ADC1						
SPI/IIS		SPI1_RX	SPI1_TX	SPI/IIS2_RX	SPI/IIS2_TX		
USART		USART3_TX	USART3_RX	USART1_TX	USART1_RX	USART2_RX	USART2_TX
IIC				TTC2_TX	IIC2_RX	IIC1_TX	IIC1_RX
TIM1		TIM1_CH1	TIM1_CH2	TIM1_TX4 TIM1_TRIG TIM1_COM	TIM1_UP	TIM1_CH3	
TIM2	TIM2_CH3	TIM2_UP			TIM2_CH1		TIM2_CH2 TIM2_CH4
TIM3		TIM3_CH3				TIM3_CH1 TIM3_TRIG	
TIM4	TIM4_CH1			TIM4_CH2	TIM4_CH3		TIM4_UP

对于 DMA2 来说,外设 TIMx[5、6、7、8]、ADC3、SPI/I2S3、UART4,以及 DAC 通道 1、2 和 SDIO 产生的请求同样也是经过逻辑运算进入 DMA 控制器,DMA 控制器根据仲裁器以及通道编号选择优先级最高的通道开始进行搬运数据。DMA2 通道映射如图 11.2 所示,汇总表如表 11.2 所列。

表 11.2　DMA2 通道映射汇总

外　设	通道 1	通道 2	通道 3	通道 4	通道 5
ADC3					ADC3
SPI/IIS3	SPI/IIS3_RX	SPI/IIS3_TX			
UART4			UART4_RX		UART4_TX
SDIO				SDIO	
TIM5	TIM5_CH4 TIM5_TRIG	TIM5_CH3 TIM5_UP		TIM5_CH2	TIM5_CH1
TIM6/DAC 通道 1			TIM6_UP DAC 通道 1		
TIM7/DAC 通道 2				TIM7_UP DAC 通道 2	
TIM8	TIM8_CH3 TIM8_UP	TIM8_CH4 TIM8_TRIG TIM8_COM	TIM8_CH1		TIM8_CH2

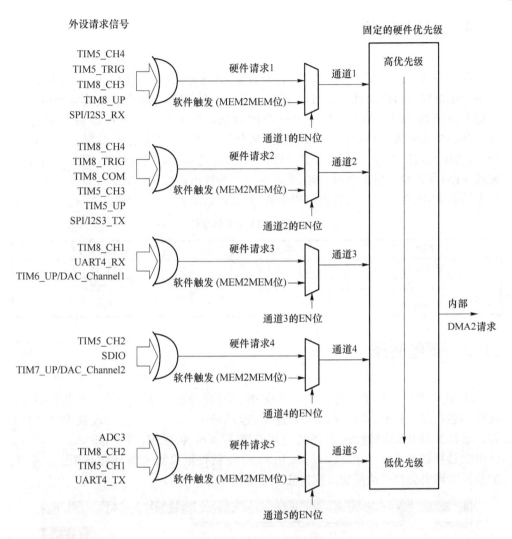

图 11. 2 DMA2 通道映射

通过图 11.1 和图 11.2 可以看到,无论是 DMA1 还是 DMA2,外设想要通过 DMA 控制器搬运数据都要先发出 DMA 请求,而且会发现,在每一个 DMA 通道上都有一个选择器,一般如果是外设发出请求,则选择器选择外设请求。但是选择器上还有一个选择,而且每个通道上都有的就是软件触发(MEM2MEM 位),其实这一位的作用是设置在 DMA_CCRx 寄存器的 MEM2MEM 位控制是否需要使用存储器到存储器,因为存储器到存储器模式是指 DMA 通道的操作可以在没有外设请求的情况下进行,所以在存储器到存储器模式下允许使用任意一个 DMA 的任意一个通道来处理数据的传输。

11.4　DMA 中断

每个 DMA 通道都可以在 DMA 传输过半、传输完成和传输错误时产生中断,这些中断都由响应的位来进行控制,一旦启动了 DMA 传输,它就会自动响应连接到此通道上外设的 DMA 请求,当传输一半的时候,就会产生一个传输过半的标志(HTIF);如果设置了传输过半中断使能,则会产生半传输中断。当数据全部传输完毕后,传输完成标志位(TCIF)会自动置位;如果设置了传输完成中断,则会产生传输完成中断;当传输数据出错的时候,会产生一个传输出错标志(TEIF);如果设置了传输出错标志,则会自动进入传输出错中断,具体标志如表 11.3 所列。

表 11.3　DMA 中断标志位

中断事件	事件标志位	使能控制位
传输过半	HTIF	HTIE
传输完成	TCIF	TCIE
传输出错	TEIF	TEIE

11.5　新建例程

① 找到我们需要使用到的芯片型号,找到对应的芯片型号之后双击芯片型号,跳转到芯片配置界面,然后单击左边选项,选择 System Core。首先设置 RCC 的内容。选择要使用的时钟,这里还是使用外部高速时钟 HSE,将 High Speed Clock(HSE)选项选择为 Crystal/Ceramic Resonator 就可以设置选择外部晶振了。芯片的晶振引脚也会被自动使能。配置完毕后如图 11.3 所示。

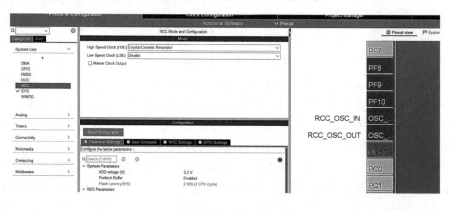

图 11.3　时钟配置

② 时钟源设置完毕,接下来开始设置串口。如图 11.4 所示,在左侧栏选择 Connectivity 选项,找到里面的 USART1,选择串口 1,然后配置它的模式 Mode 为异

步模式 Asynchronous，设置完毕后可以看到下面的基本参数设置 Parameter Settings。对于这里面的内容，直接使用默认即可。Baud Rate 表示的是波特率，这里默认为 115 200；Word Length 数据长度为 8 bit，正好为 1 B；Parity 奇偶校验，默认设置为无奇偶校验位 None；Stop Bits 停止位，长度为 1 bit；Data Direction 表示数据传输方向，选择使能接收和使能发送 Receive and Transmit；最后一项是过采样 Over Sampling，默认设置为 16 倍过采样。最后一个选项对于我们的 STM32F10X 系列微控制器来说其实没有作用，因为波特率的计算中不需要这个过采样，但是在 Cortex_M4 中这个过采样的作用可以说是很大的。具体配置如图 11.4 所示。

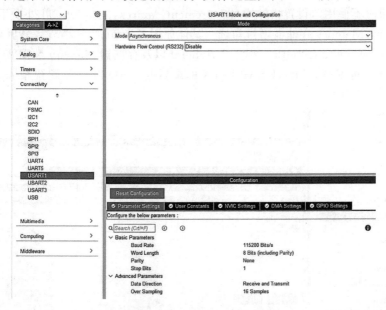

图 11.4　串口配置

③ 配置完串口的基本参数，接下来看一下串口的接收中断。在图 11.4 所示界面，这次选择的不是 Parameter Settings，而是它旁边的 NVIC Settings 设置串口的中断。直接单击 Enabled 下面就可以选中了，如图 11.5 所示。

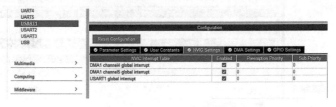

图 11.5　串口中断配置

④ 通过上面的 3 步就已经选择好使用外部晶振以及串口的内容了，接下来配置对于 USART 的 DMA 参数。还是在图 11.4 所示界面，选择 NVIC Settings 旁边的 DMA Settings。如图 11.6 所示，单击下面的 Add 按钮进行添加 DMA 配置。当单

击了 Add 按钮后,会看到在 DMA Request 下面多了一栏,在这里可以选择是 USART_RX 发起 DMA 请求还是 USART_TX 发起 DMA 请求,如图 11.7 所示,本次设置我们选择的是 USART_RX 和 USART_TX。选择完成后可以看到通道 Channel 自动选中了,USART1_RX 使用的是 DMA1 的通道 5,USART_TX 使用的是 DMA1 的通道 4。接下来可以首先设置 Priority 选项,设置通道的优先级为中等速度。接下来可以设置 USART_RX 和 USART_TX 的 DMA 的工作模式、数据传输宽度以及指针增量了。

单击 USART_RX 在 Mode 选项选择正常工作模式 Normal(另一种为循环模式,这里暂时不使用),设置指针增量 Increment Address。Peripheral 外设不增量,所以不用勾选;Memory 存储器增量勾选。具体原因参考 11.2.5 小节。最后需要设置的就是数据宽度 Data Width。外设 Peripheral 以及存储器 Memory 数据宽度这里选择使用 Byte(也就是 8 bit),USART_TX 的配置与 USART_RX 配置相同。最终的配置如图 11.7 所示。

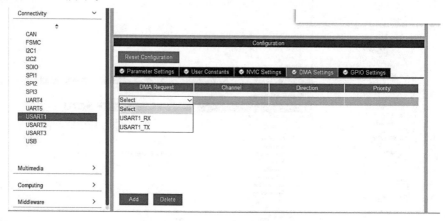

图 11.6 串口配置 DMA 搬运(一)

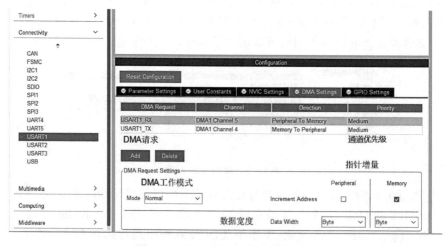

图 11.7 串口配置 DMA 搬运(二)

⑤ 配置完串口、DMA 之后,就直接配置时钟初始化 Clock Configuration。配置选择锁相环时钟 PLLCLK;配置 PLL 倍频器为 9 倍频,正好可以达到最大系统时钟频率 72 MHz。需要注意的是,当选择 PLLCLK 后会发现 APB1 的时钟变成了红色,这是因为频率超过 APB1 总线的时钟频率了,需要把 APB1 的分频器设置为 2 分频,如图 11.8 所示。

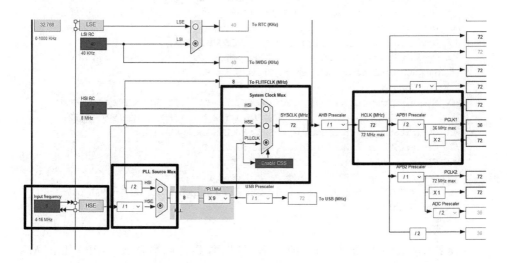

图 11.8　时钟配置

⑥ 接下来就是工程文件的配置了。首先选择 Project Manager 设置工程的名称、工程的保存路径以及使用的 IDE。需要注意,工程的路径不能出现中文,如果路径存在中文,则最终会导致生成工程失败。

⑦ 单击右上角的 GENERATE CODE,等待生成工程文件。

11.6　DMA 例程分析

11.6.1　源代码介绍

通过 STM32CubeMX 软件生成代码之后,打开 DMA 的工程代码,先找到 main 主函数,接下来看一下 main 主函数中主要包含的内容。

main 主函数中的内容首先调用的函数还是 HAL 库初始化函数 HAL_Init,主要是针对整个 HAL 库进行的初始化;接下来的 SystemClock_Config 函数对于我们来说也是比较熟悉的,主要是对 RCC 时钟进行配置。设置选择外部高速时钟 HSE 经过分频倍频后为我们的微控制器提供工作频率,主要内容如下:

```
void SystemClock_Config(void)
{
  RCC_OscInitTypeDef RCC_OscInitStruct = {0};
  RCC_ClkInitTypeDef RCC_ClkInitStruct = {0};
  RCC_OscInitStruct.OscillatorType = RCC_OSCILLATORTYPE_HSE;
  RCC_OscInitStruct.HSEState = RCC_HSE_ON;
  RCC_OscInitStruct.HSEPredivValue = RCC_HSE_PREDIV_DIV1;
  RCC_OscInitStruct.HSIState = RCC_HSI_ON;
  RCC_OscInitStruct.PLL.PLLState = RCC_PLL_ON;
  RCC_OscInitStruct.PLL.PLLSource = RCC_PLLSOURCE_HSE;
  RCC_OscInitStruct.PLL.PLLMUL = RCC_PLL_MUL9;
  if (HAL_RCC_OscConfig(&RCC_OscInitStruct) != HAL_OK)
    Error_Handler();
  RCC_ClkInitStruct.ClockType = RCC_CLOCKTYPE_HCLK|RCC_CLOCKTYPE_SYSCLK
                                  |RCC_CLOCKTYPE_PCLK1|RCC_CLOCKTYPE_PCLK2;
  RCC_ClkInitStruct.SYSCLKSource = RCC_SYSCLKSOURCE_PLLCLK;
  RCC_ClkInitStruct.AHBCLKDivider = RCC_SYSCLK_DIV1;
  RCC_ClkInitStruct.APB1CLKDivider = RCC_HCLK_DIV2;
  RCC_ClkInitStruct.APB2CLKDivider = RCC_HCLK_DIV1;
  if (HAL_RCC_ClockConfig(&RCC_ClkInitStruct, FLASH_LATENCY_2) != HAL_OK)
    Error_Handler();
}
```

在函数 SystemClock_Config 的下面,可以看到是函数 MX_GPIO_Init、MX_DMA_Init 以及 MX_USART1_UART_Init。

MX_GPIO_Init 这个函数我们是最熟悉的。这个函数的主要功能是对 GPIO 口进行相关初始化,但是由于我们本次的例程中没有单独设置 GPIO,所以这个函数中没有相关配置,只有一个使能时钟的宏定义:

```
void MX_GPIO_Init(void)
{
  /* GPIO Ports Clock Enable */
  __HAL_RCC_GPIOA_CLK_ENABLE();
}
#define __HAL_RCC_GPIOA_CLK_ENABLE()    do {
          __IO uint32_t tmpreg;
          SET_BIT(RCC->APB2ENR, RCC_APB2ENR_IOPAEN);
          tmpreg = READ_BIT(RCC->APB2ENR, RCC_APB2ENR_IOPAEN);
          UNUSED(tmpreg); } while(0U)
```

接下来是 MX_DMA_Init 函数,这个函数的主要功能就是对 DMA 的配置了。这个函数中主要写的就是对 DMA 模块的时钟使能以及中断使能。本次例程主要实现的功能是存储器到外设的数据传输,外设使用的是 USART,所以在 DMA 初始化中没有详细编写 DMA 的相关配置,DMA 的相关配置功能其实都在 MX_USART1_UART_Init 函数中。

```
void MX_USART1_UART_Init(void)
{
  huart1.Instance = USART1;
  huart1.Init.BaudRate = 115200;
  huart1.Init.WordLength = UART_WORDLENGTH_8B;
  huart1.Init.StopBits = UART_STOPBITS_1;
  huart1.Init.Parity = UART_PARITY_NONE;
  huart1.Init.Mode = UART_MODE_TX_RX;
  huart1.Init.HwFlowCtl = UART_HWCONTROL_NONE;
  huart1.Init.OverSampling = UART_OVERSAMPLING_16;
  if (HAL_UART_Init(&huart1) != HAL_OK)
  Error_Handler();
}
```

通过上面的代码可以看到,第一个函数中就是 USART 的相关初始化函数,主要配置的就是串口的波特率、数据位长度、停止位长度等一些基本参数,详细介绍请参考串口通信 USART 章节的源代码介绍。在 MX_USART1_UART_Init 函数中可以看到主要是对 UART_HandleTypeDef 结构体进行的成员赋值,然后将最终结果传参给 HAL_UART_Init 函数。HAL_UART_Init 函数是 HAL 库函数,这个函数中主要调用了 HAL_UART_MspInit 函数,对于 HAL_UART_MspInit 函数,我们之前都是存放引脚初始化的,通过跳转到这个函数可以看到里面的代码不仅包含了对于 USART 的 PA9 和 PA10 的引脚初始化,后面还包含了 USART 的 DMA 初始化配置,具体代码如下:

```
void HAL_UART_MspInit(UART_HandleTypeDef * uartHandle)
{
  GPIO_InitTypeDef GPIO_InitStruct = {0};
  if(uartHandle->Instance==USART1)
  {
    __HAL_RCC_USART1_CLK_ENABLE();
    __HAL_RCC_GPIOA_CLK_ENABLE();
    GPIO_InitStruct.Pin = GPIO_PIN_9;
    GPIO_InitStruct.Mode = GPIO_MODE_AF_PP;
    GPIO_InitStruct.Speed = GPIO_SPEED_FREQ_HIGH;
    HAL_GPIO_Init(GPIOA, &GPIO_InitStruct);
    GPIO_InitStruct.Pin = GPIO_PIN_10;
    GPIO_InitStruct.Mode = GPIO_MODE_INPUT;
    GPIO_InitStruct.Pull = GPIO_NOPULL;
    HAL_GPIO_Init(GPIOA, &GPIO_InitStruct);
    hdma_usart1_rx.Instance = DMA1_Channel5;
    hdma_usart1_rx.Init.Direction = DMA_PERIPH_TO_MEMORY;
    hdma_usart1_rx.Init.PeriphInc = DMA_PINC_DISABLE;
    hdma_usart1_rx.Init.MemInc = DMA_MINC_ENABLE;
    hdma_usart1_rx.Init.PeriphDataAlignment = DMA_PDATAALIGN_BYTE;
```

```
hdma_usart1_rx.Init.MemDataAlignment = DMA_MDATAALIGN_BYTE;
hdma_usart1_rx.Init.Mode = DMA_NORMAL;
hdma_usart1_rx.Init.Priority = DMA_PRIORITY_MEDIUM;
if (HAL_DMA_Init(&hdma_usart1_rx) != HAL_OK)
Error_Handler();
__HAL_LINKDMA(uartHandle,hdmarx,hdma_usart1_rx);
hdma_usart1_tx.Instance = DMA1_Channel4;
hdma_usart1_tx.Init.Direction = DMA_MEMORY_TO_PERIPH;
hdma_usart1_tx.Init.PeriphInc = DMA_PINC_DISABLE;
hdma_usart1_tx.Init.MemInc = DMA_MINC_ENABLE;
hdma_usart1_tx.Init.PeriphDataAlignment = DMA_PDATAALIGN_BYTE;
hdma_usart1_tx.Init.MemDataAlignment = DMA_MDATAALIGN_BYTE;
hdma_usart1_tx.Init.Mode = DMA_NORMAL;
hdma_usart1_tx.Init.Priority = DMA_PRIORITY_MEDIUM;
if (HAL_DMA_Init(&hdma_usart1_tx) != HAL_OK)
Error_Handler();
__HAL_LINKDMA(uartHandle,hdmatx,hdma_usart1_tx);
HAL_NVIC_SetPriority(USART1_IRQn, 0, 0);
HAL_NVIC_EnableIRQ(USART1_IRQn); }}
```

对于 USART 的 GPIO 引脚初始化就不介绍了,想要了解的读者可以参考第 3 章中跑马灯的代码分析。我们主要来看一下后面的 DMA 初始化。DMA 初始化函数的函数原型如下:

　　HAL_StatusTypeDef HAL_DMA_Init(DMA_HandleTypeDef * hdma)

函数功能:对 DMA 模块进行初始化配置。

函数参数:指向结构 DMA_HandleTypeDef 的指针。

函数返回值:初始化状态,返回值为 0 则表示初始化成功。

通过函数原型可以知道,对于 DMA 的初始化主要是结构体 DMA_HandleTypeDef 中的相关内容。DMA_HandleTypeDef 结构体中的成员如下:

```
typedef struct __DMA_HandleTypeDef
{
  DMA_Channel_TypeDef  * Instance;       /* ! < Register base address */
  DMA_InitTypeDef      Init;             /* ! < DMA communication parameters  */
  HAL_LockTypeDef      Lock;             /* ! < DMA locking object */
  HAL_DMA_StateTypeDef State;            /* ! < DMA transfer state */
  void                 * Parent;         /* ! < Parent object state    */
  void ( * XferCpltCallback)( struct __DMA_HandleTypeDef * hdma);
  void ( * XferHalfCpltCallback)( struct __DMA_HandleTypeDef * hdma);
  void  ( * XferErrorCallback)( struct __DMA_HandleTypeDef * hdma);
  void  ( * XferAbortCallback)( struct __DMA_HandleTypeDef * hdma);
  __IO uint32_t        ErrorCode;        /* ! < DMA Error code   */
  DMA_TypeDef          * DmaBaseAddress; /* ! < DMA Channel Base Address    */
  uint32_t             ChannelIndex;     /* ! < DMA Channel Index    */
} DMA_HandleTypeDef;
```

对于上面的结构体成员,不需要全部进行配置,主要配置 Instance 和 Init 成员即可,Instance 成员表示本次选择的是哪个 DMA 的哪个通道。

成员 Init 就比较重要了,这个成员主要就是对 DMA 的初始化的配置,通过上面定义的结构体可以看到,成员 Init 的类型也是一个结构体类型,这个结构体的成员如下:

```
typedef struct
{
  uint32_t Direction;
  uint32_t PeriphInc;
  uint32_t MemInc;
  uint32_t PeriphDataAlignment;
  uint32_t MemDataAlignment;
  uint32_t Mode;
  uint32_t Priority;
} DMA_InitTypeDef;
```

Direction:表示选择传输数据的方向,可以选择如表 11.4 所列的内容。

表 11.4 Direction 参数

选 项	说 明
DMA_PERIPH_TO_MEMORY	外设到存储器
DMA_MEMORY_TO_PERIPH	存储器到外设

PeriphInc:设置外设地址是否需要偏移,可以设置为 ENABLE 或者 DISABLE。

MemInc:设置存储器地址是否需要偏移,可以设置为 ENABLE 或者 DISABLE。

PeriphDataAlignment:设置外设的传输数据宽度,参考表 11.5 进行配置。

表 11.5 PeriphDataAlignment 参数

选 项	说 明
DMA_PDATAALIGN_BYTE	外设宽度为 8 bit
DMA_PDATAALIGN_HALFWORD	外设宽度为 16 bit
DMA_PDATAALIGN_WORD	外设宽度为 32 bit

MemDataAlignment:设置存储器的传输数据宽度,参考表 11.6 进行配置。

表 11.6 MemDataAlignment 参数

选 项	说 明
DMA_MDATAALIGN_BYTE	存储器宽度为 8 bit
DMA_MDATAALIGN_HALFWORD	存储器宽度为 16 bit
DMA_MDATAALIGN_WORD	存储器宽度为 32 bit

Mode：选择 DMA 工作在正常模式还是循环模式，参考表 11.7 进行配置。

表 11.7　Mode 参数

选　项	说　明
DMA_NORMAL	DMA 工作在正常模式
DMA_CIRCULAR	DMA 工作在循环模式

Priority：设置当前通道的优先级，参考表 11.8 进行配置。

表 11.8　Priority 参数

选　项	说　明
DMA_PRIORITY_LOW	优先级为低
DMA_PRIORITY_MEDIUM	优先级为中
DMA_PRIORITY_HIGH	优先级为高
DMA_PRIORITY_VERY_HIGH	优先级为最高

在 DMA 初 始 化 函数后面还有一个函数 __HAL_LINKDMA（uartHandle，hdmarx，hdma_usart1_rx），这个函数的主要功能就是将 DMA 与 USART1_RX 和 USART1_TX 连接起来。对于 DMA 的源代码就分析到这里了。想要实现存储器到外设的功能，还需要进行代码的添加，具体添加哪部分代码参考下一小节添加代码部分。

11.6.2　添加代码

对于源代码，其实已经配置了大部分的内容，若要最终实现存储器到外设的数据传输，只需要添加一小部分代码即可。首先在 main 主函数中定义一个数组，数据中填写什么都可以，如图 11.9 所示。

```
67   int main(void)
68  □{
69       /* USER CODE BEGIN 1 */
70       char Usart_Buff[]= "hello world";
71       /* USER CODE END 1 */
```

图 11.9　添加代码

接下来就是在 main 主函数的 while 循环中实现 1 秒发送一次数据到串口。直接调用 HAL 库函数 HAL_UART_Transmit_DMA，发送我们想要发送的数据。HAL_UART_Transmit_DMA 函数有三个参数，第一个参数就是串口初始化的结构体变量（选择是哪一个串口），第二个参数表示需要发送的数据是什么，第三个参数为需要发送的数据长度。添加完代码后整体的 main 主函数如下：

```
int main(void)
{
    char Usart_Buff[] = "hello world";
  HAL_Init();
  SystemClock_Config();
  MX_GPIO_Init();
  MX_DMA_Init();
  MX_USART1_UART_Init();
  while (1)
  {
    HAL_UART_Transmit_DMA(&huart1, (uint8_t *)Usart_Buff, sizeof(Usart_Buff));
    HAL_Delay(1000);
  }}
```

11.6.3　编译下载

接下来需要做的就是进行代码的编译下载。但是在编译前要选择使用的下载方式。具体参考图 11.10。

① 单击魔术棒或者在左上角的"Project"下单击 Options for Target，开始进行配置。

② 单击魔术棒后会弹出一个文本框：Options for Target 'DMA'，在这里选择Debug。先在 Use 选择下载器，这里用的是 ST - Link 下载器，所以这里选择 ST - Link Debugger。选择完下载方式后单击 Settings(注：这一步很重要，如果这里不设置，那么下载完成后是没有任何效果的，需要手动按下复位键才能实现效果)。然后选择 Flash Download 将里面的 Reset and Run 选项选中，如图 11.11 所示。

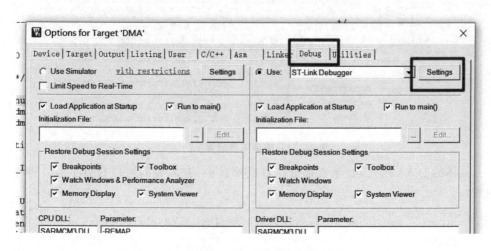

图 11.10　编译下载配置(一)

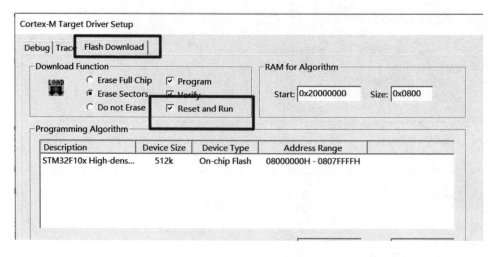

图 11.11 编译下载配置(二)

③ 设置完下载方式以及 Reset and Run 后,接下来进行编译(单击图 11.12 方框内的图标即可,这里框选了两个图标,单击哪一个都可以),只要编译结果是 0 个错误(0 Error(s)),则证明工程没有问题(后面的 Warning(s)警告有多少都没有关系,这里不用管它)。

④ 编译结果没有问题,接下来只需要下载到开发板上即可。

下载到代码后,由于我们是在 main 主函数的 while 循环中编写的发送数据代码,而且是间隔 1 秒发送一次,所以最终会在串口助手上看到 1 秒显示一次 hello world,如图 11.13 所示。

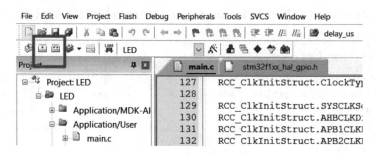

图 11.12 编译下载配置(三)

具体的 DMA 的代码,笔者都放在百度网盘中,有需要的可以自行下载。链接如下:

链接:https:// pan. baidu. com/s/1rGRh5a1wvJbv806ZdveITQ
提取码:xfwk

图 11.13　运行结果

11.7　思考与练习

1. 通过 RM0008 芯片手册,复习 DMA 的相关概念。

2. 自己编制存储器到存储器以及存储器到外设的 DMA 搬运代码。

3. 参考 UM1850 手册,学习更多的 DMA 相关 HAL 库函数。

第**12**章

项目实战——五子棋

五子棋是一种两个人对弈的纯策略类型的棋牌游戏。五子棋相传起源于 4 000 多年前的尧帝时期,比围棋的历史还要悠久,可能早在"尧造围棋"之前,民间就已有五子棋游戏。相传中华民族的祖先轩辕黄帝无意之中画下了十七条横线、十七条竖线,这无意中的发明造就出了五子棋。早在公元 595 年,古人就用瓷来烧制五子棋盘了。早期五子棋的文史资料与围棋有相似之处,因为古代五子棋的棋具与围棋是完全相同的。五子棋不仅能增强思维能力、提高智力,而且富含哲理,有助于修身养性。五子棋既有现代休闲的明显特征"短、平、快",又有古典哲学的高深学问"阴阳易理";它既有简单易学的特性,为人民群众所喜闻乐见,又有深奥的技巧和高水平的国际性比赛;五子棋文化源远流长,具有东方的神秘和西方的直观,既有"场"的概念,亦有"点"的连接。

五子棋最初是由朝鲜使臣带到朝鲜,再由日本人带到日本。而真正使五子棋发扬光大的是日本。五子棋刚到日本,只在王室和贵族中间玩,后来被出入皇宫的下人偷偷地传入民间。故五子棋是发展于日本,流行于欧美。

12.1 项目的总体设计

本书的综合练习项目名称为:五子棋。项目需求:按下触摸屏实现下棋,黑白棋子交替出现,最终判断输赢。

主要实现的原理是:首先校准触摸屏,在触摸屏上绘制出棋盘的形状,在触摸屏上放置下棋的按钮,通过触摸不同的位置来实现下棋、悔棋或者重新开始的功能。

嵌入式系统与传统的 PC 一样,也是一种计算机系统,是由硬件和软件组成的。硬件包括了嵌入式微控制器与微处理器,以及一些外围元器件和外部设备。软件包括嵌入式操作系统和应用软件。

单片机由于体积小、成本低、功能强以及使用灵活等优点,在工业控制、智能仪器仪表、航空设备、机器人以及家电领域得到了广泛的应用,尤其是在产品研发、设备的更新中具有广泛的应用前景。单片机的应用领域广泛,技术要求不同,因此单片机应用系统的设计一般是不同的,但是总体的设计方法和研发步骤基本是一样的。

本书为读者介绍了嵌入式系统的基本常识、组成结果,又通过实例使读者对嵌入式系统有了更深入的了解,读者可以根据提供的手册资料动手制作一些单片机应用系统,以此来体会单片机应用硬件与软件的设计方法,锻炼开发单片机应用系统的能力。接下来看一下项目硬件部分和软件部分具体的设计步骤。

12.2　项目的硬件设计

硬件设计的主要任务是根据总体设计要求,以及系统所要使用的存储器、GPIO口和相关的定时器选择单片机的型号。本次要实现的是用触摸屏下五子棋,所以首先是要有触摸屏的电路、相对应的 GPIO 端口、晶振以及复位电路。

对于硬件来说,本次使用的单片机型号还是本书模块介绍时所使用的STM32F103ZET6 芯片。首先此芯片的 GPIO 引脚满足了 LCD 屏的引脚。STM32F103ZET6 共有 GPIO 口达到 112 个,LCD 屏所使用的 I/O 口为 36 个,这 36 个 I/O 口包含了 LCD 屏的驱动引脚以及触摸屏的驱动引脚,满足了引脚个数的要求,当然这里不考虑成本的问题。本次设计使用的芯片对比前几年已经涨价几倍甚至十几倍,实际要完成本次五子棋设计使用小一点的芯片也可以。

如图 12.1 所示为复位电路,电阻 R_8 和电容 C_{20} 组成系统复位电路。在上电时,C_{20} 的电压为 0 V,电源通过 R_8 对电容 C_{20} 开始进行充电,所以 RESET 引脚会变成高电平。当高电平的时间大于 2 个晶振的时钟周期时,单片机的复位电容也就是 C_{20} 充电完毕,RESET 出现低电平,复位结束。这里加了个复位 1 按键 S2,也就是说加了一个手动复位,按下 S2,电源接通 R_8,电容 C_{20} 则开始放电,R_8 上面就会出现电压,直到松开按键,复位电容 C_{20} 就会继续充电,此时系统复位完成。

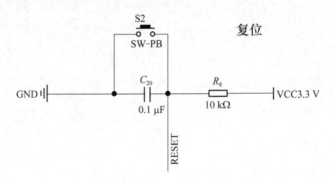

图 12.1　复位电路

对于本次设计的电路这里只介绍复位电路,如果有读者想要看 LCD 屏以及触摸屏的电路,可以参考第 8 章 LCD 液晶屏与第 9 章触摸屏的内容。硬件设计到此结束。

12.3 项目的软件设计

合理的软件结构是设计出一个性能优良的项目的基础,经过十几年的沉淀已经形成了一套公认的软件开发流程,大致可以分为 4 部分:项目需求分析、项目设计、编码调试以及测试维护。

对于简单的单片机设计,可采用顺序结构设计的方法;对于复杂的单片机设计,可以采用操作系统的方式,此操作系统应该具备任务调度、实时控制、输入/输出、系统调用以及多任务并行的特点,以提高系统的实时性和并行性。

本次设计是五子棋项目,比较简单,所以使用位顺序结构。根据项目开发流程的 4 部分,首先是项目需求分析。五子棋设计需要放置棋子,实现触摸功能,通过在 LCD 屏的不同位置上单击,显示在不同的位置上放置棋子,且实现黑棋、白棋的交替放置;放置棋子之后,判断棋子是否出现了五个相连的情况,如果是,则提示:黑子(白子)赢。

接下来就到了项目设计阶段。本次的设计是比较简单的,所以不需要其他太多内容,只需要 LCD 屏和触摸屏实现触摸以及放置棋子的功能,然后通过串口实现调试的目的。

12.4 编码调试

代码如下:

```
# include "five.h"
# include "LCD_ili.h"
# include "touch.h"
# include "delay.h"
# include "string.h"
# include "usart.h"
char infor[40] = {0};
int p[five_size][five_size] = {0};
int go = 0;
int five_x = 0,five_y = 0;
intcount = 0;
int RGB(int R,int G,int B)
{
    return ((R>>3)<<11)|((G>>2)<<5)|(B>>3);
}
void lcd_draw_level_line(u16 x,u16 y,u16 len,u32 color)
{
    for(; len>0; len-- )
```

```
        {
            LCD_Draw_Point(x, y, color);
            x++;
        }
}
void lcd_draw_vertical_line(u16 x,u16 y,u16 len,u32 color)
{
    for(; len>0; len--)
    {
        LCD_Draw_Point(x, y, color);
        y++;
    }
}
void lcd_draw_retangle(u16 x,u16 y,u16 width,u16 hight,u16 color1,u16 color2,u8 flag)
{
    if(flag == 1)
    {
        LCD_Clear(x, x+width,y, y+hight, color1);
    }
    else if(flag == 2)
    {
        lcd_draw_level_line(x,y,width,color1);
        lcd_draw_vertical_line(x,y,hight,color1);
        lcd_draw_level_line(x,y+hight-1,width-1,color2);
        lcd_draw_vertical_line(x+width-1,y,hight,color2);
    }
    else
    {
        lcd_draw_level_line(x,y,width,color1);
        lcd_draw_level_line(x,y+hight-1,width,color1);
        lcd_draw_vertical_line(x,y,hight,color1);
        lcd_draw_vertical_line(x+width-1,y,hight,color1);
    }
}
  void _draw_circle_8(u32 xc, u32 yc, u32 x, u32 y, u32 color)
{
    LCD_Draw_Point(xc + x, yc + y, color);
    LCD_Draw_Point(xc - x, yc + y, color);
    LCD_Draw_Point(xc + x, yc - y, color);
    LCD_Draw_Point(xc - x, yc - y, color);
    LCD_Draw_Point(xc + y, yc + x, color);
    LCD_Draw_Point(xc - y, yc + x, color);
    LCD_Draw_Point(xc + y, yc - x, color);
    LCD_Draw_Point(xc - y, yc - x, color);
}
void draw_circle(u32 xc, u32 yc, u32 r, u32 color)
{int x = 0, y = r, yi, d;
    d = 3 - 2 * r;
    while (x <= y)
```

```
        {for (yi = x; yi <= y; yi ++)
                  _draw_circle_8(xc, yc, x, yi, color);
            if (d < 0)
                d = d + 4 * x + 6;
            else{
                d = d + 4 * (x - y) + 10;
                y -- ;}
            x++ ;}}
void lcd_draw_textbox(u16 x, u16 y, u16 w, u16 h, u8 * p)
{
    lcd_draw_retangle(x + 1, y + 1, w - 2, h - 2, RGB(240, 240, 240), RGB(0,0,0), 1);
    lcd_draw_retangle(x, y, w, h,  RGB(80, 80, 80), RGB(255, 255, 255),2);
    LCD_Dis_8x16string(x + (w - strlen((char * )p) * 8)/2, y + (h - 16)/2, p,BLUE);
}
void Five_Init(void)
{u8 i,j;
    five_x = five_size/2;
    five_y = five_size/2;
    go = 1;
    count = 0;
    for(i = 0;i<five_size;i ++)
        for(j = 0;j<five_size;j ++)
            p[i][j] = 0;
    LCD_Clear(0,320,0,480,RGB(0,0,0));
    Five_Interface();}
void Five_Interface (void)
{u8 i;
    LCD_Clear(0,320,0,480,RGB(0,0,0));
    for(i = 0;i<five_size;i ++)
        lcd_draw_level_line(15,15 + 20 * i,280,LBBLUE);
    for(i = 0;i<five_size;i ++)
        lcd_draw_vertical_line(15 + 20 * i,15,280,LBBLUE);
    GotoXY(15 + five_x * 20,15 + five_y * 20,BLUE);

    lcd_draw_textbox(135,310,50,50,"UP");
    lcd_draw_textbox(135,370,50,50,"DOWN");
    lcd_draw_textbox(75,350,50,50, "LEFT");
    lcd_draw_textbox(195,350,50,50,"RIGHT");
    lcd_draw_textbox(40,425,50,50,"RESET");
    lcd_draw_textbox(135,425,50,50, "PLAY");
    lcd_draw_textbox(240,425,50,50,"BACK");}
void GotoXY(u16 x,u16 y,u16 color)
{lcd_draw_level_line(x - 8,y - 8,6,color);
        lcd_draw_vertical_line(x - 8,y - 8,6,color);
        lcd_draw_level_line(x + 2,y - 8,6,color);
        lcd_draw_vertical_line(x + 8,y - 8,6,color);
        lcd_draw_level_line(x - 8,y + 8,6,color);
        lcd_draw_vertical_line(x - 8,y + 2,6,color);
        lcd_draw_level_line(x + 2,y + 8,6,color);
```

```
                    lcd_draw_vertical_line(x + 8,y + 2,6,color);}
        int Is_put(void)
        {if(p[five_x][five_y] == 0)
                {p[five_x][five_y] = go;
                      return 1;
                      }return 0;}
        void Five_Put(void)
        {u8 winner;
            static u8 touch_sta = 0;
            TOUCH_XY_TYPEDEF touch_val;
            QQ:
          Five_Init();
            while(1)
            {touch_val = Touch_Scanf();
                if((! (GPIOB - >IDR & 1 << 1))&&(touch_sta == 0))
                {delay_ms(5);
                    touch_sta = 1;
                    if(touch_val.x >135&&touch_val.x<185&&touch_val.y>310&&touch_val.y<360)
                    {   GotoXY(15 + five_x * 20,15 + five_y * 20,BLACK);
                        five_y -= 1;
                        if(five_y<0)
                          five_y = five_size - 1;
                        GotoXY(15 + five_x * 20,15 + five_y * 20,BLUE);}
                    else if(touch_val.x>135&&touch_val.x<185&&touch_val.y>370&&touch_val.y<420)
                    {
                        GotoXY(15 + five_x * 20,15 + five_y * 20,BLACK);
                        five_y += 1;
                        if(five_y>five_size - 1)
                          five_y = 0;
                        GotoXY(15 + five_x * 20,15 + five_y * 20,BLUE);
                    }
                    else if(touch_val.x>75&&touch_val.x<125&&touch_val.y>350&&touch_val.y<400)
                    {
                        GotoXY(15 + five_x * 20,15 + five_y * 20,BLACK);
                        five_x -= 1;
                        if(five_x<0)
                          five_x = five_size - 1;
                        GotoXY(15 + five_x * 20,15 + five_y * 20,BLUE);
                    }
                    else if(touch_val.x>195&&touch_val.x<245&&touch_val.y>350&&touch_
val.y<400){
                        GotoXY(15 + five_x * 20,15 + five_y * 20,BLACK);
                        five_x += 1;
                        if(five_x>five_size - 1)
                          five_x = 0;
                        GotoXY(15 + five_x * 20,15 + five_y * 20,BLUE);}
                    else if(touch_val.x>135&&touch_val.x<185&&touch_val.y>425&&touch_
val.y<475){
                        if(Is_put()){
```

```
                        count + + ;
                        if(go = = 1)
                            draw_circle(15 + five_x * 20, 15 + five_y * 20, 8, BLUE);
                        else if(go = = 2)
                            draw_circle(15 + five_x * 20, 15 + five_y * 20, 8, WHITE);
                    if(count = = five_size * five_size)
                LCD_Dis_8x16string(10,310,(const char * )"NO Winner!",RGB(0,0,0));
                        winner = Check_Winner();
                        if(winner = = 1){
                LCD_Dis_8x16string(10,310,(constchar * )"Black_Win!",RGB(0,0,0));
                LCD_Dis_8x16string(10,328,(const char * )"Reset to Again",RGB(0,0,0));
                        }
                        else if (winner = = 2){
                LCD_Dis_8x16string(10,310,(const char * )"RED_Win!",RGB(0,0,0));
                LCD_Dis_8x16string(10,328,(const char * )"Reset to Again",RGB(0,0,0));
                        }
                        if(winner) {
                            while(1)
                            {if(PEN = = 0){
                                touch_val = Touch_Scanf();
                if(touch_val.x>40&&touch_val.x<90&&touch_val.y>425&&touch_val.y<475){
                                    delay_ms(10);
                                    while(PEN = = 0);
                                    Five_Init();
                                    break;}}}}
                        else
                            go = 3 - go;                }}
                else if(touch_val.x>40&&touch_val.x<90&&touch_val.y>425&&touch_val.y<475)
                            goto QQ;
                else if(touch_val.x>40&&touch_val.x<90&&touch_val.y>425&&touch_val.y<475)
                            break;}
            else if(GPIOB - >IDR & 1 << 1)
                touch_sta = 0;}
    }
    u8 Check_Winner (void)
    {
        u8 i,up_down = 0,left_right = 0,rihgt_up_left_down = 0,left_up_right_down = 0;
        for(i = 1;i<5;i + + ) if((five_y - i> = 0)&&(p[five_x][five_y - i] = = go))up_down
+ + ;else break;
        for(i = 1;i<5;i + + )
    if((five_y + i< = five_size)&&(p[five_x][five_y + i] = = go)) up_down + + ;else break;
        if(up_down> = 4) return go;
        for(i = 1;i<5;i + + )if((five_x - i> = 0)&&(p[five_x - i][five_y] = = go))left_
right + + ;else break;
        for(i = 1;i<5;i + + )if((five_x + i< = five_size)&&(p[five_x + i][five_y] = = go))
left_right + + ;else break;
        if(left_right> = 4) return go;
        for(i = 1;i<5;i + + ) if((five_x + i< = five_size)&&(five_y - i> = 0)&&(p[five_x
+ i][five_y - i] = = go)) rihgt_up_left_down + + ;else break;
```

```
        for(i=1;i<5;i++) if((five_x-i>=0)&&(five_y+i<=five_size)&&(p[five_x
-i][five_y+i]==go)) rihgt_up_left_down++;else break;
      if(rihgt_up_left_down>=4)return go;
      for(i=1;i<5;i++) if((five_x-i>=0)&&(five_y-i>=0)&&(p[five_x-i][five
_y-i]==go))
                        left_up_right_down++;else break;
      for(i=1;i<5;i++) if((five_x+i<=five_size)&&(five_y+i<=five_size)&&(p
[five_x+i][five_y+i]==go)) left_up_right_down++;else break;
      if(left_up_right_down>=4)return go;
      return 0;
  }
```

```c
#ifndef _FIVE_H_
#define _FIVE_H_
#include "main.h"
#define PEN        (GPIOB->IDR & 1 << 1)
#define ESC        27
#define SPACE      32
#define LEFT       0X4B
#define UP         0X48
#define RIGHT      0x4D
#define DOWN       0x50
#define ENTER      13
#define five_size 15
#define DARKBLUE        0X01CF
#define LIGHTBLUE       0X7D7C
#define GRAYBLUE        0X5458
#define LIGHTGREEN      0X841F
#define LIGHTGRAY       0XEF5B
#define LGRAY           0XC618
#define LGRAYBLUE       0XA651
#define LBBLUE          0X2B12
int RGB(int R,int G,int B);
void lcd_draw_level_line(u16 x,u16 y,u16 len,u32 color);
void lcd_draw_vertical_line(u16 x,u16 y,u16 len,u32 color);
void _draw_circle_8(u32 xc, u32 yc, u32 x, u32 y, u32 color);
void draw_circle(u32 xc, u32 yc, u32 r, u32 color);
void Five_Init(void);
void Five_Interface (void);
void GotoXY(u16 x,u16 y,u16 color);
void Five_Put(void);
int Is_put(void);
u8 Check_Winner (void);
#endif
```

12.5 项目结束

本次设计的最终效果为在屏幕上显示棋盘的图,单击不同的位置放置不同的棋子,具体的效果图如图 12.2 所示。

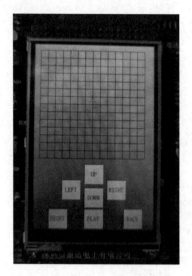

图 12.2 五子棋效果图

第13章

项目实战——自动浇花系统

从当今的社会发展可以看到,智能化在飞速发展,从无人机到无人驾驶车正在慢慢发展。环境问题也逐渐开始被重视起来,各地开始重视绿化问题。对于长期在办公室工作的人来说,植物可以缓解疲劳,也可以吸收空气中的二氧化碳,释放氧气,以降低空气中有害气体的浓度,所以许多人都会在办公室或者家里养一些花草。但是也会出现一个问题,就是有的时候因为工作的原因忘记浇水,或者浇水过多,导致植物最终死亡。本设计就是针对这种情况的。基于STM32单片机的智能浇花系统,主要是检测土壤的湿度,通过语音播报判断是否需要浇水,如果需要则启动电机开始抽水进行浇水。具体的数据采集在OLED屏幕显示,阿里云数据实时传输显示,这样就可以实时检测植物目前的状态。

13.1 项目的总体设计

此次设计是以STM32单片机计数为核心处理器的,主要是采用YL-69土壤湿度检测传感器来检测土壤的湿度,检测到的数据通过传感器的两个引脚连接到一个霍尔传感器上,通过霍尔传感器转换获取到的湿度结果直接传输给STM32单片机,且最终的结果在OLED屏上显示出来。STM32单片机检测到数据后,判断目前的湿度是否符合当前的植物品种的湿度范围,如果低于湿度范围则语音播报湿度低,通过控制舵机实现抽水、浇水。在浇水的时候,土壤湿度传感器也是一直检测湿度的情况,如果发现湿度达标,则立即停止浇水,语音播报停止浇水。还用到了MH-RD水位传感器检测备用水的水位情况,如果备用水超过最低范围,则语音播报水位过低。由USB供电或者电池供电,数据通过WIFI模块连接至阿里云,将土壤湿度情况上传可以随时监测植物的湿度情况。系统框图如图13.1所示。

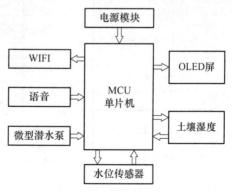

图 13.1 系统框图

13.2　项目的硬件设计

选择主控芯片为 STM32F103CBT6，STM32F103 系列芯片的主控频率为 72 MHz，使用的无线模块是 ESP8266。接下来是屏幕的选择，最终使用的屏幕是 OLED 屏，因为本身需要显示的内容就不是很多，主要应考虑主控芯片 STM32F103 的引脚个数，如果使用 LCD 屏，需要 20 多个 I/O 口，而主控芯片 STM32F103CBT6 拥有的引脚个数为 48 个，一半的引脚用来驱动 LCD 屏，大可不必。使用 OLED 屏就需要大概 5 个 I/O 口。另外，LCD 屏的功耗比 OLED 屏相对高一些，LCD 屏的显示须有一个背光引脚控制整个屏幕的亮度，只有整个屏幕亮了，那么在上面显示的内容才会显示出来；而 OLED 屏相当于每个像素点都会发光，这样就大大降低了功耗。接下来根据所选择的每个模块芯片的型号来搭建电路原理图。

STM32F103CBT6 使用的是 ST（意法半导体）公司的 Cortex_M3 系列内核的芯片，芯片的工作电压为 2.0～3.6 V，引脚个数为 48 个，GPIO 口个数为 37 个，Flash/ROM 存储空间大小为 128 KB，SRAM 的存储空间为 20 KB，拥有的定时器个数为 4 个，其中通用定时器有 3 个，高级定时器有 1 个。本微控制器没有基本定时器，有 2 个 SPI 通信，3 个串口，芯片工作温度为 −40～85 ℃。本次设计的整个原理图如图 13.2、图 13.3 所示。

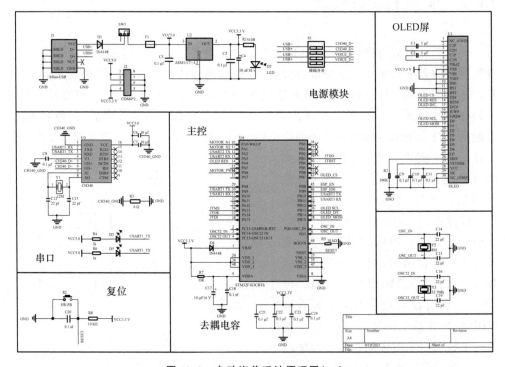

图 13.2　自动浇花系统原理图（一）

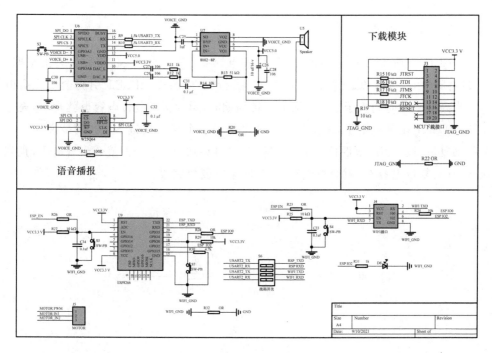

图 13.3 自动浇花系统原理图(二)

13.2.1 电源模块

如图 13.4 所示就是本次设计的电源模块原理图。USB 供电电压为 5 V,但是我们使用的主控芯片 STM32F103 的工作电压为 2.0～3.6 V。这里经过 ASM1117 电源稳压芯片,将 5 V 稳压为 3.3 V 后再给芯片供电。在电源模块中加了个拨码开关,主要是用来选择 USB 口是作串口调试用,还是作语音芯片的 U 盘用,用作串口,就是经过 USB 转 TTL 芯片 CH340,可以进行调试功能;用作 U 盘,就是将语音存储到 W25Q64 芯片中。这里主要是给语音芯片用的。

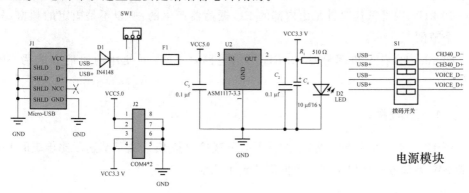

图 13.4 电源模块原理图

13.2.2 复位模块

如图 13.5 所示为复位电路,电阻 R_8 和电容 C_{20} 组成系统复位电路。在上电时,C_{20} 的电压为 0 V,电源通过 R_8 对电容 C_{20} 进行充电,所以 RESET 引脚会变成高电平。当高电平的时间大于 2 个晶振的时钟周期时,单片机的复位电容也就是 C_{20} 充电完毕,RESET 出现低电平,复位结束。这里加了一个复位按键 S2,也就是说加了一个手动复位,按下 S2,电源接通 R_8,电容 C_{20} 则开始放电,R_8 上面就会出现电压,直到松开按键,复位电容 C_{20} 就会继续充电,此时系统复位完成。

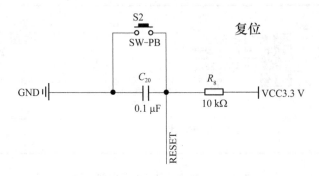

图 13.5 复位电路

13.2.3 主控芯片模块

图 13.6 就是主控芯片的电路,右下方电路就是晶振电路,为单片机的工作提供时钟脉冲。单片机的时钟有 4 个,HSE、LSE、HSI、LSI。HSE 是外部高速时钟,提供芯片的系统工作频率 72 MHz,是电路中的 8 MHz 晶振经过倍频后产生的。LSE 是外部低速时钟,它的晶振频率为 32.768 kHz,这个时钟主要是为 RTC 实时时钟专门使用的。HSI 是内部高速时钟,频率为 8 MHz。LSI 是内部低速时钟,频率为 30～60 kHz,内部低速时钟是由内部的 RC 振荡器产生的,所以不是固定的频率,只是一个范围。

图 13.6 的右上角部分是 OLED 屏的电路,OLED 屏使用的通信方式为 SPI 通信。

13.2.4 下载模块

图 13.7 是一个下载电路,本次设置的下载接口是 JTAG,下载速度比传统的 ISP 或者 SW 下载方式会快很多。数据线达到十几根。

主控

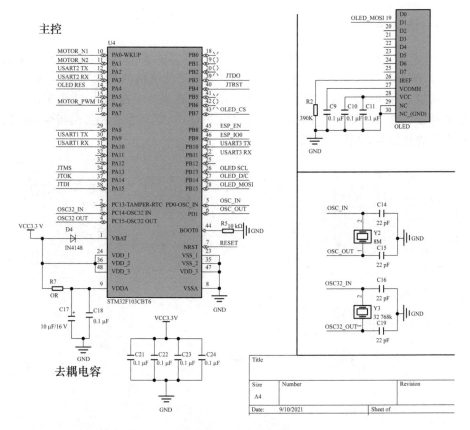

图 13.6　主控芯片电路图

下载模块

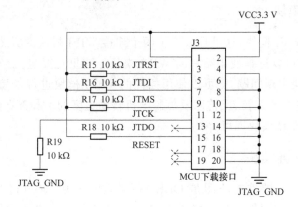

图 13.7　JTAG 下载接口

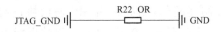

13.2.5 语音模块

图 13.8 所示的电路是语音播报模块电路。这个语音播报模块包含了一个 Flash 存储芯片 W25Q64,主要是用来存储语音的。语音芯片使用的是 YX6100,这里还加了一个功放芯片 8002 - 8P。存储芯片 W25Q64 在这里主要是作为 U 盘来使用的,将想要播报的语音存储到这个芯片中,通过对 YX6100 芯片发送相关的指令,再通过功放芯片连接喇叭,从而实现播报不同的语音。

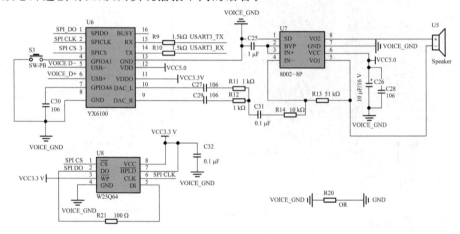

语音播报

图 13.8　语音播报模块

13.2.6 无线模块

图 13.9 为 WIFI 模块,这里是放置了两个连接 WIFI 模块的方式,可以选择插件的 WIFI 模块,也可以选择使用贴片的 WIFI 模块。这里主要也是做两手准备,如果贴片的 WIFI 模块出现问题,则可以使用插件的 WIFI 模块进行通信。另外,电机的接口也在这里,电机的正转、反转以及控制电机转动速度的引脚都在此处。电机的引脚直接连接电机驱动模块即可。

13.2.7 OLED 屏模块

图 13.10 所示的硬件电路图是 OLED 屏的驱动模块,通过这个电路图可以看到,BS0～BS2 引脚在硬件上都连接在 GND 上。根据图 13.11 所示的 OLED 屏幕通信方式选择图可知,OLED 显示控制器的通信方式选择为 4 线 SPI 串行通信,因此 MCU 想要和显示控制器通信,则应使用 SPI 通信协议与显示控制器连接通信。这比之前选择的 LCD 的 INTEL8080 通信的 16 根数据线大大节省了 GPIO 引脚资源。

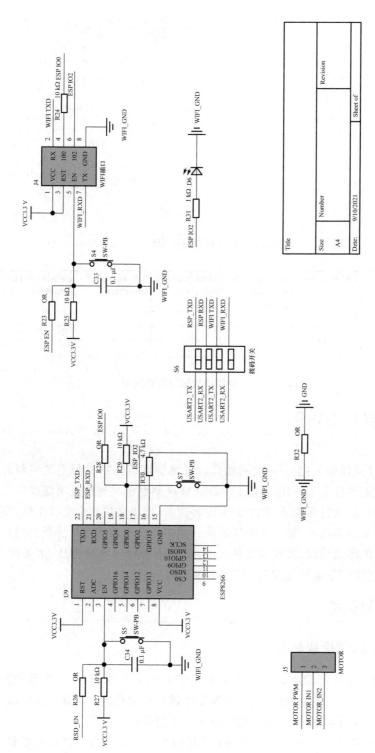

图 13.9 WIFI 模块

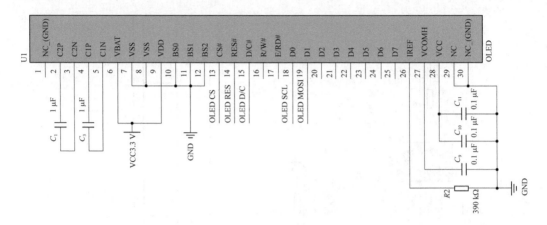

图 13.10 OLED 屏驱动模块

SSD1306 Pin Name	I²C Interface	6800-parallel interface (8 bit)	8080-parallel interface (8 bit)	4-wire Serial interface	3-wire Serial interface
BS0	0	0	0	0	1
BS1	1	0	1	0	0
BS2	0	1	1	0	0

图 13.11 OLED 屏幕通信方式选择图

13.3 项目的软件设计

　　总程序设计流程如下：全部模块初始化。土壤湿度传感器检测土壤当前的湿度数值，然后将数据传输到 OLED 屏幕上。OLED 屏则显示实时的土壤温度以及土壤湿度的高低阈值，判断是否需要浇水，如果需要浇水，则语音模块会立即工作，语音提示湿度过低，表示需要浇水，接下来电机模块开始工作。土壤湿度传感器仍然是实时工作，检测当前的湿度情况，发现湿度满足要求，则语音提示湿度合适，请关闭浇水，并将当前的湿度实时数值通过 WIFI 模块传输至阿里云。

13.4 编码调试

13.4.1 土壤温湿度模块程序设计

　　YL-69 是一个比较简单的土壤湿度传感器模块，它的原理为，当内部的湿敏电容检测到环境的湿度发生改变时，会使得湿敏电容存在的环境中的介质发生改变，导致湿敏电容中的容值发生变化，电容的数值正比于湿度值。

　　这里是利用 Water Sensor 水位传感器来进行水位监测。当检测到有水时，直接通过输出数据引脚输出数据 1；如果没有检测到水，则直接输出数据 0。当然它除了检测到是否有水之外，还可以检测水位的高低，这就需要进行 A/D 采集了。使用微控制器的 ADC 模块，然后再利用水位公式得到水位的高低，具体的水位公式如下：

$$h_{(水深)} = 0.467e^{0.005\,6AO}$$

式中，AO 为 AO 引脚的测量数值，h 的单位为 mm，只适用于 h 在 0～20 mm 之间。

```
void Water_Sensor_Ceshi_Init()
{  GPIO_InitTypeDef GPIO_InitStruct;
    ADC_InitTypeDef ADC_InitStruct;
    RCC_APB2PeriphClockCmd(RCC_APB2Periph_GPIOA | RCC_APB2Periph_ADC1,ENABLE);
    RCC_ADCCLKConfig(RCC_PCLK2_Div6);
    GPIO_InitStruct.GPIO_Pin = GPIO_Pin_1;
    GPIO_InitStruct.GPIO_Mode = GPIO_Mode_AIN;
    GPIO_Init(GPIOA,&GPIO_InitStruct);
    ADC_InitStruct.ADC_Mode = ADC_Mode_Independent;
    ADC_InitStruct.ADC_ScanConvMode = DISABLE;
    ADC_InitStruct.ADC_ContinuousConvMode = DISABLE;
    ADC_InitStruct.ADC_ExternalTrigConv = ADC_ExternalTrigConv_None;
    ADC_InitStruct.ADC_DataAlign = ADC_DataAlign_Right;
    ADC_InitStruct.ADC_NbrOfChannel = 1;
    ADC_Init(ADC1,&ADC_InitStruct);
    ADC_Cmd(ADC1,ENABLE);
    ADC_ResetCalibration(ADC1);
    while(ADC_GetResetCalibrationStatus(ADC1));
    ADC_StartCalibration(ADC1);
    while(ADC_GetCalibrationStatus(ADC1)); }
u16 Water_Sensor_ADC_Scan()
{  u16 buff[10],i,k,temp;
    u32 sum = 0;
    ADC_RegularChannelConfig(ADC1,1,1,ADC_SampleTime_71Cycles5);
    for(i = 0 ; i < 10 ;i++)
    {ADC_SoftwareStartConvCmd(ADC1,ENABLE);
        while(! ADC_GetFlagStatus(ADC1,ADC_FLAG_EOC));
        ADC_ClearFlag(ADC1,ADC_FLAG_EOC);
        buff[i] = ADC_GetConversionValue(ADC1);}
    for(i = 0 ; i < 9; i++)
    {for(k = 0; k < i-1;k++)
        {if(buff[k] > buff[k+1])
            {temp = buff[k];
                buff[k] = buff[k+1];
                buff[k+1] = temp;}}}
    for(i = 1;i < 9; i++)
    {sum += buff[i];}
    return sum/8;}
int main(void)
{u16 WATER_val = 0;
    double val = 0,aa;
```

```
GPIO_InitTypeDef GPIO_InitStructure;
Led_Init();
Beep_Init();
Key_Init();
LCD_Init();
USART_1_Init(115200);
Water_Sensor_Init();
while(1)
{WATER_val = Water_Sensor_ADC_Scan();
    val = 3300000.0/4096 * WATER_val/1000;
    val = (exp(0.0056 * val)) * 0.467;
    printf("%d\r\n",WATER_val);
    printf("%.2lfmm\r\n",val);
    Delay_ms(1000);}}
```

13.4.2　USART 程序设计

对于调试首先想到的就是串口调试,这是因为串口可以将我们想要显示的数据以最直观的方式展示出来。之所以说最直观,是因为一般串口模块是可以直接显示中英文的。但是屏幕如果要显示汉字,则还需要取模。

对于串口模块首先需要做的就是模块初始化。对于单片机来说,不是随便哪一个 I/O 口都可以做串口的。想要用串口进行调试,则单片机的 GPIO 口必须要具有串口功能,而且计算机通过串口调试。本次设计串口调试使用的就是串口 1。注意串口 1 在拨码开关拨动到 CH340 时是用来调试的,拨动到串口 3(USART3)时是作为 U 盘使用的。

```
void Usart_Init(u32 Bound)
{GPIO_InitTypeDef GPIO_InitStruct;
    USART_InitTypeDef USART_InitStruct;
    RCC_APB2PeriphClockCmd(RCC_APB2Periph_GPIOA,ENABLE);
    RCC_APB2PeriphClockCmd(RCC_APB2Periph_USART1,ENABLE);
    GPIO_InitStruct.GPIO_Pin = GPIO_Pin_9;
    GPIO_InitStruct.GPIO_Mode = GPIO_Mode_AF_PP;
    GPIO_InitStruct.GPIO_Speed = GPIO_Speed_50MHz;
    GPIO_Init(GPIOA,&GPIO_InitStruct);
    GPIO_InitStruct.GPIO_Pin = GPIO_Pin_10;
    GPIO_InitStruct.GPIO_Mode = GPIO_Mode_IPU;
    GPIO_Init(GPIOA,&GPIO_InitStruct);
    USART_InitStruct.USART_BaudRate = Bound;
    USART_InitStruct.USART_Mode = USART_Mode_Tx | USART_Mode_Rx;
    USART_InitStruct.USART_Parity = USART_Parity_No;
    USART_InitStruct.USART_HardwareFlowControl = USART_HardwareFlowControl_None;
    USART_InitStruct.USART_StopBits = USART_StopBits_1;
    USART_InitStruct.USART_WordLength = USART_WordLength_8b;
    USART_Init(USART1,&USART_InitStruct);
    USART_Cmd(USART1,ENABLE);}
```

13.4.3 OLED 屏程序设计

本次设计使用的 OLED 液晶屏为 0.96 in 的双色 OLED 液晶屏(黄蓝色),液晶屏的分辨率为 128×64。OLED 液晶屏的显示控制器的型号为 SSD1306,同时支持5 种通信协议与微控制器(MCU)进行数据交换,分别是 INTEL8080、6800 的并口通信协议,IIC 串行通信协议,4 线 SPI 和 3 线 SPI 串行通信协议。通过控制器的 BS0~BS2 引脚的不同组合来决定到底使用哪种通信。从上面设计的硬件电路图中可以看出,BS0、BS1、BS2 全部接地,所以此处使用的通信方式为 4 线 SPI 通信。

OLED 显示控制器重要的就是初始化函数,初始化包含 OLED 屏的驱动初始化以及相关的 GPIO 引脚的初始化。对于 OLED 的 GPIO 引脚的初始化,是需要我们自己进行配置的;但是 OLED 屏的驱动初始化则是由厂家提供的。虽然 OLED 屏的驱动初始化是由厂家提供的,但是厂家提供的初始化代码里面的发送数据函数以及发送命令函数需要自己来编写,编写完成初始化后就可显示函数、显示字符、显示字符串以及显示汉字和显示图片函数等。

```
void OLED_SetPos(unsigned char x, unsigned char y)
{ x += 2;
    Oled_Write_Cmd(0xB0 + y);
    Oled_Write_Cmd(((x & 0xf0) >> 4)| 0x10);
    Oled_Write_Cmd((x & 0x0f) | 0x00); }
void OLED_Clear(u8 x0,u8 y0,u8 x1, u8 y1)
{u8 x,y;
    for(y = y0;y <= y1;y++)
    {OLED_SetPos(x0,y);
        for(x = x0;x <= x1;x++)
        {Oled_Write_Data(0x00);
        }}}
void OLED_Ascii_Disp(int Page,int Colum,char Str,int Width,int High)
{u8 Buff[16];
    u8 i = 0,j;
    Str = Str - 32;
    memcpy((char *)Buff, &AsciiII[Str * 16], 16);
    for(i = 0;i < (High / 8); i++)
    {OLED_SetPos(Colum,Page + i);
        for(j = 0;j < Width; j++)
        {Oled_Write_Data( Buff[j + Width * i]);
        }}}
void OLED_String_Disp(u8 Page,u8 Colum,char * Str,int Width,int High)
{while( * Str != '\0')
    {OLED_Ascii_Disp(Page,Colum, * Str,Width,High);
        Colum += 8;
        Str ++ ;}}
```

```
void OLED_CHinese_Disp(int Page, int Colum, const unsigned char * Font,int Width,int High)
{u8 Buff[32] = {0};
    u8 i,j;
    memcpy((char *)Buff,Font, 32);
    for(i = 0; i < High / 8; i++)
    {OLED_SetPos(Colum,Page + i);
        for(j = 0; j < Width; j++)
        {Oled_Write_Data(Buff[Width * i + j]);
        }}}
void OLED_DrawBMP(u8 x0, u8 y0,u8 x1, u8 y1,u8 BMP[])
{unsigned int j = 0;
    unsigned char x,y;
    for(y = y0; y < y1;y++)
    {OLED_SetPos(x0,y);
        for(x = x0; x < x1; x++){
            Oled_Write_Data(BMP[j++]);      }}}
```

13.4.4　语音模块程序设计

　　首先需要对 YX6100 语音模块进行初始化配置。语音模块这里使用的是串口通信,所以这里的初始化代码需要包含 GPIO 引脚初始化以及 USART3 初始化。初始化完成后就是串口发送数据函数。语音模块需要发送相应的指令。发送指令就是通过串口发送数据函数。语音播报模块想要播报语音,要首先判断是否满足播报的条件,如果满足,则开始播报存储在 Flash 中的相应的语音,从而实现发出声音的效果。

```
static void DoSum(unsigned char * Str, unsigned int len)
{
    u8 i;
    u16 xorsum = 0;
    for (i = 0;i<len;i++) {
        xorsum = xorsum + Str[i];}
    xorsum = 0 - xorsum;
    *(Str + i) = (u8)(xorsum >>8);
    *(Str + i + 1) = (u8)(xorsum & 0x00ff);
}
void VoiceSendCMD(uint8_t cmd ,uint8_t feedback ,uint16_t dat)
{
    uint8_t i = 0;
    sndBuf[0] = 0x7E;
    sndBuf[1] = 0xFF;
    sndBuf[2] = 0x06;
    sndBuf[3] = cmd;
    sndBuf[4] = feedback;
    sndBuf[5] = (u8)(dat >> 8);
    sndBuf[6] = (u8)(dat);
```

```
        DoSum(&sndBuf[1],6);
        sndBuf[9] = 0xEF;
        for (i = 0;i<10;i++) {
            while (USART_GetFlagStatus(USART3, USART_FLAG_TXE) == RESET);
            USART_SendData(USART3, sndBuf[i]);
        }
    }
    int VoiceCheckACK(uint8_t cmd ,uint8_t feedback ,uint16_t dat)
    {
        u8 i;
        u16 xorsum = 0;
        u16 xorsum1 = 0;
        while (! voiceAck) ;
        voiceAck = 0;
        if ( rcvBuf[0]!= 0x7E && rcvBuf[1]!= 0xFF && rcvBuf[2]!= 0x06 && rcvBuf[9]!= 0xEF)
{
            printf("返回帧格式错误\n");
            return -1;}
        for (i = 1;i<7;i++) {
            xorsum = xorsum + rcvBuf[i] ;}
        xorsum1 = ((u16)(rcvBuf[i]<<8)) | (rcvBuf[i+1]);// 这里是接收到的校验字节,
16 位
        xorsum = xorsum + xorsum1;
        if (xorsum) {
            printf("校验失败\n");
            return -1;}
        return 0;
    }
    void USART3_IRQHandler(void)
    {if (USART_GetITStatus(USART3, USART_IT_RXNE)) {
            rcvBuf[rcvCount++] = USART_ReceiveData(USART3);
            USART_ClearITPendingBit(USART3, USART_IT_RXNE);}
        if (USART_GetITStatus(USART3, USART_IT_IDLE)) {
            rcvCount = 0;
            voiceAck = 1;
            USART3 ->SR;
            USART3 ->DR;}
    }
```

13.4.5 WIFI 模块程序设计

该模块工作流程如下:首先选择相应的串口进行通信,然后初始化模块。之后根据指令集发送所需要的指令,判断是否与云端建立了连接,如果没有,就循环往复地判断。若建立了连接,下一步就要把该数据传送到云端。

```
#define DUMP 0
static err_t testtest_recv(void * arg, struct tcp_pcb * tpcb, struct pbuf * p, err_t err)
{
  uintptr_t count = (uintptr_t)arg;
#if DUMP
  struct pbuf * q;
#endif
  if (p != NULL)
  {    printf("% d bytes received! \n", p->tot_len);
#if DUMP
    for (q = p; q != NULL; q = q->next)
      printf("%. * s\n", q->len, q->payload);
#endif
      count += p->tot_len;
      tcp_arg(tpcb, (void * )count);
      tcp_recved(tpcb, p->tot_len);
      pbuf_free(p);
  }
  else
  {
    err = tcp_close(tpcb);
    printf("TCP socket is closed! err = % d, count = % d\n", err, count);
  }
  return ERR_OK;
}
static err_t testtest_connected(void * arg, struct tcp_pcb * tpcb, err_t err)
{
  char * request = "GET /news/? group = lwip HTTP/1.1\r\nHost: savannah.nongnu.org\r
\n\r\n";

  printf("TCP socket is connected! err = % d\n", err);
  tcp_recv(tpcb, test_recv);
    tcp_write(tpcb, request, strlen(request), 0);
  tcp_output(tpcb);
  return ERR_OK;
}
static void test_err(void * arg, err_t err)
{
  printf("TCP socket error! err = % d\n", err);
}
void connect_test(const ip_addr_t * ipaddr)
{
  err_t err;
  struct tcp_pcb * tpcb;
  tpcb = tcp_new();
  if (tpcb == NULL)
  {
    printf("\atcp_new failed! \n");
    return;
```

```
  }
  tcp_err(tpcb, test_err);
  printf("TCP socket is connecting to %s...\n", ipaddr_ntoa(ipaddr));
  err = tcp_connect(tpcb, ipaddr, 80, test_connected);
  if (err != ERR_OK)
  {
    tcp_close(tpcb);
    printf("TCP socket connection failed! err = %d\n", err);
  }
}
#if LWIP_DNS
static void dns_found(const char *name, const ip_addr_t *ipaddr, void *callback_arg)
{
  if (ipaddr != NULL)
  {
    printf("DNS Found IP of %s: %s\n", name, ipaddr_ntoa(ipaddr));
    connect_test(ipaddr);
  }
  else
    printf("DNS Not Found IP of %s! \n", name);
}
void dns_testtest(int ipver)
{
  char *domain = "savannah.nongnu.org";
  err_t err;
  ip_addr_t dnsip;
  if (ipver == 4)
    err = dns_gethostbyname(domain, &dnsip, dns_found, NULL); // 默认 IPv4 优先
  else
    err = dns_gethostbyname_addrtype(domain, &dnsip, dns_found, NULL, LWIP_DNS_
ADDRTYPE_IPV6_IPV4); // IPv6 优先

  if (err == ERR_OK)
  {
    printf("%s: IP of %s is in cache: %s\n", __FUNCTION__, domain, ipaddr_ntoa
(&dnsip));
    connect_test(&dnsip);
  }
  else if (err == ERR_INPROGRESS)
    printf("%s: IP of %s is not in cache! \n", __FUNCTION__, domain);
  else
    printf("%s: dns_gethostbyname failed! err = %d\n", __FUNCTION__, err);
}
#endif
static uint8_t tcp_tester_buffer[1500];
static err_t tcp_tester_accept(void *arg, struct tcp_pcb *newpcb, err_t err);
static void tcp_tester_err(void *arg, err_t err);
```

```
    static err_t tcp_tester_recv(void * arg, struct tcp_pcb * tpcb, struct pbuf * p, err_t
err);
    static err_t tcp_tester_sent(void * arg, struct tcp_pcb * tpcb, u16_t len);
    static err_t tcp_tester_sent2(void * arg, struct tcp_pcb * tpcb, u16_t len);
    static err_t tcp_tester_accept(void * arg, struct tcp_pcb * newpcb, err_t err)
    {
      printf("TCP tester accepted [%s]:%d! \n", ipaddr_ntoa(&newpcb->remote_ip),
newpcb->remote_port);
      tcp_err(newpcb, tcp_tester_err);
      tcp_recv(newpcb, tcp_tester_recv);
      tcp_sent(newpcb, tcp_tester_sent);

      tcp_tester_sent(NULL, newpcb, 0);
      return ERR_OK;
    }
    static void tcp_testtest_err(void * arg, err_t err)
    {
    tcp_err(tpcb, NULL)
      printf("TCP tester error! err = %d\n", err);
    }
    static err_t tcp_testtest_recv(void * arg, struct tcp_pcb * tpcb, struct pbuf * p, err
_t err)
    {
      if (p != NULL)
      {
        printf("TCP tester received %d bytes from [%s]:%d! \n", p->tot_len, ipaddr_
ntoa(&tpcb->remote_ip), tpcb->remote_port);
        tcp_recved(tpcb, p->tot_len);
        pbuf_free(p);
        tcp_sent(tpcb, tcp_tester_sent2);
      }
      else
      {
          tcp_sent(tpcb, NULL);
        err = tcp_close(tpcb);
        printf("TCP tester client [%s]:%d closed! err = %d\n", ipaddr_ntoa(&tpcb->
remote_ip), tpcb->remote_port, err);
      }
      return ERR_OK;
    }
    static err_t tcp_testtest_sent(void * arg, struct tcp_pcb * tpcb, u16_t len)
    {
      uint16_t size;
      size = tcp_sndbuf(tpcb);
      if (size > sizeof(tcp_tester_buffer))
        size = sizeof(tcp_tester_buffer);
      tcp_write(tpcb, tcp_tester_buffer, size, 0);
```

```
        return ERR_OK;
    }
    static err_t tcp_testtest_sent2(void * arg, struct tcp_pcb * tpcb, u16_t len)
    {
        err_t err;

        tcp_sent(tpcb, NULL);
        err = tcp_shutdown(tpcb, 0, 1);
        printf("TCP tester stopped sending data! err = %d\n", err);
        return ERR_OK;
    }
    void tcp_testtest_init(void)
    {
        err_t err;
        struct tcp_pcb * tpcb, * temp;
        tpcb = tcp_new();
        if (tpcb == NULL)
        {
            printf("%s: tcp_new failed! \n", __FUNCTION__);
            return;
        }
        err = tcp_bind(tpcb, IP_ANY_TYPE, 24001);
        if (err != ERR_OK)
        {
            tcp_close(tpcb);
            printf("%s: tcp_bind failed! err = %d\n", __FUNCTION__, err);
            return;
        }
        temp = tcp_listen(tpcb);
        if (temp == NULL)
        {
            tcp_close(tpcb);
            printf("%s: tcp_listen failed! \n", __FUNCTION__);
            return;
        }
        tpcb = temp;
        tcp_accept(tpcb, tcp_tester_accept);
    }
    struct test
    {
        uint32_t id;
        uint32_t count;
    };
    static void udp_tester_recv(void * arg, struct udp_pcb * pcb, struct pbuf * p, const ip
_addr_t * addr, u16_t port)
    {
        struct pbuf * q;
```

```
    struct test * t = (struct test * )tcp_tester_buffer;
    if (p != NULL)
    {
        pbuf_free(p);
        p = NULL;
        q = pbuf_alloc(PBUF_TRANSPORT, 1300, PBUF_REF);
        if (q != NULL)
        {
            printf("Sending UDP packets...\n");
            q->payload = t;

            t->count = 1024;
            for (t->id = 0; t->id < t->count; t->id++)
                udp_sendto(pcb, q, addr, port);

            pbuf_free(q);
        }
    }
}
void udp_tester_init(void)
{
    err_t err;
    struct udp_pcb * upcb;
    upcb = udp_new();
    if (upcb == NULL)
    {
        printf(" % s: udp_new failed! \n", __FUNCTION__);
        return;
    }
    err = udp_bind(upcb, IP_ANY_TYPE, 24002);
    if (err != ERR_OK)
    {
        udp_remove(upcb);
        printf(" % s: udp_bind failed! err = % d\n", __FUNCTION__, err);
        return;
    }
    udp_recv(upcb, udp_tester_recv, NULL);
}
# if 0
    static void udp_echo_callback(void * arg, struct udp_pcb * pcb, struct pbuf * p, const
ip_addr_t * addr, u16_t port)
    {
    struct pbuf * q = NULL;
    q = pbuf_alloc(PBUF_TRANSPORT, 32, PBUF_RAM);
    if (q == NULL) {
    printf("pbuf_alloc is error\n");
    return ;
```

```
}
    memset(q->payload,0,q->len);
    memcpy(q->payload,p->payload,p->len);
    pbuf_free(p);
    printf("udp_sendto is called\n");
    udp_sendto(pcb, q, addr, port);
    pbuf_free(q);
}
void udp_echo_init(void)
{
    err_t err;
    struct udp_pcb * upcb = NULL;
    upcb = udp_new();
    if (upcb == NULL){
        printf("%s: udp_new failed! \n", __FUNCTION__);
        return;
    }
    err = udp_bind(upcb, IP_ANY_TYPE, 8888);
    if (err != ERR_OK) {
        udp_remove(upcb);
        printf("%s: udp_bind failed! err = %d\n", __FUNCTION__, err);
        return;
    }
    udp_recv(upcb, udp_echo_callback, NULL);
}
#define BUFFER_SIZE 1024
#define BOUNDARY "boundarydonotcross"
extern unsigned char jpg[13564];
extern unsigned char jpg_2[19334];
char buffer[BUFFER_SIZE] = {0};
static err_t tcp_echo_recv(void * arg, struct tcp_pcb * tpcb, struct pbuf * p, err_t
err)
{
    err_t ret;
    if (p != NULL) {
        tcp_recved(tpcb, p->tot_len);
        fwrite(p->payload,p->tot_len,1,stdout);
        memset(p->payload,0,p->tot_len);
        pbuf_free(p);

        sprintf(buffer, "HTTP/1.0 200 OK\r\n");
        ret = tcp_write(tpcb,buffer,strlen(buffer),1);
        printf("tcp_send_ack_ret is %d\n",ret);

        sprintf(buffer, "Content-Type: image/jpeg\r\n" \
    "Content-Length: %d\r\n" \
    "\r\n", 13564);
```

```
            ret = tcp_write(tpcb,buffer,strlen(buffer),1);
            printf("tcp_send_head_ret is % d\n",ret);
    } else {
        printf("TCP client is disconnected\r\n");
        return tcp_close(tpcb);
    }
    return ERR_OK;
}
err_t tcp_echo_sent(void * arg, struct tcp_pcb * tpcb, u16_t len)
{
        err_t ret;
        static int send_flag = 0;
        static int jpg_pos = 0;
        if (send_flag == 0) {
            if (jpg_pos + TCP_MSS < 13564) {
                ret = tcp_write(tpcb,&jpg[jpg_pos],TCP_MSS,1);
                printf("tcp_send_jpg_ret is % d\n",ret);
                jpg_pos += TCP_MSS;
            } else {
                tcp_write(tpcb,&jpg[jpg_pos],13564-jpg_pos,1);
                send_flag = 1;}
        } else {
            printf("http_data send ok\r\n");
            send_flag = 0;
            jpg_pos = 0;}
        return ERR_OK;}
static err_t tcp_echo_accept(void * arg, struct tcp_pcb * newpcb, err_t err)
{printf("TCP client is connected\r\n");
    tcp_recv(newpcb, tcp_echo_recv);
    tcp_sent(newpcb, tcp_echo_sent);
    return ERR_OK;}
void tcp_echo_init(void)
{struct tcp_pcb * pcb = tcp_new();
    tcp_bind(pcb, IP_ADDR_ANY, 80);
    pcb = tcp_listen(pcb);
    tcp_accept(pcb, tcp_echo_accept);}
# endif
```

13.5 项目结束

本次设计使用的调试方式是串口调试,可以直观地看到水位的情况。在语音播报环节中,也能够及时地反映当时的情况来进行播报。缺水的时候提醒得也很到位,可以实时检测到当前植物的状态。

水位传感器是利用霍尔传感器直接进行数据转换的,将霍尔传感器的正负两端连接至水位传感器的正负极上,然后将霍尔传感器的 DO 口连接到单片机上,将水位传感器放进水桶中,单片机开始检测当前的水位数值,然后将结果打印在串口上。通过图 13.12 就可以看到当前的水位深度测量的结果了。

```
DHT11 Error
水位深度=15 mm，模拟值=1 298 mV
DHT11 Error
水位深度=15 mm，模拟值=1 296 mV
DHT11 Error
水位深度=14 mm，模拟值=1 295 mV
DHT11 Error
水位深度=15 mm，模拟值=1 297 mV
DHT11 Error
水位深度=14 mm，模拟值=1 294 mV
DHT11 Error
水位深度=13 mm，模拟值=1 487 mV
DHT11 Error
水位深度=20 mm，模拟值=1 630 mV
DHT11 Error
水位深度=20 mm，模拟值=1 720 mV
DHT11 Error
水位深度=16 mm，模拟值=1 754 mV
DHT11 Error
水位深度=15 mm，模拟值=1 737 mV
```

图 13.12　水位深度测量值

附录 A

STM32F103Zx 芯片功能表

PerIpherals		STM32F103Rx			STM32F103Vx			STM32F103Zx		
Flash memory in Kbytes		256	384	512	256	384	512	256	384	512
SRAM in Kbytes		48	64		48	64		48	64	
FSMC		No			Yes[1]			Yes		
Timers	General-purpose	4								
	Advanced-control	2								
	Basic	2								
Comn	SPI(I^{2}S)[2]	3(2)								
	I^{2}C	2								
	USART	5								
	USB	1								
	CAN	1								
	SDIO	1								
GPIOS		51			80			112		
12 – bit ADC Number of channels		3 16			3 16			3 21		
12 – bit ADC number of channels		2 2								
CPU frequency		72 MHz								
Operating voltage		2. 0 to 3. 6 V								
Operating temperatures		Ambient temperatures：－40 to ＋85 ℃/－40 to＋105 ℃(see Table 10) Junction temperature：－40 to＋125 ℃(see Table 10)								
Package		LQFP64,WLCSP64			LQFP100,BGA100			LQFP144,BGA144		

STM32F103Zx 芯片内部时钟框图

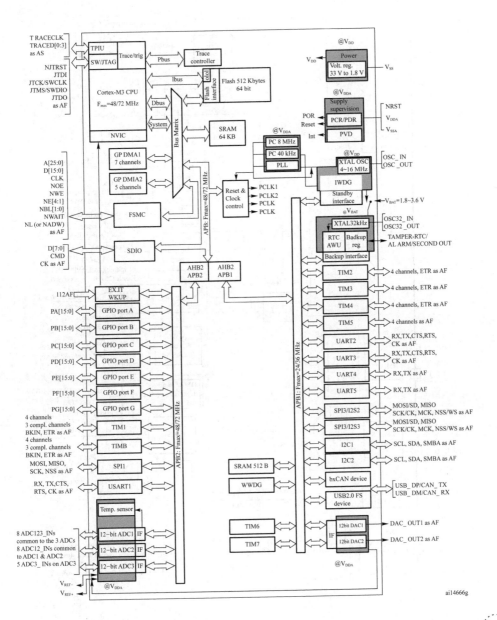

ai14666g

附录 C

STM32F103Zx 时钟树

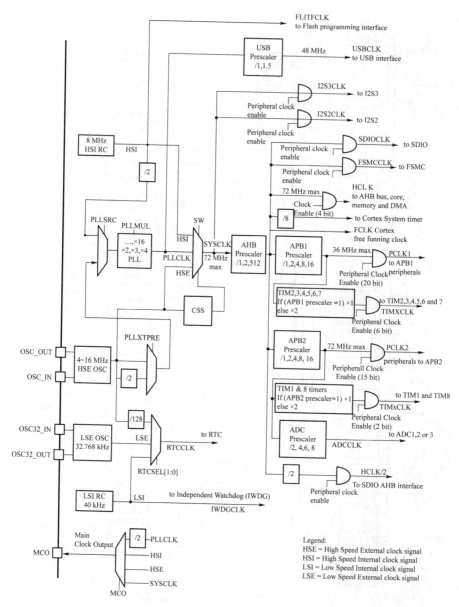

参 考 文 献

[1] 王维波,鄢志丹,王钊. STM32Cube 高效开发. 北京:人民邮电出版社,2016.

[2] Yiu Joseph. ARM Cortex_M3 权威指南. 宋岩,译. 北京:北京航空航天大学出版社,2009.

[3] 意法半导体(中国)投资有限公司. STM32F10x 中文参考手册. 2009.

[4] STMmicroelectronics. STM32F10x 数据手册. 2009.

[5] Stephen Prata. C Primer Plus. 云巅工作室,译. 北京:人民邮电出版社,2005.

[6] 杨百军. 轻松玩转 STM32Cube. 北京:电子工业出版社,2016.

[7] 刘火良,杨森. STM32 库函数开发实战指南. 北京:机械工业出版社,2013.